# 普洱茶栽培学

单治国　罗光瑾　张春花◎主编

中国商业出版社

图书在版编目（CIP）数据

普洱茶栽培学 / 单治国，罗光瑾，张春花主编. 北京 ：中国商业出版社，2025. 6. -- ISBN 978-7-5208-3215-1

Ⅰ. S571.1

中国国家版本馆CIP数据核字第20243ZL638号

责任编辑：聂立芳
策划编辑：张　盈

中国商业出版社出版发行
（www.zgsycb.com　100053　北京广安门内报国寺1号）
总编室：010-63180647　　编辑室：010-63033100
发行部：010-83120835/8286
新华书店经销
三河市悦鑫印务有限公司印刷
*
710毫米×1000毫米　16开　14印张　258千字
2025年6月第1版　2025年6月第1次印刷
定价：78.00元
* * * *
（如有印装质量问题可更换）

# 前言

# PREFACE

茶树原产于我国云贵高原，我们祖先最早发现和利用茶叶，并将茶叶传遍全世界。茶叶现已成为风靡全球、深受各国人民喜爱的健康饮料。

人类在长达四五千年的茶叶利用过程中，经不断的探索和总结，在不断加深对茶树生长发育规律和茶叶品质的认识和了解的基础上，使茶树栽培的理论和技术日臻完善，使茶叶产业不断发展。

普洱茶，作为中国茶文化的瑰宝，不仅以其独特的口感和香气赢得了广大茶友的喜爱，更因其深厚的历史文化底蕴和独特的生长环境而备受关注。从远古的栽种历史到现代的茶区分布，普洱茶的发展历程凝聚了无数茶农的智慧与汗水。本书旨在系统梳理普洱茶的栽种历史、茶区概况，以及其独特的生长生态环境和繁育技术，呈现出一个全面而深入的普洱茶世界。

本书适合高校茶叶相关专业的学生和需掌握茶树种植技术、茶叶加工的茶农、茶叶工作者使用。

本书编写时参考了大量相关专家的著作及资料，在此表示衷心的感谢！由于作者水平所限，书中部分内容难免存在疏漏和不足之处，敬请大家批评指正！

**作　者**

**2024 年 1 月**

# 目录

CONTENTS

# 第一章　茶树的栽种历史及茶区概况

人工种植茶树的历史可以追溯到3 000多年前，如今，茶叶已经成为人们喜爱的饮品。尽管茶叶在世界各地广泛传播，但其根源和原始品种均源自中国。因此，中国被誉为茶叶的故乡。

## 第一节　茶树的栽培史

茶树的栽培史，同时也是茶被发现和利用的历程，其源头可追溯至远古时代。然而，历史文献对于茶树的记载，常常缺乏直接和明确的描述，使我们往往只能进行推测。又因为时间久远，其中难免有遗漏或误传，使这些记载的真实性存在一定的疑问。本书通过整理古代与现代的研究成果，剔除不实之处，保留真实可信的内容，将茶树栽培史划分为以下几个阶段。

### 一、茶树栽培的起源阶段

前秦时期是茶树栽培的起始。唐代陆羽所著的《茶经》中提到，“茶的饮用，始于神农氏”，意味着茶是由神农氏所发现。神农氏是上古时期的传说人物，距今已有四五千年的历史。《神农本草经》中记载：“神农尝百草，日遇七十二毒，得荼而解之。”这里的“荼”指的就是茶。

随着社会消费与生产的不断进步，人们对茶的需求日益增长，于是开始驯化野生茶树，进行移栽和人工栽培。东晋时期的《华阳国志》记载：“周武王伐纣，实得巴蜀之师……武王既克殷，以其宗姬于巴，爵之以子。……上植五谷，牲具六畜，桑、蚕、麻、苎、鱼、盐、铜、铁、丹、漆、茶、蜜……皆纳贡之。”充分证明了早在3 000多年前，巴蜀地区就已经开始种植茶叶，并且把茶叶作为贡品进贡。

## 二、茶树栽培的推广阶段

在秦汉至南北朝这段历史时期，茶的文献记载逐渐增多，反映出茶在日常生活中的普及程度日益提升，茶树的种植面积也随之不断扩展。据考证，大约公元前200年的秦汉时期，我国最早的一本辞书《尔雅》中即有“槚·苦荼”的记载，标志着我国最早的有茶名的文献记录。随后，在公元前130年的西汉时期，司马相如在《凡将篇》中将茶称作“荈诧”，并将茶列为20种药物之一，这是我国将茶叶视为药物的最早文字记录。西汉时期的王褒在《僮约》中明确规定了奴仆需要从事的劳役，其中包括“烹荼尽具”和“武阳买荼”，这充分说明在那个时期，茶叶已经成为士大夫们生活中不可或缺的一部分。

西汉时期，佛教传入我国，并在南北朝时期得到了更广泛的传播和兴盛。佛教徒在坐禅念经时，发现饮茶具有提神醒脑的功效，有助于修行。于是，南方的一些著名寺院开始种植茶树，这不仅有助于佛教徒的修行，也进一步推动了茶叶生产的发展。

## 三、茶树栽培的繁荣阶段

隋唐至明清这段时期，标志着我国茶叶生产和栽培的繁荣与发展。为了更好地理解这段历史，我们可以根据不同时期的特点，将其划分为两个阶段。

### （一）隋至宋时期

隋朝虽然历史短暂，对茶的记载有限，但其在统一全国和修建大运河方面取得的成就，无疑为后世的南北经济文化交流奠定了基础，从而也推动了茶的发展和传播。

唐代中期，茶叶从中原传播到边疆地区，全国范围内逐渐兴起了饮茶的风潮。随着茶叶消费需求的增加，茶树的栽培规模也逐渐扩大。在唐贞元年间，浙江顾渚山设立了首个官办的“贡茶院”，聚集了众多制茶工匠和采茶工人。这一时期，世界上首部茶叶专著《茶经》诞生。陆羽所著的这部作品，详细整理了历代茶叶史料，并结合自身实践经验，对唐代及之前的茶叶历史、产地、功效、栽培、采制、煎煮和饮用等方面进行了全面阐述，为茶叶生产提供了科学依据，并推动了茶叶产业的进一步发展。

进入宋代，饮茶风尚已相当盛行，“茶会”“茶宴”以及“斗茶”活动层出不穷。各地纷纷竞选优质茶树品种，精心制作佳茗以满足斗茶需求。宋徽宗赵佶更是亲自撰写《大观茶论》，深入探讨了茶树的种植环境，如“植茶之地，崖必阳，圃必阴”等。同时，北宋乐史所著的《太平寰宇记》详细记载了南方产茶地区的情况，反映出宋代茶叶生产中心已转移至南方。在这一时期，对茶树生产和栽培的研究比唐代更为深入，茶园管理注重精耕细作和品种选择。此外，还正式推广了桐茶间作模式，以优化茶园小气候，促进茶树的生长发育。因此，茶树的种植区域持续扩大，产量稳步增加。

### （二）元至清时期

元代在宋代的基础上，进一步推动了茶树的种植向南扩展，主要集中在长江流域、淮南地区以及广东和广西一带。这一时期，全国茶叶的年产量达到了约 10 万吨。同时，茶叶行业涌现出众多知名品牌，如建宁的北苑茶，深受皇室喜爱并被指定为贡品。

到了明代，茶树种植面积继续扩大，几乎覆盖了从南到北的各个地区，每个地区都形成了具有本地特色的名茶，同时台湾也开始发展茶区。在茶园管理方面，明代对茶园耕作和施肥的要求更加精细，并首次提出了多层次立体种植模式，即上有遮阴、下有遮蔽的种植方式。这显示了明代茶园管理的高度精细化和创新性。

到了清朝时期，由于茶叶出口量的大幅增加，国内茶树栽培面积迅速扩大。1886 年，全国茶叶总产量高达 22 万吨，其中出口量达到 13 万吨。在中国边陲的云南地区，茶园面积也达到了相当规模。据檀萃的《滇海虞衡志》记载：“普洱茶的名声传遍天下……产自普洱所属的六茶山……方圆八百里，入山采茶的人数达数十万。”在茶树栽培管理方面，从唐宋到清代共有茶书 98 种，其中明清两代就占据了 66 种。这些茶书不仅反映了茶树栽培技术的丰硕成果，还详细记载了茶树繁殖、种植、茶园管理等方面的新技术和方法，为茶树栽培史留下了辉煌的一页。

### （三）茶树栽培的复兴与二次繁荣时期

鸦片战争后，中国社会经历了剧烈的变革，沦为半殖民地半封建形态，茶农因此遭受了沉重的压迫和剥削。与此同时，国外种茶业兴起，如印度、斯里兰卡等国采纳了我国先进的栽培技艺，并利用机械化手段大量生产红碎茶，这些茶叶纷纷涌入国际市场，导致全球茶价大幅下跌，给我国茶叶产业带来了沉重的打击。

中华人民共和国成立后，面对茶叶生产陷入低谷的局面，国家迅速采取了一系列扶持措施和政策，旨在促进茶叶产业的复苏与壮大。政府积极组织恢复荒废的茶园，大力开拓新的种植区域，同时广泛推广优质的茶树品种。到20世纪80年代中期，全国范围内保存的茶树种质资源已超过3 500份。1990年，浙江杭州和云南勐海地区相继建立了两个国家级茶树种质资源库，保存了2 600余份茶树种质材料，这为茶树育种工作奠定了坚实的物质基础，为实现茶树品种的天然系良种化提供了有力支持。在推广良种的同时，国家还注重科学种茶，不断完善茶叶教育和科研机构的建设，从而迅速恢复了茶树栽培业。

## 第二节　中国茶区分布

中国拥有深厚的茶树种植传统，且气候与自然环境条件得天独厚。随着长时间的茶树种植实践，其栽培技艺日臻完善，茶树的种植区域也逐步扩展。

### 一、茶叶产区的界定及其生产特色

#### （一）茶叶产区的定义

茶区是一个经济概念，其划分是在国家总体生产策略的指导下，综合考虑自然、经济和社会条件，同时保持行政区域的相对完整性。中国茶区的分布非常广泛，跨越多个生态气候带。由于海拔、地形和方向的差异，各地的气候和土壤条件也存在很大差异。这些因素不仅直接影响茶树的生长，还在茶树品种的选择、茶叶类型的生产、栽培技术的应用、茶叶的产量和质量，以及经济效益等方面产生不同的影响。因此，茶区的划分是基于茶树的生物学特性，在适合茶叶生产的地理空间内，综合考虑自然、经济和社会条件相似或相近的区域，形成具有相似茶叶生产技术和管理模式的区域单元。茶区的划分有助于根据不同地区的具体情况，采取有针对性的栽培技术和选择适合的茶树品种，以充分发挥该区域的生态、经济和技术优势。目前，较为普遍的做法是将全国划分为三级茶区，其中一级茶区由国家进行划分，二级茶区由各省（自治区）进行划分，而三级茶区则由各地（市）进行划分。这样的划分方式有助于更好地组织和指导茶叶生产，促进茶产业的健康发展。

#### （二）不同历史阶段的茶叶产区划分

中国茶区的历史演变可追溯到唐代陆羽的《茶经》，该书将全国划分为山南、淮南、浙西、剑南、浙东、黔中、江西和岭南八大茶区。宋代时，茶区主要集中在长江流域和淮南一带，其中江南路是最大产地，其次为淮南路、荆湖路、两浙路和福建路。至南宋，全国已有66个州242个县产茶区，并根据成茶形态分为片茶和散茶两大生产中心。

元代茶区在宋代基础上进一步拓展，江西行中书省成为主产区，涵盖湖南、湖北、广东、广西、贵州、重庆和四川南部。明代茶区分布沿袭元代，未有明显变化。

清朝时期，随着国内消费增长和对外贸易开展，种茶范围扩大，形成多个以茶类为中心的栽培区域。例如，湖南省的临湘、岳阳等地成为砖茶生产中心；福建省的安溪等县成为乌龙茶生产中心；湖南省的安化、安徽省的祁门、江西省的武宁、修水等县以红茶闻名；江西省的婺源、德兴，浙江省的杭州、绍兴，江苏省的苏州虎丘和太湖洞庭山以绿茶著称；四川省雅安、天全、平武等县以边茶生产为主；而广东省的罗定等地以珠兰花茶闻名。

1948年，陈椽在《茶树栽培学》一书中，基于山川、地势、气候、土壤、交通运输及历史习惯，将我国茶区划分为浙皖赣、闽台广东、两湖和云川康四个茶区。1956年，庄晚芳在《茶作学》中，根据地形、气候和茶叶生产特点，将茶区划分为华中北区、华中南区、华南区、四川盆地和云贵高原区。1981年，李联标在《茶树栽培技术》中，基于水热、土壤、茶树生长状况等因素，将中国茶区划分为淮北、江北、江南、岭南和西南五大茶区。这些划分均反映了中国茶区在不同历史时期的演变和发展。

### （三）各茶叶产区的生产特色

根据相关规定，中国被划分为4个主要茶区：华南茶区、西南茶区、江南茶区和江北茶区。这4个茶区覆盖了20个省、自治区、直辖市，包括安徽省、浙江省、江苏省、江西省、四川省、湖南省、湖北省、福建省、海南省、云南省、广东省、河南省、山东省、甘肃省、贵州省、陕西省、广西壮族自治区、西藏自治区、重庆市和台湾地区。这些地区各自拥有独特的茶叶品种和生产特色。这些茶区的划分有助于更好地了解中国茶叶产业的分布和发展状况。

四大茶区的生产特点如下。

（1）华南茶区。华南茶区覆盖福建与广东的中南部、广西与云南的南部，以及海南和台湾。此茶区为我国气温最为温暖的地带，是茶树生长的绝佳环境。茶区内气候炎热湿润，水资源丰富，年平均气温维持在20 ℃，即使在最冷的月份，气温也普遍在12 ℃以上。年降雨量高达1 500 mm，台湾则超过2 000 mm，海南的琼中地区甚至达到2 600 mm。降雨主要集中在4月至9

月，占全年降雨量的 70% ～ 80%，而 11 月至次年年初则可能出现干旱。

茶区土壤主要为砖红壤和赤红壤，部分区域为黄壤。在森林覆盖的茶园中，土层深厚，富含有机质。该区域的茶树种类繁多，包括乔木型、小乔木型和灌木型。优越的自然条件使茶树生长繁茂，所产出的茶叶品质上乘。华南茶区主要生产的茶类包括红茶、普洱茶、绿茶和乌龙茶。

（2）西南茶区。西南茶区主要涵盖贵州、四川、重庆、云南的中北部以及西藏的东南部。这一区域因地形多样、地势起伏较大，故气候差异明显。尽管如此，大部分地区仍属于亚热带气候，年平均气温在 14 ℃～ 18 ℃。此区域日照时间相对较少，相对湿度较高。一年中，大部分地区的无霜期超过 220 天，年降水量在 1 000 mm 以上。

茶区内的地貌多为盆地和高原，土壤类型丰富多样，但有机质含量普遍偏低。尽管如此，该区域的茶树资源仍然十分丰富，包括灌木型、小乔木型和乔木型茶树。因此，西南茶区主要生产红茶、绿茶、普洱茶、花茶以及边销茶等多种茶类。

（3）江南茶区。江南茶区位于长江以南，主要包括广东和广西的北部、福建的中北部，以及安徽、江苏、湖北的南部，此外还有湖南、江西和浙江等省份。这个区域被誉为中国茶叶的主要生产地，其气候以亚热带季风气候为主，四季分明，年平均气温超过 15.5 ℃，年降水量为 1 000 ～ 1 400 mm。春季降水量最多，秋冬季则相对较少，部分地区可能遭遇伏旱、秋旱或寒潮等气象。

在土壤方面，茶区主要分布着红壤，部分区域是黄壤或黄棕壤，还有一些地方是黄褐土、紫色土、山地棕壤和冲积土等。高山茶园，尤其是那些植被覆盖丰富的地方，土层深厚，有机质含量高，而植被稀缺的地方则土层较浅，有机质含量较低。江南茶区有着悠久的产茶历史和丰富的资源，茶树品种以灌木型的中叶种和小叶种为主，生产的茶类包括绿茶、红茶、乌龙茶、白茶、黑茶以及各种特色名茶，如西湖龙井、君山银针、黄山毛峰、洞庭碧螺春等，这些历史悠久的名茶不仅品质卓越，而且具有很高的经济价值，享誉国内外。

（4）江北茶区。江北茶区位于长江以北、秦岭至淮河以南，以及山东沂河以东的部分地区。它包括甘肃、陕西和河南的南部，湖北、安徽和江苏的北部，以及山东的东南部。作为我国最北的茶区，它属于茶树生长的次适宜区域。这一茶区的大部分地区属于温带季风气候区，相较于其他茶区，气温较低，积温较少。大多数地区的年平均气温在 15.5 ℃以下，月平均气温在 1 ℃～ 5 ℃之间，极端最低气温多年平均在 -10 ℃。3 月底至 4 月初常常出现晚霜，全年无霜期为 200 ～ 250 天。年降水量为 700 ～ 1 000 mm，四季降水分布不均，夏季最多，冬季最少，常常出现冬春干旱。

江北茶区内地形复杂，土壤差异较大，适宜种植茶树的土壤多为黄棕壤。这一茶区种茶历史悠久，中华人民共和国成立后，种植面积有所扩大。该区域的茶树品种多为灌木型中小叶种，具有较强的抗寒性。主要生产的茶类是绿茶。由于生长季节昼夜温差大，所制的绿茶香气高、味道浓，品质优良。

从整体来看，我国茶区的气温、降水量和土壤条件等，基本满足茶树生长的需求，自然条件相对优越。然而，个别地区因为冬季气温较低、夏季高温、年降水量低于 1 000 mm 或土壤肥力较低等方面存在不足，因此，在新茶园的建立或老茶园的改造过程中，需要充分利用自然条件的优势，结合山地小气候的特点，因地制宜地选择适合当地气候和土壤条件的茶树良种，以及相应的栽培管理技术措施，为茶树生长创造一个有利的环境。

## 二、主要茶叶生产省份的概况

由于我国悠久的茶叶栽培历史以及辽阔的地域分布，加之众多影响因素，各地的茶叶栽培与生产状况呈现出多样化的特点。下面介绍我国主要产茶省份的生产概况。

### （一）福建省

福建省，一个历史悠久的茶区，其产茶历史可以追溯到汉代，唐代开始兴盛，宋代达到了巅峰，并以北苑贡茶和斗茶活动而蜚声海内外。在福建省内，除了平潭县这一海岛，其他各县均有茶叶生产。

位于亚热带的福建省，气候温和，雨量充足，冬天不严寒，夏天不酷热，为茶树的生长提供了得天独厚的条件。福建省的茶树品种资源极为丰富，拥有超过 830 个品种的茶树，其中良种的普及率在全国处于领先地位。此外，福建省还是我国生产茶类最多的省份，涵盖了除黑茶外的其他五大茶类，各地区都形成了自己鲜明的特色。例如，乌龙茶中的“武夷岩茶”“大红袍”“安溪铁观音”，白茶中的“白毫银针”“白牡丹”，以及红茶中的“正山小种”等，这些茶叶品种繁多，风格独特，因而广受欢迎并享有盛誉。许多茶叶都是根据自身的品种特点进行单独采摘和制作，然后单独销售。

福建省高度重视茶园的生产管理，大多数茶园都有施肥和培土的习惯，每年施肥 2 ～ 3 次，每隔 1 ～ 3 年培土 1 次。同时，福建省还积极采用科学的栽培技术，选择并推广优良的茶树品种；推广山地等高梯层、梯田式茶园的规划设计与垦辟方法。近年来，福建省更是大力推广病虫害的绿色防控技术，以及茶园机械化修剪和采摘等先进技术，以进一步提高茶叶的产量和质量。

### （二）浙江省

浙江省素有“丝茶之府”的美称，产茶历史悠久，距今 2 000 年前就有植茶和饮茶的历史。唐代，浙江的茶叶已具相当的规模，是浙江茶叶的重大发展时期。现在，全省有 72 个县产茶。

浙江省年平均气温较高，降水量丰富，气候和土壤适宜茶树栽培。区域内茶树品种丰富，主产绿茶，尤以西湖龙井享誉国内外，同时也生产红茶和花茶等，近十几年来大力发展名优茶，茶叶产值居全国之首。近年来，还不断开发以金观音品种为主的乌龙茶类和以越红为主的名优红茶品类。

浙江省在茶树栽培管理上也走在全国的前端。要求采一次茶施一次肥，重点强调一次基肥，耕作要求“三耕四削”，并根据地形情况，采取砌坝保土的方法，修筑梯坎。21 世纪以来，主要推广茶园全程机械化技术，尤其是名优茶机采和鲜叶分级技术取得了重大突破。

### （三）云南省

云南省，作为中国重要的茶叶产区，拥有得天独厚的自然条件和悠久的产茶历史。云南地处高原，气候多样，从热带河谷到高山地区，形成了独特的茶叶种植环境。这里主要种植大叶种茶树，叶片肥厚，内含物质丰富，适合制作多种茶类，尤其是普洱茶，闻名遐迩。

云南茶叶生产分布广泛，西双版纳、普洱、临沧等地是核心产区。西双版纳的热带季风气候，为茶叶生长提供了充足的热量和降水；普洱地区山峦起伏，土壤肥沃，是普洱茶的主要产地；临沧则以生产优质红茶和绿茶著称。近年来，云南茶叶产业不断发展，茶园面积不断扩大，茶叶产量逐年增加。云南不仅注重传统茶类的生产，还积极发展特色茶类，如滇红、滇绿等，满足不同消费者的需求。

在茶树栽培管理方面，云南注重生态茶园建设，采用有机种植和绿色防控技术，确保茶叶品质。同时，云南也在不断推进茶叶加工技术的现代化，提升茶叶的附加值。云南茶叶产业不仅在国内市场占据重要地位，还远销海外，成为云南农业的重要支柱产业之一。

### （四）安徽省

在秦汉时期，四川地区通过陕西和河南将植茶技术传播至皖西地区。到了唐代，安徽省的茶叶产业迎来了繁荣时期，各地纷纷广泛种植茶树。

安徽省位于长江中下游地区，茶树主要种植区集中在长江以南的南部茶区。这一地区气候温暖，无霜期长，降水充沛，云雾缭绕，昼夜温差大，这些因素共同造就了高品质的茶叶。因此，南部茶区以生产名优绿茶和祁门红茶为主。在江北大别山茶区，尽管冬季容易受冻，秋季常常干旱，但该地区的茶叶品质仍然十分优越，主要以生产绿茶为主。

自中华人民共和国成立以来，安徽省积极投入新茶园的开发和老茶园的改造工作。通过补缺、增加密度等措施，因地制宜地进行规划改造，分年分批地建设茶叶生产基地。同时，安徽省与科研、教育、外贸等单位紧密合作，开展科学实验，在良种选育、防治病虫、合理采摘和提高单产等方面取得了丰硕的成果。这些努力不仅提升了安徽省茶叶的产量，更保障了茶叶的品质和口感，为安徽省茶叶产业的持续发展奠定了坚实的基础。

### （五）湖北省

湖北省的茶叶栽培历史可追溯至晋代之前，自 19 世纪起，该省便成为中国茶叶出口的主要产区之一。

湖北省的年平均气温适中，年降水量为 800 ～ 1 700 mm，在茶树生长活跃的时期，年降水量更是超过 1 000 mm。年无霜期长达 207 ～ 307 天，为茶树提供了理想的生长环境。

中华人民共和国成立后，湖北省积极投入茶产业的发展，先后建立了 30 多个国营茶场，其中许多茶场基础扎实、管理高效，展现出显著的经济效益。各地也致力于普及科学种茶技术，培育健壮的茶树树冠。为了增加土壤有机质和应对伏旱、秋旱等气候挑战，茶园铺草技术得到了广泛推广。20 世纪 70 年代末，湖北省开始实施低产茶园改造措施，取得了显著的增产效果。自 1997 年起，湖北省大力推动茶资源的综合开发工程，重点发展茶树无性系栽培和机制名优茶加工，极大地促进了茶叶生产向优质、高产、高效的方向迈进。

在茶树品种方面，湖北省不仅拥有农家群体、恩施大叶种、宜昌大叶种以及崇阳大叶种等本土品种，还引进了福鼎大白茶等外来良种。这些茶树品种为湖北省生产了多样化的茶类，包括绿茶（含老青茶）、红茶以及黑茶等。

### （六）四川省

四川作为我国历史悠久的茶区之一，拥有着超过 3 000 年的茶叶栽培历史。早在西周初期，巴蜀地区就已开始人工栽培茶树。到了西汉时期，蒙山地区开始广泛种植茶树，而彭山区也逐渐发展成为茶叶交易的重要市场。唐代，蒙山的名茶开始崭露头角，到了宋代，四川的茶业更是达到了鼎盛时期。

四川的地形以盆地为主，地势西北高、东南低，四周群山环绕，丘陵和荒地众多，河流纵横交错。这里的气候特点为春夏凉爽、湿润多露，秋冬季节则相对暖和，为茶树的生长提供了得天独厚的条件。

过去，四川的茶园分布较为零散，部分茶园还采用了间作的方式，管理相对粗放。不合理的采刈茶树和制造边茶导致茶叶单产较低。自中华人民共和国成立以来，四川开始重视茶园的管理，积极推广先进的茶叶生产技术，茶叶的产量和品质都得到了显著的提升。特别是茶树快速育苗、茶园密植丰产栽培技术和茶园综合治理技术等先进技术的推广，对四川茶业的科技进步和发展起到了积极的推动作用。

四川茶区的生态条件十分优越，茶叶生产潜力巨大，拥有广阔的发展前景。在茶树品种方面，四川主要以四川中叶种为主，同时引进了云南大叶种、福鼎大白茶等外地良种，以及本省的南江大叶茶、崇庆枇杷茶等育成的新品种来扩建新茶园。四川的主要茶叶产品包括红茶、绿茶和边茶等。

### （七）湖南省

湖南省拥有悠久的茶叶栽培历史，早在西汉时期就已开始产茶。据东汉时期的《桐君录》记载，湘西永顺县是当时著名的茶叶产地之一。汉代的茶陵县更是全国最早以“茶”字命名的县。长沙马王堆出土的与茶叶有关的随葬品，进一步证明了湖南茶叶文化的深厚底蕴。明末清初，湖南的茶叶生产得到了显著的发展，茶叶的产量和质量都享有极高的声誉。中华人民共和国成立后，湖南的茶叶生产迅速恢复并蓬勃发展，1960 年茶园面积达到 512 平方千米，产量达到 2.54 万吨。

湖南省地形以山地为主，年平均气温在 16 ℃～ 18 ℃之间，无霜期长达 261 ～ 313 天。年平均降雨量为 1 200 ～ 1 700 mm，这些都为茶叶的生长提供了得天独厚的条件。

20 世纪 50 年代，湖南研究了茶树的采种、育苗、播种、齐苗、定型修剪、分批多次采摘法以及茶园绿肥种植等技术，并进行了广泛的推广，从而确保了新建茶园的高质量。20 世纪 60 年代，湖南又研究并推广了茶树早成园、持续高产稳产技术，以及氮、磷、钾化肥的增产效应和茶园有机肥使用技术等。近年来，通过无性系良种的推广、规范化栽培、无公害生产以及名优茶的开发，湖南的茶产业实现了稳步发展。目前，湖南主要生产的茶类有红茶、绿茶（包括老青茶）及黑茶，其中包括众多具有悠久历史的名茶和新创制的名优茶。

# 第二章　普洱茶的特性

## 第一节　什么是普洱茶

云南省质量技术监督局发布实施的DB53/T103-2003《云南地方标准——普洱茶》中，将普洱茶定义为："普洱茶是以云南省一定区域内的云南大叶种晒青毛茶为原料，经过后发酵加工成的散茶和紧压茶。其外形色泽褐红，内质汤色红浓明亮、香气独特陈香，滋味醇厚回甘，叶底褐红。"此定义包含了四层含义。

（1）在地理标志保护范围内：限于国家质量监督检验检疫行政主管部门批准的地域范围。特指云南省普洱市、西双版纳州、临沧市、昆明市、大理州、保山市、德宏州、楚雄州、红河州、玉溪市、文山州等11个州（市）、75个县（市、区）、639个乡（镇、街道办事处）现辖行政区域。

（2）以云南大叶种鲜叶制成的晒青毛茶为原料。

（3）经后发酵处理：是由晒青茶及制品经较长时间存储陈化，或将云南大叶种晒青茶或普洱茶（生茶）在特定的环境条件下，经微生物、酶、湿热、氧化等综合作用，其内含物质发生一系列转化，而形成普洱茶（熟茶）独有品质特征的过程。

（4）加工成的散茶和紧压茶具有独特的外形、内质特点。

以上四层含义缺一不可，如果脱离了云南一定区域，到另外的省或别的国家和地区去加工普洱茶，一定加工不出地道的云南普洱茶。晒青茶和以其压制的紧压茶，在没有形成普洱茶独特的外形、内质风格时，从严格的意义上说，是不能称为普洱茶的，只能称为普洱茶的原料。

此定义显然较为狭隘，认为只有经过后发酵的熟茶才是普洱茶。国标GB/T22111—2008里对普洱茶的定义则为：普洱茶是以地理标志保护范围内的云南大叶种晒青茶为原料，并在地理标志保护范围内采用特定的加工工艺制成，具有独特品质特征的茶叶，按其加工工艺及品质特征，普洱茶分为普洱茶（生茶）和普洱茶（熟茶）两种类型，如图 2-1、图 2-2 所示。

图 2-1　普洱茶（生茶）

图 2-2　普洱茶（熟茶）

2014 年新茶叶分类标准（GB/ T30766—2014）中对普洱茶的定义是：云南滇西南地区的大叶种茶树鲜叶经杀青、揉捻、日晒、渥堆、干燥等工序而制成的产品。

目前，消费者、茶叶生产者、经销者对普洱茶的认识还存在混淆和狭隘，茶叶学术界对普洱茶的定义和分类的争议也颇大，专家们希望把普洱茶定义得广泛些、全面些。

笔者走访了大量的茶叶专家、茶叶经销商和喜爱普洱茶的消费者后，认为广义的普洱茶应包括晒青茶、熟茶和陈茶三大系列。晒青茶是云南一定区域内大叶种茶树鲜叶经过杀青、揉捻、日光干燥和蒸压成型等工艺制成的产品，分为晒青毛茶、青饼、青砖和青沱（见图 2-3、图 2-4、图 2-5 和图 2-6）等。既可作为绿茶饮用，又可通过自然发酵过程转化为陈茶，或通过人工发酵技术转化为熟茶。熟茶是由晒青毛茶经渥堆等特定工艺发酵加工形成的散茶和紧压茶（见图 2-7）。陈茶是晒青茶经自然发酵过程形成的（见图 2-8）。

多种类型的普洱茶以相同的产地、相同的原料、悠久的历史、特有的文化内涵，形成特有的茶类。如同许多发酵食品（如葡萄酒、白酒、陈醋、火腿等）一样，陈化对于普洱茶品质的优化亦有重要的影响。如《红楼梦》中所描述的“女儿茶”，以及长期陈放的“边茶”“外销茶”和各种紧压茶等，经过陈放的普洱陈茶无论汤色和口感等均产生了明显的变化，这亦是由于陈放过程中的物质转化形成的。显然，普洱茶“越陈越香”之说是有一定依据的。鉴于晒青茶能通过自然发酵和陈化转化为优质的普洱陈茶，晒青茶的收藏价值受到人们的重视，形成了普洱茶特有的文化现象和市场特性。

图 2-3 晒青毛茶

图 2-4 青饼

图 2-5 青砖

图 2-6 青沱

图 2-7 鲜叶

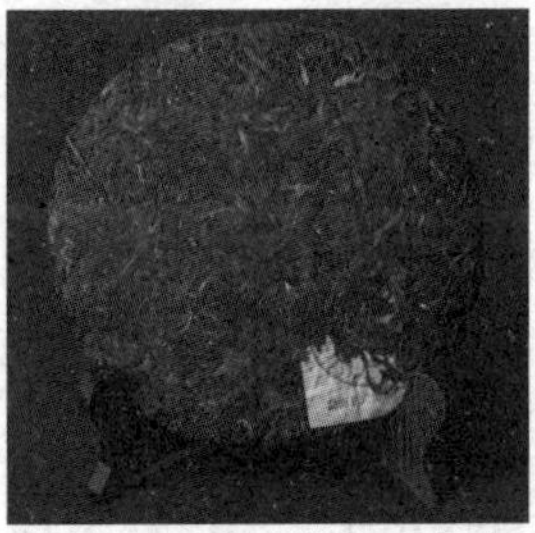

图 2-8 陈茶

# 第二节 普洱茶的原产地及产地环境的独特性

## 一、普洱茶的产地

由于每一种茶都会受到地理环境的“熏陶”，环境不同，造就出的茶就会有自然的“个性特质”。“好茶藏名山，名山出好茶”，普洱茶生长的自然环境极其优秀，特殊的自然条件造就了品质极佳的普洱茶。

普洱茶的产区主要为今云南思茅、西双版纳、临沧等地。这些地区山峦起伏，溪涧纵横，云雾围绕，位于东经99°01'～102°19'、北纬20°08'～24°50'之间，大部分地区都处在北回归线（北纬23°26'）以南，属热带北部边缘及南亚热带地区，日照非常充足，年平均气温为18 ℃～20 ℃，年平均降水量在1 500 mm，平均湿度在80%，具有温热湿润的气候特征。

茶区内有哀牢山、无量山等高大山系及澜沧江、李仙江等江河水系，山地面积约占95%以上。由于保留了热带雨林、季雨林和受季风影响的湿润亚热带常绿阔叶林，成为地球上北回归线附近比较罕见的一片绿洲。当地与众不同的自然条件和优越的生态环境使其成为世界茶树原产地的中心地带。普洱茶正是在这种堪称得天独厚的、适于云南大叶种茶树生长的环境条件下得以产生的。

### （一）古六大茶山

古六大茶山是茶马古道上普洱茶生产、采购和贩运的来源，而普洱市则是茶马古道上普洱茶的集散中心。阮福的《普洱茶记》中记载："普洱茶名遍天下，味最酽，京师尤重之。福来滇，稽之《云南通志》，亦未得其详，但云产攸乐、革登、倚邦、莽枝、蛮砖、曼撒六茶山，而倚邦、蛮砖者味最胜。"但《普洱茶说》《本草纲目拾遗》《云南通志》《普洱府形势》《思茅厅界图》等对六大茶山的地名称呼皆有所不同。现在更多的人认为普洱茶六大茶山的名称依次为易武、倚邦、攸乐、曼撒、蛮砖和革登。

#### 1．易武茶山

易武乡为勐腊县北部的政治文化中心，具有悠久的产茶历史，是闻名中外的云南茶叶原产地之一。其气候呈明显的立体性特征，年平均日照时数为1 600～2 200小时，年平均降雨量为900～1 600 mm，年平均气温为17.7 ℃，积温6 000 ℃以上，为种茶的上好之地。

易武茶山的古茶树多为乔木型大叶种，是制作上好普洱茶的优良原料之选。易武村落水洞有古茶树，高10.33 m，基围1.32 m，人称"茶树王"；易武村有一棵古茶树，高14.52 m，基围1.8 m。易武所产茶，外形条索粗壮、肥大，茶叶味道醇香，制成之茶品，经自然发酵，其汤色褐红，陈香陈韵皆俱。

在清代，易武一直被朝廷指定为贡茶生产区，每年都向京城进贡茶叶，当年云南易武的"车顺号"向京城输送茶叶，因普洱茶特有的韵致，皇帝喝了龙颜大悦，于是特赐"瑞贡天朝"大匾。此匾至今仍存于易武老街车家。它印证了易武贡茶的历史，也记下了易武曾有过的辉煌。

易武每年农历七月二十三日诸葛亮诞辰这天有“茶祖会”，据说是为了纪念孔明到此种茶，并教会当地人采茶饮茶的方法。由于茶贸易的繁荣，文化也随之而兴。建于乾隆时期的易武关帝大庙，由大殿、中殿、后殿和厢房组成，里面供奉着弥勒佛、孔明、关羽及茶圣陆羽。这是中原文化与边远地区文化的结合，透视着中原文化与少数民族文化的融合。

2．倚邦茶山

倚邦茶山是当时的六大茶山之首，是六大茶山的茶叶、经济、政治、军事中心，也是茶马古道的辐射中心。当时进入倚邦茶山造茶的人数达10万之众，茶产量达数万担。

倚邦所产的茶叶，芽细长，银色生辉，味道极浓，回甘无穷，历史上以生产“圆茶”而畅销云南省内外，后又外销到中国香港、越南等地。倚邦本地生产的茶叶以曼松茶叶为最好，尊称为“贡茶”，曼松曾有“年解贡茶 100 担”“吃曼松看倚邦”之说。被称为“普洱茶太上皇”的金瓜贡茶的原料和初制茶就来自此山。

倚邦除了大叶种茶闻名于世，由四川茶农于 100 多年前带来栽种的小叶种茶，也终成气候，其色、香、味俱佳，连千里之外的京城达官们也都指名索要。

倚邦在傣语里是“茶井”的意思。在山上还存有乾隆、道光和光绪时期的三块石碑（又称为茶碑）。石碑上记录了关于茶山的重大茶事，昭示着茶在倚邦人心目中的崇高地位。

3．攸乐茶山

攸乐山现称基诺山，面积有 1 000 多平方千米。攸乐茶山在地理位置上与其他五座茶山不相连，中间有小黑江相隔，过去从攸乐茶山去倚邦或易武都需乘竹筏过江。攸乐茶山是基诺族的神圣家园，它位于西双版纳景洪市东部，茶山东西长约 75 千米，南北长约 50 km。

攸乐茶山早在 200 多年前，茶叶产量就已非常巨大，现在基诺乡还保留有 460 多 $hm^2$ 古茶园，其规模为现今六大茶山之首。基诺族自称是孔明的后裔，认为孔明是他们的祖先，在祭祀时也会呼喊孔明先生的名字。

相传在 1 700 多年前的三国时期，孔明南征到了云南西双版纳的攸乐茶山附近，一部分士兵因贪睡而被“丢落”于此。孔明担心这些被丢落的士兵无法生存下去，就把自己的拐杖插在地上，使其生根发芽，变为茶树，让基诺人可以以种茶和采茶为生。然而，在所有的史籍上都没有找到有关诸葛亮南征到西双版纳的文字记载，人们把茶树与他联系起来，除了可以说明基诺族植茶历史的悠久，还可以看出孔明当年对待少数民族的政策是深得民心的。

4．曼撒茶山

曼撒茶山位于中国与老挝边境的勐腊易武乡东北，离易武老街不到 20 千米，是勐腊古茶园现存面积最大的茶山之一，据普查资料记载，曼撒 1 号古茶园面积有 220 $hm^2$，年平均单产最高可达 30 kg，全年总产量约为 98.7 t。曼撒 2 号古茶园面积约有 73 $hm^2$，年平均单产为 15 kg，全年总产量约为 16.5 t。曼撒茶山所产的“元宝茶”自清代以来就驰名东南亚，被茶人誉为普洱茶中最具阳刚之气的茶。

多少年来，曼撒茶人一直为茶的兴盛而操劳。茶山至今还传承有采茶、制茶的口诀和谚语。采茶口诀有：“冬挖金，腊挖银，采茶要认真，茶树胡子要捋去。采茶要留叶，三叶留一叶，四叶留二叶；长的留二叶，只二叶的留一叶；春茶留嫩叶，老茶留一叶，二叶少留叶，留了三不发，老叶要抹光。”制茶谚语有：“采摘要细心，鲜茶不过夜。蒸揉要得宜，紫毫要先蒸。圆茶用二梭，外用大抓尖，小抓芽尖头上敷，如要茶样颜色好，翻翻晒晒用劲揉。”

5．蛮砖茶山

蛮砖茶山包括今云南象明乡的曼庄、曼林两个村委会（曼林村委会于 2004 年并入曼庄村委会），曼庄村委会有古茶园约 87 $hm^2$，其在历史上也影响深远。蛮砖曾是倚邦六乡的集镇中心，所产之茶芽雪白，茶味醇厚，是普洱茶中的珍品。

蛮砖茶山最早形成在清乾隆六年（1741）以前，由石屏汉人或早期居住在曼庄的其他少数民族栽植，当时茶叶产量在 1 000 担以上。蛮砖茶山是现今六大茶山中保存最为完整的古茶山之一，原始密林中的茶林至今仍年产茶叶达万担以上。

6．革登茶山

革登茶山包括今象明乡的安乐和新发两个村委会（新发村委会于 2004 年已并入安乐村委会）。革登是古茶区较闻名的地方，茶叶年产量均在 500 担以上，如今古茶园的面积仍有约 70 $hm^2$，全年茶叶总产量为 12 t。革登茶山所产之茶芽头粗壮，满披银毫，老百姓称之为“大白茶”。

《普洱府志》记载：“其沿革登山，有茶树王，较众茶独高大，土人当采茶时，先具酒礼祀祭于此。”在革登，古茶树、古茶园、古石碑处处可见，可感受到古茶乡与众不同的韵味。

古六大茶山为云南最古老的茶山，也是中国最古老的产茶区之一，现均属于云南西双版纳傣族自治州。遍布西双版纳地区的古茶树，提供了最为有力的物证。有诗说，古六大茶山是“绿荫蔽天密无缝，林海苍苍翠连云”。这里的自然地理条件，为大叶种茶树的繁衍生长提供了得天独厚的有利条件。良好的生态环境造就了六大茶山野生的、栽培的遍布山野的茶树，成为世界茶叶赖以繁衍、发展的母体，是世界茶文化产生、传播的摇篮。在中国乃至世界茶叶史上功不可没，被称为普洱茶的“千年圣地”。

在普洱茶品中，也以产于六大茶山者为上品。遗存于中国茶叶研究会的清代“金瓜贡茶”被视为“国宝”（见图 2–9），其原料采用的就是六大茶山之一的倚邦茶山的茶菁；产于清光绪年间，有“普洱茶王”之称的“福圆昌”圆茶，其原料采用的是六大茶山之一的易武茶山的茶菁；1736 年生产的“同庆号”老圆茶（见 2–10），其原料还是出于易武茶山；堪称绝品的“同心”圆茶、“同昌”圆茶、“鼎兴”圆茶等茶中上品，均出自这片神奇、神秘、神圣的古茶山。

图 2–9 普洱金瓜贡茶

图 2–10 “同庆号”老圆茶

因为云南有了古六大茶山，中国才有了独具特色的普洱茶；因为中国有了普洱茶，才形成了闻名中外的茶马古道。如今尚存的“茶案牌”“瑞贡天朝”等木匾，是古六大茶山悠久历史最有力的证据。如今，品普洱茶已成为一种时尚，作为普洱茶发源地的古六大茶山，山中古老的生命树，必将焕发出勃勃的生机。

### （二）其他茶区

除古六大茶山之外，云南历史上的其他主要的普洱茶产区还有“银生城界诸山”。唐人樊绰在其所著的《蛮书》中记载：“茶出银生城界诸山。”按今地理行政区划分，“银生城界诸山”包括景东、镇沅、景谷、普洱、凤庆、双江、澜沧、勐海、墨江、沧源、勐腊、景洪等澜沧江中下游一带区域。可见，这些地区也是普洱茶的古老产区。

（1）景东。思茅市景东县栽培型的地方茶叶品种有大叶绿叶茶、小叶绿叶茶、绿叶茶、长叶绿叶茶、橘叶茶、花山大茶树等，野生型的茶叶品种主要为无量山野茶。

（2）镇沅。镇沅县马邓村的种茶历史也有200多年了，这里出产云南八大名茶之一的“马邓茶”，其特点是：茶水翠绿，色美味香，耐冲泡，回甘爽口，茶碱不腻茶杯。

（3）景谷。景谷县的大叶种普洱茶主要的名茶品种为秧塔大白茶，该品种于清道光二十年（1840）前后从江迤（今澜沧县一带）茶山引种于该县的民乐乡。秧塔大白茶的特点为：茶叶满披茸毛，外形条索肥硕重实，白毫显露，洁白如银，肉质清香鲜爽，香气清雅，茶汤清幽透彻，茶味醇和回甘，久泡而色香不减。

早在清道光年间，秧塔大白茶就被特制为“白龙须茶”，用红线扎成谷穗型，进京贡给皇帝。景谷县其他的名茶品种还有产于碧安乡的“勘主大山茶”，产于正兴乡通达村东北的“回萨柏木香茶”，产于钟山乡的“联合酸枣树茶”，产于民乐乡的“隔界茶”。

（4）普洱。从野生大茶树的居群来看，普洱市处于茶植物资源起源的中心范围，是古普洱茶的原产地。普洱市黎明乡茶源山已发现的野生大茶树均分布在海拔1 800～2 040 m处，1号野生大茶树的植株为乔木型，是山茶种的大理茶。茶源山2号、3号、4号野生茶树，都属大理茶。普洱市凤阳乡古茶园的茶树植株为小乔木型，在茶树分类学上属普洱茶种，习称大叶种茶。到目前为止，该地的茶叶品种已达5类12种之多。

（5）凤庆、双江。凤庆、双江一带亦是普洱茶的重要产区。临沧市的凤庆历来就有“茶乡”之称，明万历五年（1577）普洱茶籽传入凤庆等地，普洱茶在当地迅速发展。崇祯十二年（1639）八月，地理学家、旅行家徐霞客到凤庆考察了9天，8月14日，夜宿高视槽，梅姓店主煎“太华春蕊茶”敬之（见徐霞客《滇游日记》），徐霞客当即就认为其是云南茶中之精品。

雍正六年（1728），王昶在《滇行日录》中记载凤庆（古时称“顺宁”）茶为：“……甘香溢齿，云南出茶以此为最。普洱茶味沉刻，土人蒸以为团，可疗疾，非清供所宜。”乾隆二十年（1755），张泓在《滇南新语》中云：“顺宁府玉皇庙内产茶，一旗一枪、色莹碧、不殊杭之龙井。”檀萃在《滇海虞衡志》中记载：“顺宁有太平茶，味淡而微香，色亦清。”光绪三十四年（1908），顺宁知府太守琦麟，在凤庆大力倡导种植茶树，凤庆茶叶迅猛发展，云南传统普洱茶乃至云南茶叶的生产中心由此逐渐转移至凤庆一带。

（6）澜沧。澜沧县的惠民乡也有面积达万亩以上的古茶园，据芒景缅寺塔石碑碑文记载，其开发的历史可追溯到公元 696 年。澜沧江大叶茶以景迈古茶树为主，树高 3 m 左右，树龄数百年。

布朗族是茶叶王国的王子，茶已深深渗入布朗族人民的生活之中。在芒景村，家家户户的房前屋后都被茶园围绕着。人、茶、家、森林构成了一幅别具风味的人间茶山图。布朗茶山是云南境内布朗族最集中的民族乡，现今布朗茶园面积达万亩有余，每年到采茶之时他们都要举行盛大的仪式，以求茶叶来年再获丰收。

（7）勐海。勐海县东北的南糯茶山被傣族、哈尼族、拉祜族、布朗族尊奉为“孔明山”，傣语中“南糯”是“笋酱”的意思。生活在南糯山的哈尼族人在口传的历史中说他们在此山定居至今已有 57 代，也就是说早在唐朝时期，他们就已经落脚于此了。

1951 年，茶叶科研组织在南糯山建成茶叶试验站。科研人员在景洪与勐海县之间向南约 4 千米的地方发现了一株基部直径达 1.38 m 的古茶树。1957 年，中外专家学者经过多学科考察论证，认为它有 800 多年的树龄，是一株人工栽培型的“古茶王”。由于自然生态环境的变化，这棵 800 多年的“古茶王”在 1994 年末走完了自己生命的历程。

南糯茶山所产的“南糯白毫”乃是茶中之极品，畅销海内外。普洱“女儿茶”也是勐海特产，因是姑娘采摘春茶变卖作为私房钱以备嫁妆之用的，故名“女儿茶”，此茶也为茶中上品。还有易武“紧团茶”，又称“元宝茶”，过去主销中国的港澳地区及南洋一带，也堪称茶中上品。

离勐海城区约 60 千米的巴达乡也是古老的茶山之一，位于大黑山海拔 2 千米左右的原始森林中，有一棵举世瞩目的千年野生型茶树王，《中国茶经》对此写道：“巴达茶树王，生长于勐海巴达乡贺松寨大黑山原始森林中，树龄 1 700 余年。植株乔木型，树高 14.7 m（原高 32.12 m，1967 年上部被风吹断），主干直径 0.9 m，树幅 8.8 m。”勐海县作为普洱茶的著名产地，也是诸多茶人向往之处。

（8）墨江。在历史上，墨江县新抚的“米地茶”、碧溪的“须立茶”也比较有名，经开水冲泡三至五泡后，其色味仍佳。清朝年间，“须立茶”曾被列为贡茶。墨江县的“玉露茶”（今称“云针茶”），亦是云南绿茶中别具特色的佳品之一。

茶人无数次栽植茶树，无数次祈盼春天的到来，于是种的茶树成了茶林，茶林历经岁月，染绿了大山，大山成了茶山。

## 二、普洱茶产地环境的独特性

茶树在系统发育过程中，对环境条件有一定的要求，生态条件对茶树的形态、结构、生理和生化等特性均有重要影响。茶树对各种生态因子的反应是不同的，有的生态因子在生育的某一时刻对茶树的生存是必要条件，而有的则是次要条件；同一生态因子在茶树不同的生育阶段，其影响茶树生育的强弱程度也不一样。在自然界里，生态因子是相互关联，相互影响，综合地对茶树起作用，某一生态因子的改变，便会影响其他生态因子发生变化。茶树与环境是统一体，在长期的生长发育过程中，茶树适应了某些环境条件，故形成了对某些生态因子的特定需要，这些生态因子成为适宜其生育的条件。在适宜的条件下，茶树能正常生长。反之，则会影响茶树生育，甚至造成茶树死亡。

### （一）气象条件

气象条件对茶树生育影响十分明显，光、热、水等气象因子尤为重要。了解气象因子与茶树生育的关系，掌握各气象因子对茶树生育的极限和最适指标，是制定科学的茶树栽培技术措施的基础。

#### 1. 光照

太阳光是茶树进行光合作用制造有机物质的能量源泉，茶树生物产量的90% ～ 95% 是叶片利用二氧化碳（$CO_2$）和水，通过光合作用合成的碳水化合物所形成的，茶树经济产量的形成主要依赖光合作用。光照强度、光质和光照时间对茶树的生育影响很大。

光照强度是地球表面接受到阳光照射的强度。茶树是耐阴植物，忌强光直射，光合作用的强弱，在一定条件下取决于光照强度。一般在 1 000lx 以上至 50 000lx 的范围内，当 $CO_2$、水分和温度能满足茶树需要时，光合作用强度随光照强度的增加而增强，制造的有机物质也随之增多；反之，光照减弱，光合作用强度也随之减弱。即在光饱和点以内，随着光强度的增加，光合作用加强。当光照强度超过 50 000lx，光合作用往往不再增强，此时的光照强度超出了茶树光合作用的光饱和点；当光照强度低于 1 000lx 时，光合作用过程与 $CO_2$ 收支达到平衡状态，此时的光照强度处于茶树光补偿点的位置。茶树对光照强度要求的可塑性较大，幼龄茶树的光饱和点大致为 2.1J/（$cm^2$ · min），成龄茶树为 2.9 ～ 3.0J/（$cm^2$ · min），并且与季节有关，浙江茶区以三茶的光饱和点最高，四茶为最低。茶树的光补偿点较低，仅占全光量的 1% 左右，为 0.12 ～ 0.13J/（$cm^2$ · min）。因遗传耐阴习性，茶树对散射光能较好地利用，直射光会破坏原生质的叶绿体而对生长不利。在适当减弱光照时，芽叶中氮化合物明显提高而碳化合物（如茶多酚、还原糖等）相对减少，特别是作为茶叶特征物质的茶氨酸含量及与茶叶品质密切的谷氨酸，天门冬氨酸、精氨酸、丝氨酸等的含量，在遮光条件下均有明显的提高，这有利于增强成茶的收敛性和鲜爽度。

茶树生育对不同光质反应是不同的。光波长为 360 ～ 760 nm，由红、橙、黄、绿、青、蓝、紫等 7 种不同单色光组成。波长比红光波长长点的为红外线，比紫光波长短点的称紫外线。茶叶叶片中主要含有的光合色素为叶绿素 a、b，且 a ＞ b，叶绿素 a 吸收红光多，叶绿素 b 吸收蓝紫光多。故叶绿素以吸收红橙光为主，其次为蓝紫光，而其他的波长则不能为叶绿素吸收，能被叶绿素吸收的各种波长的太阳辐射称生理辐射。茶树在红、黄、绿光中促进芽梢伸长、叶面积扩大；蓝、紫光抑制芽梢伸长、叶面积减小；蓝、紫光下，比叶重增加，红光下比叶重略有减少（见表 2–1）；光合速率在相同的光量子通量密度下，红光＞蓝紫光＞黄光＞绿光。橙光偏长，对碳代谢、碳水化合物的形成具有很高的活性，是物质积累的基础；蓝光为短波光，在生理上对氮代谢、蛋白质形成有重大意义，是生命活动的基础；紫光比蓝光更短，不仅对氮代谢、蛋白质形成有重大意义，而且与一些含氮化合物和很多香气成分形成有直接关系。不同光质条件下，对品质成分的影响表现为蓝、紫、绿光下，氨基酸总量、叶绿素和水浸出物含量较高；而茶多酚含量相对减少。红光下的光合速率高于蓝、紫光，红光促进碳水化合物的形成，也就有利于茶多酚的形成；蓝、紫光则促进氨基酸、蛋白质的合成（见表 2–2）。

光照时间对茶树的影响主要表现为辐射总量及光周期现象两个方面。日照时间越长，茶树叶片接受光能的时间越长，光合产物越多，从而有利于茶树生育。光周期现象是对茶树开花结果及生长休眠均有直接影响。茶树是短日照植物，日照时数缩短，能使新梢生长缓慢，提早休眠，出现对夹叶多的现象。遮光处理会使其开花期提前而开花数增加；延长日照时数，茶树的开花期推迟，花数减少，甚至不开花。日照时数对春茶早期产量有一定的影响，尤其是越冬芽的萌发时间与日照时数直接相关。印度研究表明，冬季连续 6 周每日的光照时间 11 个小时，即使温度、水分、营养等都能满足，但茶树仍进入相对休眠期，若延长光照时间为 13 个小时，便可打破某些茶树品种的冬季休眠，促进茶树生长，并抑制茶树开花。

表 2-1　光质对茶树芽梢伸长、叶面积、比叶重的影响

| 项目 | 黄光 | 红光 | 绿光 | 蓝光 | 紫光 | 白光 |
|---|---|---|---|---|---|---|
| 一芽三叶顶端 2 个节间长（cm） | 4.7 | 6.0 | 4.2 | 4.0 | 3.9 | 4.1 |
| 成熟叶比叶重（$mg/cm^2$） | 6.5 | 5.2 | 6.2 | | 7.7 | 5.6 |
| 成熟叶叶面积（$cm^2$） | 27.6 | 31.0 | 29.7 | 26.0 | 26.7 | 27.0 |

表 2-2　不同光质下茶叶品质成分的变化

| 光质 | 叶绿素（%） | 水浸出物（%） | 茶多酚（%） | 氨基酸（%） | 咖啡碱（%） |
|---|---|---|---|---|---|
| 黄光 | 0.434 | 41.62 | 23.23 | 4.09 | 4.37 |
| 红光 | 0.428 | 41.59 | 23.36 | 3.47 | 4.10 |
| 绿光 | 0.453 | 42.99 | 22.31 | 4.76 | 3.88 |
| 蓝光 | 0.504 | 43.61 | 21.40 | 4.26 | 4.06 |
| 紫光 | 0.512 | 43.50 | 18.95 | 4.28 | 3.85 |
| 白光 | 0.414 | 40.35 | 23.06 | 3.56 | 3.68 |

2．热量

热量状况一般以温度来表示，温度是太阳的热效反映，温度影响茶树的地理分布，影响茶树体内的生理生化过程，制约着茶树生育速度。而影响茶树生育的主要是气温和地温，气温和地温分别对茶树的地上和地下部分的生长产生影响，它们之间是密切相连的。

茶树的生物学最低温（生长起点温）一般为 10 ℃左右，早芽种有低于 10 ℃的，而迟芽种则高于 10 ℃。茶树有其生育的最适温度、最低温度和最高温度范围。茶树生长最适温是指茶树生育最旺盛、最活跃时的温度，因品种和产地不同而有所差异，大多为 20 ℃～ 30 ℃，在此温度范围内，如其他生育条件满足其生长的需要，则随着温度的升高，生育速度加快。一般灌木型茶树耐低温能力强（-12 ℃左右），小乔木型的茶树次之（-8 ℃），乔木型的茶树最弱（云南大叶种约为 -5 ℃）；幼苗期、幼年期和衰老期的耐低温能力弱，而成年期耐低温能力较强；冬季茶树的耐寒性往往比早春处于待生长状态时强；成叶和枝条的耐寒性较强，芽、嫩叶和茎基部较弱；根（尤其是细根）的耐寒性差，茶树耐受的最低临界温度因品种、树龄、树势、不同的器官和出现低温时的天气状况而不同。茶树耐受的最高临界温为 45 ℃；当日均温大于 30

℃，茶梢生长便缓慢或停止，幼嫩枝叶呈萎蔫状；35 ℃持续数天，新梢就会枯萎、落叶，茶树就将受害。南方类型基因的茶树品种，往往具有较强的耐高温能力。昼夜温差直接影响光合物质的积累。白天温度高，光合物质合成多，晚上温度低，呼吸产物消耗少，故昼夜温差大，利于茶树的生物产量的形成。从不同季节来看，春季气温对新梢生育的影响明显大于夏秋季。积温分为活动积温和有效积温两种，活动积温系指植物在某一生育期或年生长期中高于生物学最低温度日子的温度总和；有效积温系指植物某一生育期或整个年生长周期中有效温度之总和。茶树年生长较适积温，全年需大于10℃的活动积温至少3 000℃，全年活动积温的多少，与全年茶叶的采摘次数及茶叶产量有密切关系。茶树在某一生长期中所要求的有效积温是比较稳定的，茶树的年生育过程中，有效积温能比较确切地反映茶树的生育状况和速度。进入 12 月以后，当平均气温低于 10 ℃时，茶芽进入越冬休眠；当气温下降到 1 ℃～2 ℃时，萌发的茶芽会枯焦，降至 -2 ℃，茶花大部分脱落而死亡。

土温影响茶树根系的生育，根系生长的最适温为 25 ℃～ 30 ℃；当地温为 8 ℃～ 10 ℃时，根系生长开始加强；35 ℃以上时，根系停止生长；而各土层地温与新梢生长均呈极显著正相关，14 ℃～ 20 ℃地温为新梢生育最适宜温度，21 ℃～ 28 ℃地温亦较适宜；当低于 13 ℃或高于 28 ℃时，生长较缓慢。地温对新梢、根系生长的影响与土壤质地、水分状况和茶树品种等有关。

**3．水分**

茶树嫩梢、老叶、枝干和根系的含水量分别是：75% ～ 80%、65%、45% ～ 50% 和 50% 左右。水既是茶树机体的重要组成部分，又是茶树生育过程中生理生化活动、物质吸收和运输等不可缺少的生态因子。水分不足或水分过多，均会有碍茶树的生长发育。水分还影响着生长环境中的其他气象因子。茶园水分主要表现在降雨、空气和土壤湿度等方面。茶树性喜湿润，适宜经济栽培茶树的地区，年降雨量需在 1 000 mm 以上。一般认为茶树生长最适宜的年降雨量为 1 500 mm 左右；茶树生长期间的月降雨量要多于 100 mm，若连续几个月降雨量小于 50 mm，而且又未采取人工补水措施，茶叶产量和品质均会受到明显影响。

空气湿度大时，一般新梢叶片大、节间长、新梢持嫩性强、叶质柔软、内含物丰富，因此茶叶品质好。空气湿度能影响水分蒸发和茶树的蒸腾，在茶树生长活跃时期，茶园中的空气相对湿度以 80% ～ 90% 为宜；当相对湿度小于 60% 时，土壤的蒸发和茶树的蒸腾作用就显著增加，在这种情况下，如果长时间无雨或不进行灌溉，就会土壤干旱，影响茶树的正常生长发育和茶叶产量、品质；若小于 50%，新梢生长就会受到抑制；40% 以下茶树便会受害；而当空气相对湿度大于 90% 时，空气中的水汽含量接近饱和状态，虽然这对茶树新梢生长有利，但也容易导致与湿害相关的病害发生。

除了降雨量，与水分状况相关的还有水分的消耗量，如蒸发、蒸腾量，土壤流失、下渗量等因素。研究表明：可用干燥指数（当≥ 10 ℃期间蒸发量与降水量的比值）表示茶树对水分的需求，年干燥指数＝ 1 的地区，如果其他生态因子满足，基本上适宜茶树栽培；年干燥指数接近 0.7 的地区，茶树生长更好，茶叶品质也较高。

土壤水分是茶树生理需水的主要来源，适宜的土壤含水量能促进茶树生长，而土壤水分过高或过低（不足）均会影响根系的吸收与呼吸，使茶树生育受阻。据研究，茶树栽培在土壤相对含水量 50% ～ 110% 条件下，其生育相关的生理生化特性、酶活性、品质成分都有较大的变化（见表 2-3）；土壤相对含水率为 50% ～ 90% 时，随着土壤含水量的提高，茶树生育量增加（见表 2-4）；在土壤相对含水量为 70% ～ 90% 时，茶树各项生理生化指标均较高。故土壤湿度以田间持水量 70% ～ 90% 为宜；当土壤相对含水量降至 70% 以下或上升到饱和水分状态时，茶树生长不良（见表 2-5）。

**表 2-3　不同水分处理下茶树氧化酶活性、生化成分的变化（杨跃华，1987）**

| 土壤相对含水量（%） | 50 | 70 | 90 | 110 |
|---|---|---|---|---|
| 多酚氧化酶（mmol/m）（鲜重） | 0.47 | 0.78 | 1.17 | 0.53 |
| 过氧化物酶（mmol/m）（鲜重） | 94.03 | 109.36 | 131.78 | 106.32 |
| 茶多酚（%） | 14.022 | 24.456 | 25.761 | 19.500 |
| 儿茶素总量（mg/g 干重） | 33.324 | 41.519 | 73.751 | 30.774 |
| 新梢中氨基酸（%） | 1.731 | 2.391 | 2.537 | 2.242 |

**表 2-4　土壤相对含水率对茶树生育的影响（许允文，1985）**

| 土壤相对含水率（%） | 主根长（cm） | 叶面积（$cm^2$/ 株） | 茶树干物重（g） | | | | |
|---|---|---|---|---|---|---|---|
| | | | 吸收根 | 主根 | 茎 | 叶片 | 合计 |
| 50 | 20.3 | 22.05 | 1.35 | 1.82 | 1.16 | 1.93 | 6.26 |
| 60 | 18.8 | 39.74 | 3.17 | 2.69 | 2.39 | 4.12 | 12.37 |
| 70 | 21.5 | 52.70 | 4.00 | 3.33 | 3.41 | 6.45 | 17.19 |

续表

| 土壤相对含水率（%） | 主根长(cm) | 叶面积（$cm^2$/株） | 茶树干物重（g） | | | | |
|---|---|---|---|---|---|---|---|
| | | | 吸收根 | 主根 | 茎 | 叶片 | 合计 |
| 80 | 23.3 | 77.66 | 4.17 | 4.25 | 5.11 | 8.70 | 22.23 |
| 90 | 25.9 | 76.71 | 4.92 | 5.64 | 5.00 | 8.96 | 24.52 |
| 100 | 23.9 | 87.23 | 4.55 | 4.11 | 5.67 | 9.25 | 23.58 |
| 120 | 11.3 | 36.14 | 0.82 | 1.15 | 2.77 | 3.49 | 8.23 |

**表 2-5　土壤相对含水率对茶树根系生长和活力的影响（王晓萍，1992）**

| 土壤相对含水量（%） | 根系分布范围（cm） | | 根系干重（g） | | 脱氢酶活性[μgTTc/(g·H)] |
|---|---|---|---|---|---|
| | 深度 | 宽度 | 总根量 | 吸收根量 | |
| 50 | 13.8 | 13.1 | 4.40 | 1.03 | 0.872 |
| 70 | 17.5 | 16.9 | 6.60 | 2.33 | 1.303 |
| 90 | 18.4 | 17.1 | 7.83 | 2.70 | 1.239 |
| 110 | 10.9 | 11.4 | 4.14 | 1.27 | 0.401 |

## （二）土壤条件

土壤是茶树一生扎根立足的场所，它提供茶树根系生长发育所必需的矿质元素、空气、热量和水分，它与茶树之间有频繁的物质交换，因而土壤是一个重要的生态因子。土壤条件对茶树生育的影响，主要包括土壤的物理环境、化学环境以及生物活动对土壤的物理环境、化学环境产生的影响。这些土壤环境条件的变化，直接影响茶树的生育。

茶树要求土层深厚，有效土层应达 1 m 以上，表土层厚 20 ～ 30 cm。土质疏松，土壤 50 cm 之内不应存在无铁锰硬盘层或黏盘层；土层浅薄，茶树根系不能充分伸展，土壤受地面光、温、湿的影响大，调节能力弱，茶树生长矮小。凡砂岩、页岩、花岗岩、片麻岩和千枚岩风化物所形成的土壤，都适宜种茶。茶园土壤的质地与土壤的水分状况有密切的关系，茶园土壤质地不同，水分常数和有效水分有很大差异（见表 2-6）。砂性土壤通透性及排水性良好，但蓄积水分的能力差；黏性土壤蓄水性好，而通透性及排水性较差。当细砂土壤含水率为 14% 时，土壤吸力仅在 1/10Pa 以内，已达到田间持水量状态，有效水分丰富，对茶树生长比较适宜；不同质地土壤的田间持水量不同，如砂壤土为

14% ～ 18%，轻壤土 17% ～ 22%、重壤土 28% ～ 34%、黏土为 41% ～ 47%。不同质地土壤的萎蔫系数也不同，壤土上的萎蔫系数为 9.8% ～ 12.9%、黏壤土 14% ～ 16%、砂壤土 6.8%、细砂土 3.2%。因此，茶园土壤质地以壤土为理想，上部质地轻砂质、砂壤质，下部中壤质，排水良好的土壤；如果排水不良或地下水位高，使茶树根系较长时间处于缺氧状态下生长，呼吸不良，则根系受毒害，新梢萌发力弱，严重时植株死亡。土壤结构以表土层为多粒状和团块状结构、心土层为块状结构较好；团粒结构较好的土壤有利于茶树生育，且产量高、品质较好。土壤容重直接影响到土壤孔隙度与孔隙大小分配、土壤的穿透阻力及土壤的水、肥、气热变化，对土壤通气、持水性、坚实度等影响显著，低容重土壤上根系纵向分布均匀、数量多、根细长；高容重土壤上根系短、密度小。土壤紧实度适宜的情况下，土壤微生物数量和酶活性明显增加，随着土壤容重的变小，土壤中好气型微生物数量增加，厌氧型微生物急剧减少，紧实土壤中的磷酸酶活性明显降低；土壤通气状况直接影响着氧气的供应、土壤生物活性，进而影响着根系的生长及吸收能力。茶园的表土层 10 ～ 15 cm 处容重为 1.0 ～ 1.3g/cm$^3$，孔隙率为 45% ～ 55%；心土层 35 ～ 40 cm 的容重为 1.3 ～ 1.5g/cm$^3$，孔隙率为 45% ～ 50%。土壤三相比在 0 ～ 20 cm 的范围内，固 ：液 ：气以 40% ～ 50% ： 30% ～ 40% ： 15% ～ 30% 为好，而心土层则以 55% ： 30% ： 15% 左右为宜。

**表 2-6　不同质地土壤的水分常数和有效水分（许允文，1980）**

| 土壤质地 | 土层深（cm） | 水分常数（占干土%） | | | 有效水分（%） |
|---|---|---|---|---|---|
| | | 田间持水量（1/10Pa） | 初期凋萎湿度（8Pa） | 永久凋萎湿度（15Pa） | |
| 黏质壤土 | 0 ～ 30 | 25.13 | 15.50 | 13.97 | 9.63 |
| 壤土 | 0 ～ 45 | 21.93 | 12.11 | 9.84 | 12.82 |
| 细砂土 | 0 ～ 45 | 13.63 | 3.89 | 3.17 | 9.76 |

土壤化学条件对茶树的生育影响较大的是土壤酸度、土壤有机质和无机养分。土壤酸度影响着土壤有机质的分解与合成、微生物的活动、营养元素的转化与释放、微量元素的有效性等，对土壤一系列肥力性质产生着深刻的影响。

茶树是喜酸性土壤的植物，在 pH4.0 ～ 6.5 范围内都能生长，适宜植茶的土壤 pH 为 4.0 ～ 5.5，最适为 pH5.5 左右（氢离子浓度 3163 纳摩 / 升）；若 pH 超过 6.5 或小于 4，茶树生长不良，同时土壤中钙的含量超过 0.5%，茶树就不能正常生长。不同土壤酸度条件下生长的茶树，其茶多酚、氨基酸、咖啡碱和水浸出物含量差异也较大。在一定条件下，土壤偏酸，氨基酸和茶多酚含量增加；土壤pH为5.5时，鲜叶中水浸出物含量最高，pH>5.5或pH<5.5，水浸出物含量均减少；pH为5.0时，鲜叶中咖啡碱含量最少，pH>5.0或pH<5.0，咖啡碱含量增大；pH增大时，茶树对铝的吸收显著减少；对钙的吸收与土壤pH呈显著正相关；对锌、锰吸收呈线性负相关。土壤的有机质含量是茶园土壤熟化度和肥力的指标之一，有机质含量影响土壤的理化性质。土壤有机质含量高，则土壤容重就小，孔隙率增大，三相比较为理想；土壤有机质含量，按我国现有生产水平，3.5%～2.0%列为一等，2.0%～1.5%列为二等，1.5%以下为三等。高产优质茶园土壤有机质含量一般都在2.0%以上。土壤营养依各地高产茶园测定表明：土壤中，含氮量在0.14%以上；碱解氮为15 mg/100 g速效磷为10～20 mg/kg；速效钾为80～150 mg/kg。

茶树喜酸的原因很多，第一，它由茶树的遗传性所决定。茶树原产于我国西南云贵高原，那里的土壤是酸性的，茶树由于长期在酸性土壤上生长，产生对这种环境的适应性，一代一代相传，形成比较稳定的遗传性。第二，茶根汁液的缓冲能力在pH5.0时最高，以后逐渐降低，至pH5.7以上，缓冲能力就非常小了。植物体内的缓冲物质主要是有机酸和磷酸盐。有机酸的缓冲能力一般偏酸性，磷酸盐的缓冲能力则偏中性和碱性。茶根中的磷酸盐含量较低，据分析，100 g茶根中仅含$P_2O_5$25 mg。这是由于茶树长期生长在有效磷含量极低的红壤中，因而造成了根中含磷量较低，借以适应红壤的环境。第三，茶树菌根需要在酸性环境中才能生长和浸染，才能与茶树根系形成共生互利。第四，茶树需要土壤提供大量的可给态铝。一般农作物的含铝量多在100～200 mg/kg以下，而茶树的含铝量却在数百至1 000 mg/kg以上。当土壤pH＜5.5时，代换性$Al^{3+}$，占盐基代换量高的可达90%以上；在pH＞5.5时，代换性$Al^{3+}$的含量便很低，相当于不存在。$Al^{3+}$本身是一种可用来表示潜性酸大小的离子。因此，在中性或碱性土壤上茶树之所以生长不好可能与土壤中活性$Al^{3+}$的不足有极大关系。第五，茶树是对钙敏感的植物。茶树生长虽需一定量的钙，但当土壤中含钙量超过0.05%时，已对品质有不良影响；当超过0.2%时，便对茶树生长有害；超过0.5%时，茶树生长会受到严重影响。土壤中活性钙含量与土壤pH有密切关系，pH愈高，活性钙含量愈高。

生物环境与土壤形成的土壤肥力密切相关。人类活动会改变土壤的物理和化学环境，既有有利的影响，也有不利的影响。茶树本身的枯枝落叶、修剪下的枝叶留在茶园而增加了土壤的有机质；茶树种植覆盖也成了土壤的保护因素。土壤中的蚯蚓（昆虫）和微生物对改良土壤、土壤肥力的形成以及植物营养转化均起着极其重要的作用。

茶园土壤中生物组成数量最多的是微生物，包括细菌、真菌、放线菌等，在数量组成上，土壤微生物以细菌最多，真菌次之，放线菌最少，其中对提高土壤肥力和改善茶树生长有显著作用的有自身性固氮菌、氨化细菌和纤维分解细菌等种群。有对提高土壤肥力和改善茶树生长显著作用的自生性固氮菌、氨化细菌和纤维分解细菌等种群。根系分泌物的多少是影响土壤中微生物种类和数量的主导因素。根系分泌物越多，微生物的种类和数量也越多，各类微生物在土壤中的分布呈现“根表＞根际土壤＞非根际土壤”的趋势。不同季节茶树根系活性不同，因其分泌物数量不同，土壤微生物的数量也表现出与茶树根系年活动周期变化基本相符的季节性变化。不同茶树年龄的茶园，由于茶树根系根际分泌物引起土壤酸度变化，枯枝落叶的分解使土壤中的多酚化合物积累，多酚类物质对于大多数微生物有抑制作用，从而影响了土壤中微生物数量和优势种群的变化。根表中各类群微生物的数量，随着茶树树龄的增大而降低；青壮年期细菌的数量占优势，衰老期则以放线菌的数量占优势。各种土壤管理措施的施用使土壤的物理和化学环境条件变化。以上这些都会影响茶园土壤微生物的种类、数量和分布，而土壤微生物又会反过来影响土壤的物理和化学环境。

### （三）地形条件

地形包括纬度、海拔、坡向、坡度和地势等，地形地势不同，光、热、水、气、土、肥等条件都不相同，这些因素对茶树的生育和茶叶的品质均有很大的影响。

地理纬度不同，其日照条件、气温、地温和降雨等气候因子均不同。一般而言，纬度偏低的茶区年均气温高，地表接受阳光辐射量较多，年生长期长，往往有利于碳素代谢，而含氮化合物形成较低。

地形起伏改变了光照和空气流向，因此，起伏较大的地方气象条件年变化、日变化均较大。冬季晴天的条件下，冷空气向低洼地段汇集，处在谷底的部位温度较低，常易引起茶树冻害。在寒潮或冷空气南下的天气，山坡顶迎风面的温度最低，谷底的温度相对较高，受冻严重的地方是在坡顶，即“风打山梁，霜打洼”。

海拔越高，山地的月平均气温、年平均气温、高于或等于 10 ℃的活动积温都明显地降低；海拔高度每升高 100 m，气温降低 0.5 ℃左右，年积温减少 180 ℃左右。海拔越高，气压与气温越低，积温越少，生长期缩短，易受冻害；在某一海拔高度以下，降水量随高度的增加而递增，达到该高度以后，降水量随高度的增加而递减，这个高度称山地的最大降水高度，它随着地理纬度和周围山地的情况而变化。我国长江中下游地区，这个高度在 2 000 m 左右或以下。在一定高度的山区，雨量充沛，云雾多，空气湿度大，接受日光辐射和光线的质量与平地不同，漫射光及紫外光较丰富，加之昼夜温差较大，相对湿度高，芽叶持嫩性好，对茶叶品质的提高有利，但也因湿度大，易遭白星病等危害。高山因温度低，茶芽生长较慢，全年生长期短，茶叶产量不高。

山地的坡度、坡向能影响茶园小气候的变化，因而也影响茶树的生长发育。不同坡向和坡度的山地接受的光照时间和太阳辐射强度差异明显，受降雨和风的影响亦不同，于是形成不同的小气候特点，进而使不同坡度、方位的茶园的土壤结构、热量的获得都有所不同。偏南坡地（包括南坡、东南坡、西南坡）获得的太阳辐射总量多，温度高；而偏北坡地的太阳辐射总量较少，温度就低；东、西坡，介于南坡与北坡之间。夏季，南、北坡地的差别比较小，而冬季差别就较显著，这一差别，在纬度愈高、坡度愈大的情况下，表现愈明显。日平均土温，以南坡为最高，北坡最低，东坡与西坡介于南北坡之间。阳坡（偏南坡）获得的太阳辐射及热量多，温度高，但湿度比较低，土壤比较干燥；而阴坡（偏北坡）的情况正好相反。坡地方位对气温的影响，只局限于紧贴地表的极薄气层内，晴天差异比较明显，阴雨天差异极小。日平均气温随坡向的变化规律与土温相同。坡度加大，土壤含水量减少，则冲刷程度越大。坡地比谷地温暖，茶树全年生长期长。

## 第三节　普洱茶植物学特性

茶树原产于中国，属山茶科、山茶属植物。茶树可分为地上部分和地下部分。地上部分由芽、叶、茎、花、果实等器官组成，又称树冠；地下部分由长短、粗细和颜色各不同的根组成，又称根系。连接地上部与地下部的交接处，称为根颈。茶树的各个器官是有机的统一整体，彼此之间密切联系，相互依存。了解茶树的植物学特性，掌握其生长发育规律，是科学运用各项技术措施，实现优质、高产和高效栽培的理论基础。

## 一、地下部分

茶树根系担负着固定植株、吸收运输、合成、储藏营养和水分以及气体交换等主要功能。茶树根系由主根、侧根、须根（吸收根）和根毛构成，如图2-11所示。

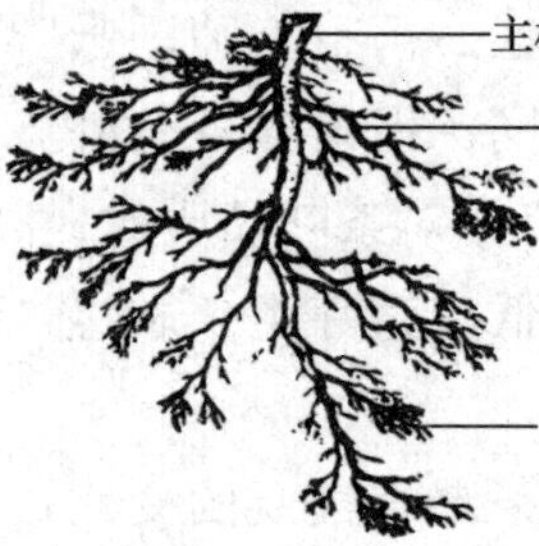


图 2-11　茶树根系

### （一）主根

茶树种子的胚根生长形成主根，实生繁殖（种子繁殖）茶苗主根明显，而扦插繁殖的茶苗则没有明显的主根。

### （二）侧根

侧根着生在主根上，大致呈横向生长，多数分布在 20 ～ 50 cm 土层内。主根和侧根分别呈棕灰色和棕红色，寿命较长，主要用来固定茶树，并将须根从土壤中吸收的水分和矿物质营养输送到地上部分。

### （三）须根

须根，又称吸收根，一般分布在地表下 5 ～ 45 cm 土层内，集中分布于地表下 20 ～ 30 cm 的土层内。呈白色透明状，其上密生根毛，吸收水分、无机盐和少量 $CO_2$，寿命短且不断更新中，未死亡的则发育成侧根。

茶树根系在土壤中的分布，依树龄、品种、种植方式与密度、生态条件以及农业技术措施等而有异。茶树根有趋肥性、向湿性、忌渍性和向土壤阻力小的方向生长的特性，故有时根系幅度和深度不一定与树冠幅度和高度相对应。根系分布状况与生长动态是茶园施肥、耕作和灌溉等作业的主要依据。“根深叶茂、本固枝荣”揭示了培育好根系的重要性。

## 二、地上部分

### （一）树型

茶树因分枝部位不同而使主干表现不同，茶树树型可分为乔木型、小乔木型和灌木型三种类型，如图 2-12 所示。

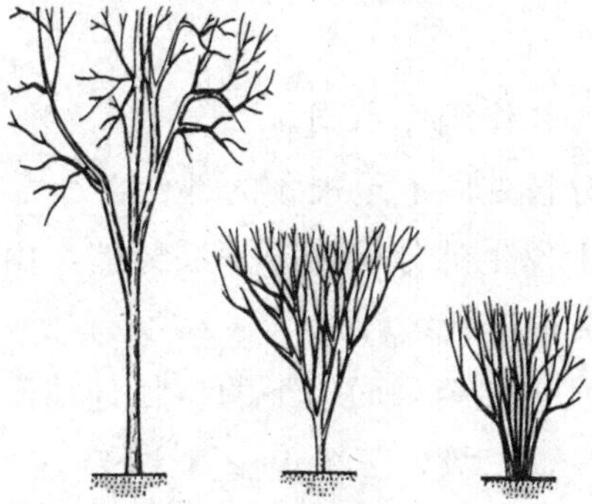

a. 乔木型　b. 小乔木型　c. 灌木型

**图 2-12　茶树树型**

（1）乔木型。茶树主干明显，分枝部位高，植株高大，抗寒性弱，适宜在我国热带地区栽培。

（2）小乔木型。茶树基部主干较明显，分枝部位较低，高植株较高大，适宜在我国华南和西南茶区栽培。

（3）灌木型。茶树主干不明显，从根颈处分枝，植株较矮小，耐寒性较强，适宜在我国江北和江南茶区栽培。

### （二）树姿

树冠形状因分枝角度不同而分为直立状、半开展状（半披张状）和开展状（披张状）三种，如图 2-13 所示。

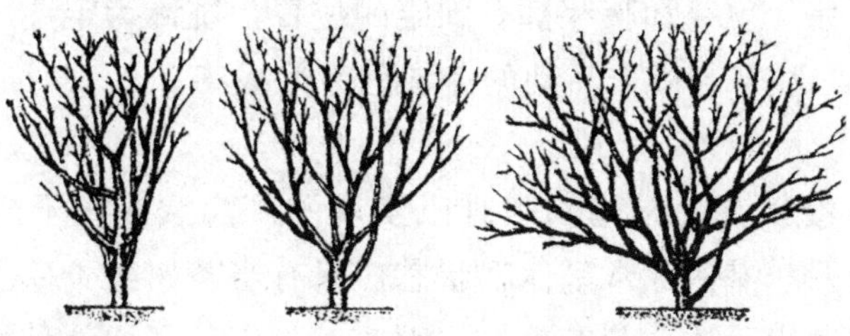

a. 直立状　b. 半开展状　c. 开展状

**图 2-13　茶树树冠形状**

（1）直立状。分枝角度＜ 35° 枝条向上伸展。

（2）半开展状（半披张状）。分枝角度 35° ～ 45°。

（3）开展状（披张状）。分枝角度＞ 45° 以上，枝条向四周斜伸展。

当两种树姿百分数相等，则可记作任何一种，如某种直立和半开展各占 40%，则可记作直立状或半开展状。

### （三）枝干

枝干分枝部位不同，其作用亦不同。

主干：茶树幼年期分枝处以下至根颈的部位。

分枝层次：从主干上发生的分枝为第一层分枝，由第一层分枝发生的分枝为第二层分枝……依此类推进行统计。

骨干枝：从主干上发生的至采面以下的粗壮分枝，构成树冠骨架，因其着生部位的不同而冠以一级、二级、三级……骨干枝。

生产枝：采面下的细枝统称，是萌生采摘新梢的枝条。

鸡爪枝（结节枝）：成年茶树的分枝因多次采摘，采面上的生产枝愈分愈密、愈分愈细，形成许多弯曲的结节，形似鸡爪。

分枝密度：分为稀、中、密等。

节间长度：着生叶的部位称节，节与节间距离称节间长度，因叶在枝干上的位置不一，节间长度也不相同，要选择正常新梢的真叶第二叶到第三叶的节间进行测定，亦可将整个枝条测量后再求平均值。

### （四）叶芽

叶芽为营养芽，按照着生部位分为定芽和不定芽。

#### 1. 定芽

定芽分为顶芽和腋芽。位于枝条顶端的芽称为顶芽，着生在枝条叶柄与茎之间的芽称为腋芽。顶芽和腋芽都有固定的位置，统称为定芽，顶芽停止生长而形成“驻芽”，驻芽与尚未活动的芽统称为休眠芽。

#### 2. 不定芽

不定芽又称潜伏芽，是指肉眼难以发现的，隐藏在树干或根颈部树皮内的芽，通常情况下，潜伏芽常呈休眠状态，只有当茶树树干砍去一部分或全部时，剩余部分的潜伏芽才会萌发生长。因此，人们常利用这种特性采用重修剪或台刈的方法以改造构冠，复壮茶树。

芽的大小、形状、色泽以及着生茸毛的多少与茶树品种、生长环境、管理水平有关。一般对绿茶品种来说，芽叶重、茸毛多、有光泽，是茶树生长健壮、品种优良的重要标志。

### （五）叶

茶叶有鳞片、鱼叶、真叶和芽头四种（见图 2–14）。

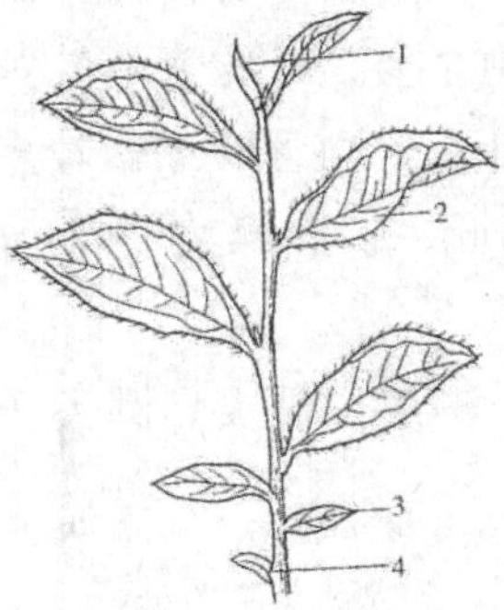


1. 芽头；2. 真叶；3. 鱼叶；4. 鳞片

**图 2–14　叶形**

（1）鳞片为幼叶的变态，无叶柄，质地较硬，色黄绿或褐色，外表有茸毛和蜡质，有保护嫩芽、抗寒、降低蒸腾失水以及防止虫害等作用。鳞片是复瓦状，越冬芽一般有 3 ～ 5 片，随着芽的膨大和叶片的伸展很快脱落。

（2）鱼叶是新梢上抽出的第一片叶子，也称“胎叶”，颜色淡绿、叶面积较小，一般中小叶种叶长不超过 2 cm，由于其发育不完全，形如鱼鳞，因此而得名。鱼叶叶柄宽而扁平，侧脉隐而不显，叶缘全缘或前端锯齿，叶尖圆钝或内凹。一般每梢基部有 1 片鱼叶，少数有 2 ～ 3 片或者无鱼叶。

（3）真叶是发育完全的叶片。

叶片大小：取新梢基部以上第二、三叶位的定型叶，叶面积＞ 50 $cm^2$ 为特大叶型，叶面积 28 ～ 50 $cm^2$ 为大叶型，叶面积 14 ～ 28 $cm^2$ 为中叶型、叶面积＜ 14 $cm^2$ 为小叶型。中茶还以叶脉的对数（10 对以上）作为大叶型与中小叶型的判断。叶片大小是品种分类的第二等级。

茶叶芽头是茶树的新生部分，被鳞片包裹。鳞片是幼叶的变态，质地较硬，呈黄绿或褐色，表面有茸毛和蜡质，能保护嫩芽、抗寒、降低蒸腾失水和防止虫害。越冬芽通常有 3~5 片鳞片，随着芽的膨大和叶片伸展会脱落。茶叶芽头娇嫩，富含营养，是制作高品质茶叶的珍贵原料。

叶形：依叶形指数（长 / 宽）分为椭圆形、长椭圆形、圆形、披针形等，其中以椭圆形和长椭圆形居多。

（1）长椭圆形：长 / 宽＝ 2.5 ～ 3.0cm，叶最宽处在中部。

（2）椭圆形：长 / 宽＝ 2.0 ～ 2.5cm，叶最宽处在中部。

（3）近圆形：长 / 宽＜ 2.0cm，叶最宽处在近基部。

（4）披针形：长 / 宽＞ 3.0cm 以上，叶最宽处在近基部。

叶色：茶树叶片有淡绿、绿、黄绿、深绿、浓绿色、紫绿色。影响叶色的物质主要是叶肉的色素，其中主要是叶绿素、叶黄素、花青素。叶色与适制性有关，叶色较深的即浓绿的叶片，内含叶绿素较多，含氮化合物较多，较适合绿茶的“清汤绿叶”品质，因此，适制绿茶。叶色较淡的，在红茶发酵中较好，适制红茶。

叶尖：描述形状有急尖、渐尖、钝尖、圆尖（见图 2-15）。

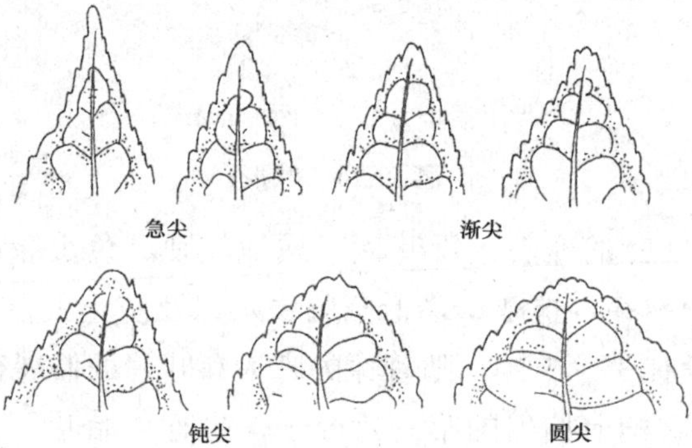


图 2-15　叶尖

叶基：叶基部至最后一对锯齿处，分楔形（狭长）、椭圆、圆形等。

叶面：分平滑、隆起、微隆等以及叶面光泽性，分强、中、弱。凡隆起的叶片，叶肉生长旺盛，叶肉组织发达。叶面光泽性好的为优良品种。

叶缘：分平展、波、微波。叶缘上有锯齿，分粗、细、深、浅、钝并数其对数，一般为 16 ～ 32 对。随着叶片老化，锯齿上的腺细胞脱落并留有褐色疤迹。

叶齿：锐度（锐、中、钝）、密度（密：1 cm 内锯齿数≥ 5；中：1 cm 内锯齿数 3 ～ 4；稀：1 cm 内锯齿数＜ 3）和深度。

叶质：分硬、脆、中和柔软等。一般大叶种，叶大柔软而小叶种则脆硬，叶片脆硬，对制茶品质不利，但有利于增加抗逆性。

叶身：分内折、平、背卷。

叶脉对数：由主脉分出的闭合侧脉对数（见图 2-16）。

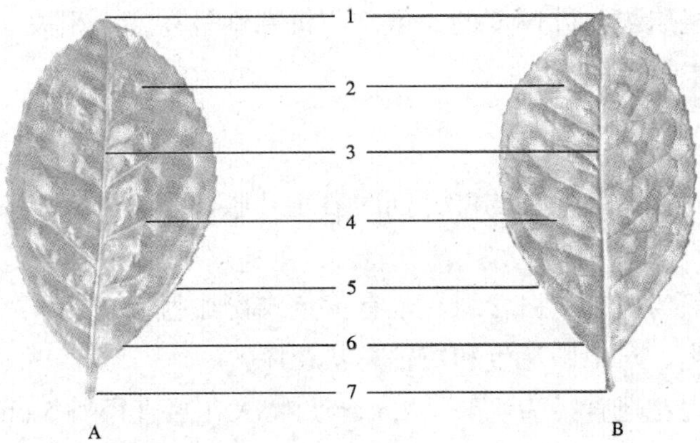


**图 2-16　茶树的叶片（真叶）**

叶解剖结构：茶树叶片是典型的背腹叶，向着阳光的一面是腹面，为上表皮，背着阳光的一面为下表皮。叶片有明显的栅栏组织、海绵组织，下表皮是同型细胞，下表皮有气孔和茸毛的分化。观测叶厚度、角质层厚度、栅栏组织和海绵组织的层数、厚度及其比例、上下表皮厚度、气孔的大小和分布密度。

叶厚度：叶片厚度，一般在 0.3 ～ 0.4 mm。

角质层厚度：角质层是由表皮细胞内原生质体分泌到外表面的沉积物，有角质和蜡质之分。角质的化学成分是一种不饱和脂肪酸；蜡质是一类游离高碳脂肪酸、游离脂肪酸和高碳烧等化合物的混合物。由于角质层和蜡质的沉积受气候和环境的影响，因此叶片表面角质层堆积的纹饰，常用作判别野生茶树与栽培茶树的依据。野生茶树的角质层发育得较厚，从角质层内表面观察，它们的凸突缘都较深、较高，甚至形成了角质角。栽培型茶树的角质层是较规则的细胞形皱脊，表面较光滑。大叶种 2 ～ 4 μm；中小叶种 4 ～ 8 μm。

表皮细胞：表皮细胞是围绕在叶片表面的一层细胞，一般呈板块状结构，排列紧密，无细胞间隙，它的形态常受角质层影响。野生茶表皮细胞为波浪形，且波纹较大；栽培型茶树大多是圆形或微波形，形状比较稳定，是区分野生茶和栽培茶的主要特征之一。

栅栏组织：中小叶种有 2 层，多达 3 层；大叶种通常只有 1 层，遮阴下会增加。野生茶树的叶肉细胞在光镜下观察为一层栅栏组织，排列紧密而整齐。

台湾研究，上表皮厚度与红茶汤色、香味均呈负相关，上表皮厚度与绿茶形状呈极显著正相关。栅栏组织和海绵组织的密度与产量呈极显著正相关。

上表皮厚度、栅栏组织厚度均与抗寒性呈高度正相关。栅栏组织和海绵组织织的比值、三栏组织与叶厚度的比值均与抗寒性呈高度正相关。海绵组织的厚度与抗寒性呈中等负相关。

### （六）花

茶树花为二性茶，花芽与叶芽同时着生叶腋间，着生数 1 ～ 5 个，甚至更多，如图 2–17、图 2–18 所示。

花色：一般为白色，白含绿，也有黄色或粉红色。

花序：单生、对生、丛生和短轴总状花序。

花冠：茶树花冠直径为 1.4 ～ 7.5 cm，特大花冠直径＞ 5 cm；大花直径为 4 ～ 5 cm；中花直径为 3 ～ 4 cm；小花直径为＜ 3 cm。

花萼：5 ～ 7 数萼。

花瓣：花瓣数为 5 ～ 15 枚，花瓣大小为 0.8 ～ 3 cm。

雄蕊：雄蕊数目较多，有 200 ～ 300 枚。

雌蕊：花柱柱头的分裂部位：上部（微裂）分叉部分≥花柱总长的 1/3；中部（中裂）分叉部分占花柱总长的 1/3 但小于 2/3；基部（深裂）分叉部分≥花柱总长的 2/3。柱头的裂数和分裂的深浅是茶树分类的依据之一。

图 2–17　茶花

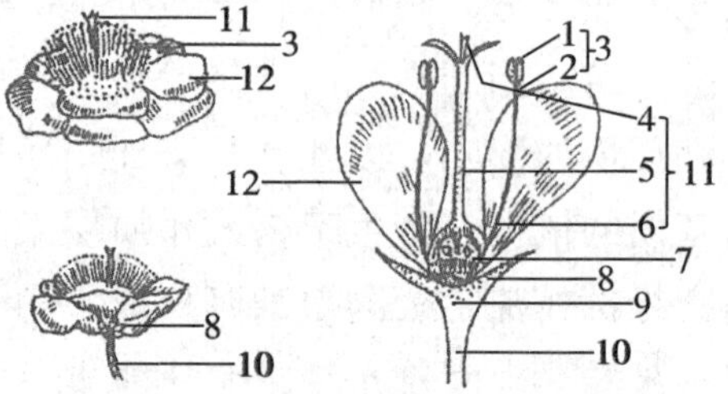


图 2–18　茶花及其纵切面

### （七）果实

茶果形状：有 5 粒种子的呈梅花形，4 粒的为正方形，3 粒的似三角形，2 粒的为肾形，1 粒的呈球形，不规则形，如图 2–19 所示。

果壳厚度：测量干果皮中部得出的厚度。

茶籽百粒重：大粒子每粒可达 2 g 左右（2 000 g/ 千粒），中粒约 lg（1 000 g/ 千粒），而小粒仅重 0.50 左右（500 g/ 千粒）。

茶籽大小：大小粒径为 0.90 ～ 19 mm。

茶籽形状：取 50 ～ 100 粒，统计卵圆形、球形、椭圆形、肾形、锥形和半球形或其他形状的数量，以最多者为准。

茶籽颜色：70% 以上的茶籽为棕褐或黑褐色。

茶籽由种皮和种胚构成，种皮有外、内种皮之分；种胚由胚根、胚芽、胚茎和子叶等部分组成。

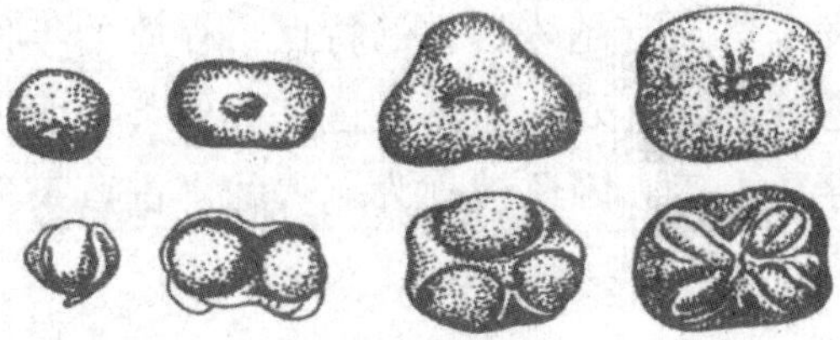


**图 2-19　茶果形状**

## 第四节　普洱茶的“六奇”

普洱茶作为云南省地理标志性产品，有与其他茶类截然不同的特点，也就是普洱茶的“六奇”。

### 一、产地奇

经历了由地名命名而发展为专门茶类的一种茶叶，地域特征明显。普洱茶的原产地在澜沧江下游一带的各大茶山，尤其以六大茶山为代表，超出了这一特定区域范围的茶叶，严格讲不能称之为普洱茶。

### 二、品种奇

茶树鲜叶为云南大叶种茶树上的鲜叶，大叶种茶不同于中小叶种茶，其外形上是乔木大树，叶片较中小叶种大，且茶芽肥厚柔嫩，内含物质丰富，活性成分高，保健功效强。

### 三、制作工艺奇

普洱茶是用云南大叶种茶叶为原料，经过后发酵制作而成。其制作工序：云南大叶种的鲜叶经过杀青→揉捻→晒干→晒青毛茶（蒸压成型成为晒青茶）→渥堆→翻堆→干燥→分筛（普洱散茶）→拣剔→拼配→高温蒸压做形→干燥→普洱熟茶（紧压茶）。

## 四、形状奇

普洱茶除散茶外，紧压成型的普洱茶有各种形状，小的如 3 g 迷你沱茶、100 g 沱茶、250 g 沱茶、砖型、圆饼，大的如金瓜、葫芦、屏风、大匾等。

## 五、品质奇

普洱茶属于后发酵茶，有越陈越香的特点，存放的年代越久，品质越好，价格越贵，也越受老茶人的喜爱和追捧。这是其他茶类所不具备的特征。如储存保管得当，可储存几十年，因此被称为能喝的“古董茶”，将茶视为古董，唯有普洱茶。

## 六、饮用奇

普洱茶是最讲究冲泡技巧和品饮艺术的茶类，在云南，普洱茶的冲泡非常讲究，对水、器等都有研究。除了清饮外，人们还喜欢把普洱茶和自己民族的传统和风俗结合起来形成多样的品饮方法，制作成各种调饮茶。

正是因为上述特点，使普洱茶成为可收藏、鉴赏的“古董”，世界上除了法国波尔多的红酒，就是中国云南的普洱茶被称为可以喝的“古董”，这是任何茶类都无法具备的特性。

# 第三章　普洱茶栽培生长生态环境

## 第一节　气象要素与茶树生育的关系

茶树在生长发育过程中，对环境条件有一定的依赖性，生态条件对茶树的外观形态、内部构造、生理机能和生化过程等特性会产生深远影响。茶树对于不同类型的生态因子具有不同的反应，其中一些生态因子在茶树的某个生长阶段可能是至关重要的，而另一些则可能重要性较低。同样的生态因子，在茶树生长发育的不同阶段，对茶树的影响程度也会有所不同。在自然界中，各种生态因子是相互关联、相互作用的，它们共同对茶树产生影响。一个生态因子的变化，都可能引起其他生态因子的相应变动。茶树与环境是相互依存的整体，在长期的生长发育过程中，茶树已经适应了一些特定的环境条件，这些条件成为其正常生长的必要条件。在适宜的环境条件下，茶树可以正常生长和繁衍。然而，如果环境条件不适宜，就可能影响茶树的生长发育，严重时甚至可能导致茶树死亡。

### 一、光对茶树生育的影响

茶树和其他作物一样，依赖光能进行光合作用，以合成糖类等生长所需的营养物质。90% ～ 95% 的生物产量来源于光合作用。茶树喜欢光照也能耐阴，但不适合直接暴露于强烈的阳光下。在其生长过程中，茶树对光的成分（如光质）、光照的强弱以及光照的时间都有特定的需求，这些需求与其他作物有所不同。光不仅影响茶树的代谢过程，还会影响大气和土壤的温湿度，从而进一步影响茶叶的产量和品质。

## （一）光线成分（光的性质）与茶树的生长繁殖

太阳光波长（λ）范围是 150 ～ 4 000 nm，按波长分为紫外线区（λ ＜ 400 nm）、可见光区。（λ ＝ 400 ～ 720 nm）、红外线区（λ ＞ 720 nm）（见图 3–1），紫外线区和红外线区是不可见光区。可见光部分是茶树生育影响最大的光源，由红、橙、黄、绿、青、蓝、紫等七色光组成，茶叶叶片中含有几种光合色素，其主要为叶绿素 a 和叶绿素 b，茶树叶绿素吸收最多的为红、橙光和蓝、紫光，其他的波长不能被叶绿素吸收。能被叶绿素吸收的各种波长的太阳辐射称生理辐射。

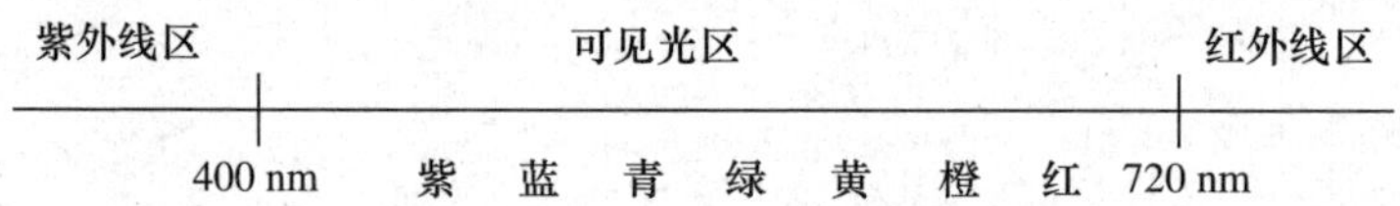


**图 3–1　太阳光波长分区**

茶树在有效光合量子范围内（λ ＝ 400 ～ 700 nm）的吸收光谱特征曲线如图 3–2 所示。图中曲线表明，不同茶树品种对不同光质的吸收能力有差异，但具有类似的叶绿素吸收光谱特征，在蓝紫光和红光波段中各有一个吸收峰，λ ＝ 500 ～ 600 nm 和 λ ＞ 680 nm 近红外光波段，其吸收值均较小。叶绿素对蓝紫光吸收能力强，而对绿光、黄光、红外光吸收能力弱。有专家研究认为，700 nm 以上波长的光能几乎是不能被茶树利用的无效辐射，只是作为环境增温的热源。

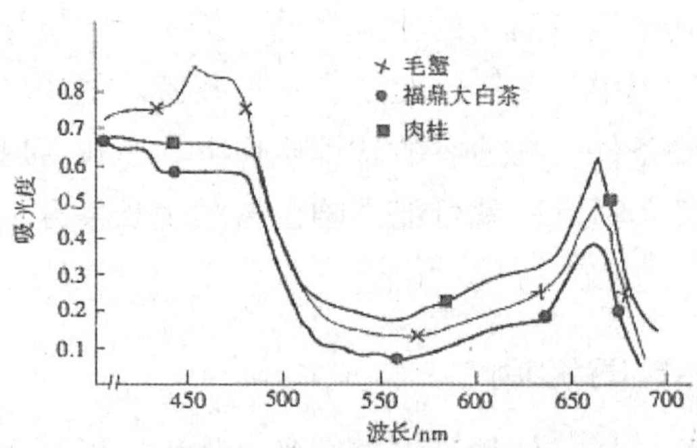


**图 3–2　不同茶树品种叶片的叶绿素吸收光谱曲线（林金科等，1998）**

成熟茶树叶片中叶绿素 b 含量高，叶绿素 b 对较短的光谱有较强的吸收能力，这使茶树适合在漫射光中生长。红外线虽不能直接被叶绿素吸收，却能使土壤、水、空气和叶片本身吸热增温，为茶树的生长发育提供热量条件，促进茶树生长。

在红、橙光照射下，茶树能迅速生长发育，对碳代谢、糖类的形成具有积极的作用。蓝光为短波光，在生理上对氮代谢、蛋白质形成有重大意义。紫光比蓝光波长更短，不仅对氮代谢、蛋白质的形成有大的影响，而且与一些含氮的品质成分如氨基酸、维生素和很多香气成分的形成有直接的关系。

相同辐射能下，不同光质对自然光下生长茶树的净光合速率的影响，随各种光质的辐射能的增加而增大。在各光质下，茶树叶片光合强度高低依次为黄光＞红光＞绿光＞蓝光＞紫光。在自然界的光谱中，紫外线的含量是比较丰富的，尤其是正午前后，占太阳光能的 4.0% 左右，其波长长短不同对茶树生育影响有较大差异。在紫外线中，波长较短的部分对新梢生长有抑制作用，但波长较长的部分对新梢生育有一定的刺激作用。方培仁（1984）用波长为 365 nm 紫外线处理后，新梢生长迅速，叶片大，叶色嫩绿，节间长，芽头多；而用波长为 258.5 nm 的紫外线处理后，新梢生长缓慢，叶片小，节间短，嫩芽卷曲，表现出衰老状态。

用不同颜色的薄膜覆盖茶树，茶树形态结构会发生大的变化。日本中山仰（1979）报道，以黄色薄膜处理的新梢最长，叶面积最大，叶片较薄、气孔密度较小；以红色薄膜处理的新梢最短，叶面积最小，而叶片较厚、气孔密度较大。因此，可以采用不同颜色薄膜覆盖提高茶叶产量，提前开采。

与白光相比，红、黄、绿光促进芽梢伸长，叶面积扩大，蓝、紫光抑制芽梢伸长，叶面积减小；蓝紫光下，比叶重增加，红光下比叶重略有减少（见表 3–1）。不同光质条件下，对品质成分的影响表现为蓝、紫、绿光下，氨基酸总量、叶绿素和水浸出物含量较高；而茶多酚含量相对减少（见表 3–2）。红光下的光合速率高于蓝、紫光，红光促进糖类的形成，红光也就有利于茶多酚的形成；蓝、紫光则促进氨基酸、蛋白质的合成。在一定海拔高度的山区，雨量充沛，云雾多，空气湿度大，漫射光丰富，蓝、紫光比重增加，这就是高山云雾茶氨基酸、叶绿素和含氮芳香物质多，茶多酚含量相对较低的主要原因。

**表 3–1　光质对茶树芽梢伸长、叶面积、比叶重的影响**

| 项目 | 黄光 | 红光 | 绿光 | 蓝光 | 紫光 | 白光 |
|---|---|---|---|---|---|---|
| 一芽三叶顶端 2 个节间长（cm） | 4.7 | 6.0 | 4.2 | 4.0 | 3.9 | 4.1 |
| 成熟叶比叶重（mg/cm²） | 6.5 | 5.2 | 6.2 |  | 7.7 | 5.6 |
| 成熟叶叶面积（cm²） | 27.6 | 31.0 | 29.7 | 26.0 | 26.7 | 27.0 |

表 3-2　不同光质下，茶叶品质成分的变化

| 光质 | 叶绿素（%） | 水浸出物（%） | 茶多酚（%） | | 咖啡碱（%） |
|---|---|---|---|---|---|
| 黄光 | 0.434 | 41.62 | 23.23 | 4.09 | 4.37 |
| 红光 | 0.428 | 41.59 | 23.36 | 3.47 | 4.10 |
| 绿光 | 0.453 | 42.99 | 22.31 | 4.76 | 3.88 |
| 蓝光 | 0.504 | 43.61 | 21.40 | 4.26 | 4.06 |
| 紫光 | 0.512 | 43.50 | 18.95 | 4.28 | 3.85 |
| 白光 | 0.414 | 40.35 | 23.06 | 3.56 | 3.68 |

### （二）光照强度（光量）与茶树的生长繁殖

茶树的光合作用强度在很大程度上受光照强度的影响。在光线较弱的条件下，光照强度与光合作用的速率呈正相关，即随着光照强度的逐渐增强，光合作用的速率也会逐渐上升。但当光照强度达到某个特定值时，光合作用的速率就不再受光照强度的影响上升，而是趋于稳定或有所下降，这个点被称作光饱和点。相反，当光照强度逐渐降低到某一特定数值时，茶树的光合作用产物与呼吸作用消耗相等，此时没有光合物质的积累。也就是说，在特定的光照强度下，实际的光合作用速率和呼吸作用速率达到平衡，表现为光合作用速率为 0，这个点被称为光补偿点。

日本原田重雄研究，茶树的光饱和点与茶树年龄有关，幼年茶树的光饱和点大致为 2.1J/（$cm^2$ · min）左右，成年茶树达 2.9 ～ 3.0J/（$cm^2$ · min）。当光强度超过 3.7J/（$cm^2$ · min）时，光合速率轻微下降。但是新梢生长到 4 ～ 5 片叶以上尚未采摘前，光饱和点可上升到 4.2J/（$cm^2$ · min），其原因可能是叶片数量多，增加了相互遮蔽率。茶树的光补偿点较低，仅占全光速的 1%左右，为 0.12 ～ 0.13J/（$cm^2$ · min），说明茶树具有耐阴特性。中国农业科学院茶叶研究所研究，茶树的光饱和点和光补偿点因季节不同有一定的变化（见表 3-3），一年中，以三茶的光饱和点最高，达 55 000lx，四茶的光饱和点最低，为 35 000lx。

表 3-3　不同茶季茶树的光饱和点和光补偿点

| 茶季 | 光饱和点 | 光补偿点 |
|---|---|---|
| 头茶 | 42 000 | 400~500 |
| 二茶 | 45 000 | 500 |
| 三茶 | S5 000 | — |
| 四茶 | 35 000 | 300 ～ 350 |

光是植物进行光合作用形成糖类的必要条件，影响着植物生长发育。茶树幼苗在不同的光照条件下，强度遮光的茶苗外表形态表现为茎干细而长，叶子较小；中度遮光的茶苗外表形态与前者不同，植株高矮居中，叶大色绿，叶面隆起，植株发育良好；不遮光处理的茶苗则生长较矮，节间密集，叶子大小处于两个处理的中间，叶色呈深暗色，嫩叶叶面粗糙，但茎干粗壮。成年茶树也是如此，空旷地全光照条件下生育的茶树，因光照强，叶形小、叶片厚、节间短、叶质硬脆，而生长在林冠下的茶树叶形大、叶片宽、节间长、叶质柔软。夏季强光、高温和低湿，会使叶片的光合作用受到抑制，其中强光照对光合作用的光抑制起着重要作用，适度遮阳可以明显提高净光合率和光合量子效率。

遮阳后，茶树体内的物质代谢会发生一定的变化。茶园适度遮阳，可提高茶叶中氨基酸总量，芽叶含水量高、持嫩性强。日本乌山光照等（1989）研究认为，遮阳后新梢中精氨酸、咖啡碱和根部的茶氨酸合成物增加，并且茶氨酸明显地向新梢积聚，从而有利于绿茶品质的提高。有研究表明（见表 3-4），适当降低光照度，茶叶中氮化合物明显提高，茶多酚、还原糖等会相对减少。故适当遮光有利于碳氮比的降低，对提高绿茶和乌龙茶品质有利，特别在夏秋茶高温干旱季节，适当遮阳对改善绿茶茶汤滋味有着积极作用。

**表 3-4　光照对茶叶中化学成分含量的影响**　　单位：%

| 化学成分 | 春茶 | | 秋茶 | |
|---|---|---|---|---|
| | 自然光照 | 遮光 | 自然光照 | 遮光 |
| 全氮量 | 5.14 | 5.65 | 4.16 | 4.67 |
| 氨基酸 | 2.37 | 3.12 | 0.62 | 1.02 |
| 咖啡碱 | 2.76 | 3.00 | 2.94 | 3.48 |

就红茶品质而言，遮阳虽然增加了氮化合物，对红茶的香气和鲜爽度也有利，但如过度遮阳，儿茶素含量降低，茶汤浓强度受到一定影响，茶多酚和表没食子儿茶素的含量下降，不利于在制茶中形成更多的茶黄素，因此，遮光程度要因地制宜、因时制宜。

茶树具有喜光怕晒的特性。世界上不少茶区光照较强，有的茶区在夏季晴天时午后的光照度超过 5.0J/（$cm^2$ · min）。因此，在茶园内合理地种植遮阳树以调节光照度，控制一定的光照度有利于茶树生长。目前，各地种植遮阳树已不仅仅是调节光照度，还包含通过种植遮阳树以改善茶园光质、增加散射辐射比例以改善茶叶品质。这种多层利用茶园种植空间的立体种植模式，改变了单一种植的生态环境，提高了光能利用率。通过对茶树与其他树种间作茶园的调查结果表明，茶园中适当种些遮阳树，在 10 ～ 16 时，使复合园中的茶树树冠面总辐射强度达到或超过 2.9 J/（$cm^2$ · min）水平，可以满足茶树对光照度的需求。

不同地区、不同海拔高度的茶园遮光程度，因光照度的变化而有差别。不同茶树品种对光照要求也有不同。光照强时，叶片大而着生水平的茶树遮阳效果比叶片小而着生直立的茶树好。段建真等学者研究光辐射强度与新梢生长量的关系得出，夏、秋季期间，茶园日辐射量多数超过茶树光饱和点，遮阳树下的茶树新梢无论哪个季节生长量均超过没有种植遮阳树茶园。曹潘荣等学者研究认为，广州地区的茶园用不同透光率的遮阳网遮阳茶树，透光率在 60% ～ 80% 的遮阳处理，夏天可增加新梢生长量和百芽重。广东英德茶场研究认为，遮光率以保持在 30% 左右为宜。遮光率为 30% ～ 40% 时，有利于物质积累和产量的提高。

### （三）光照时间与茶树的生长繁殖

光照时间对茶树的影响主要表现为两个方面，即辐射总量及光周期现象。一般情况下，日照时间越长，茶树叶片接受光能的时间越长，叶绿素吸收的辐射能量就越多，光合产物积累量就越大，有利于茶树生育和茶叶产量的提高。在茶树生长季节，南方茶区比北方茶区日照时间长，产量高。研究证明，日照时数对春茶早期产量有一定影响，尤其是越冬芽的萌发时间与日照时数呈正相关，这与日照时数长短影响温度从而影响茶芽萌发相关联。山区茶园由于受山体、林木的遮蔽，日照时数比平地茶园少，尤其是生长在谷地和阴坡的茶树，日照时数更少，加上山区多云雾等妨碍光照的因子，实际光照时数更少，往往产量比较低。

自然界昼夜的光暗交替称光周期，植物对昼夜长度发生反应的现象称光周期现象。据此可分为长日照植物、短日照植物和中日照植物。光周期现象对茶树开花结果及生长休眠均有直接影响。茶树是一种短日照植物，日照时数较短的季节或地区，利于茶树的生殖生长，提早开花的时间，花量增大，同时使新梢生长缓慢，提早休眠。相反，日照时数较长的季节或地区，茶树的营养生长加强，开花推迟，花数减少，甚至不开花，新梢生长加快，推迟新梢休眠。研究认为，在花芽分化前用黑色材料将茶树全部遮光一段时间，开花期提前。印度研究认为，当冬季有 6 周白昼日照时数短于大约 11.25 h，灌木型茶树有相对的休眠期，日照愈短休眠期愈长。反之，人工延长日照至 13 h，就能打破茶树冬季休眠，促使茶树生长，并抑制茶树开花。日照时间缩短，茶树体内产生高浓度的脱落酸，抑制 DNA 的合成，进而诱导形成休眠芽。长日照则刺激茶芽脱落，酸水平下降，赤霉素含量增加。在赤霉素的刺激作用下，一些能打破休眠以及萌发所必需的酶开始合成，从而促使蛋白质的合成，促使有机物的转化和呼吸作用增强，茶树具备了萌发的条件，即当环境、温度与水分条件符合生长所需时，茶树就会立即发芽。

## 二、温度对茶树生长繁殖的影响

热量的来源主要是太阳光的辐射，这对茶树的生长繁殖至关重要。太阳光辐射的强弱直接决定了温度的变化，进而影响着茶树的地理分布和生长速度。气温和土壤温度分别对茶树的地上部分和地下部分产生影响。掌握温度对茶树生长繁殖的影响规律，可以为制定合理的生产措施提供科学依据。

### （一）空气温度与茶树生长繁殖

除了受光辐射强度的影响，气温还受到纬度、海拔、坡度、方向、水域、风、云和植被等多种因素的影响。气温对茶树生长繁殖的影响因时间、茶树品种、树龄、生长状况以及当时的其他环境条件而异。

茶树耐最低临界温度品种间的差异很大，一般灌木型中小叶种茶树品种耐低温能力强，而乔木型大叶种茶树品种耐低温能力弱。灌木型的龙井种、鸠坑种和祁门种等能耐 −12 ℃～ −16 ℃的低温，而乔木型的云南大叶种茶树在接近这一温度范围时便会遭受严重冻害。同一品种不同年龄时期耐低温能力不同，幼苗期、幼年期和衰老期耐低温能力较弱，成年期耐低温能力较强。茶树冬季的耐寒性往往强于早春，早春茶芽处于待生长状态，芽体内水分含量较高，酶活性增强，对突然低温胁迫会产生较强烈的反应；冬季茶树的各器官组织处于休眠状态，组织内细胞液浓度高，抗冻能力也较强，这种生物节律性的表现，使茶树能有效地度过严寒的冬季。茶树不同的器官耐寒性有差异，成叶和枝条的耐寒性较强，芽、嫩叶耐寒性较弱。成叶一般可耐 −8 ℃左右低温，而根在 −5 ℃就可能受害。茶花在 −2 ℃～ −4 ℃便不开花而脱落。不同的生境条件会影响茶树的耐寒性，种植地区不同，经受不同气候条件的锻炼，因而在以后的耐低温的能力上也有较大的差异，如同样是政和大白茶，在福建茶区只能忍耐 −6 ℃低温，而生长在皖东茶区则可耐 −8 ℃～ −10 ℃的低温。根据不同地区、不同类型茶树品种耐低温的表现，一般把中小叶种茶树经济生长最低气温界限定为 −8 ℃～ −10 ℃，大叶种定为 −2.0 ℃～ −3.0 ℃。

高温对茶树生育的影响和低温一样，处于高温生境的时间长短决定其受害程度。一般而言茶树能耐的最高温度是 35 ℃～ 40 ℃，生存临界温度是

45 ℃。在自然条件下，日平均气温高于 30 ℃，新梢生长就会缓慢或停止，如果气温持续几天超过 35 ℃，新梢就会枯萎、落叶。当日平均最高气温高于 30 ℃又伴随低湿的话，茶树生长趋于缓慢。一些带有南方类型基因的茶树品种，往往具有较强的耐高温能力。中国农业科学院茶叶研究所提出，当日平均气温 30 ℃，最高气温超过 35 ℃，日平均相对湿度 60% 以下，土壤相对持水量在 35% 以下时，茶树生育受到抑制，如果这种气候条件持续 8 ～ 10 天，茶树就将受害。与受低温影响一样，温度突然发生较大变化，对茶树的危害性更大，因为此时茶树的生理机能来不及适应新的生境条件。

茶树生育最适温度是指茶树生育最旺盛、最活跃时的温度。湄潭茶叶研究所研究指出，新梢生长最适宜温度为 20 ℃～ 25 ℃，此时日生长量达 1.5 mm 以上，高于 25 ℃或低于 20 ℃时，新梢生长速度就较缓慢。有研究表明（表 3–5），日平均气温在 16 ～ 30 ℃范围内，如果其他生态条件也适宜的情况下，日生长量较大，尤其是气温在 16 ℃～ 25 ℃范围内，无论新梢长度或是叶面积总量，都随温度上升而增加，新梢长度日平均生长量大致为 0.1 ～ 2.1 mm，叶面积日平均增长量在 40 ～ 90 $mm^2$；其次是气温 26 ℃～ 30 ℃范围，日生长量也较快；高于 30 ℃时生长速度最慢。从不同季节来看，春季气温对新梢生育影响明显大于夏秋季，不同季节茶的生长表现为头轮＞四轮＞二轮＞三轮。

**表 3–5　日平均气温与茶树新梢生长速度的关系**

| 项目 | 轮次 | 10 ℃～ 15 ℃ | 16 ℃～ 25 ℃ | 26 ℃～ 30 ℃ | >30 ℃ |
|---|---|---|---|---|---|
| 日新梢平均生长量 / mm | 一 | 0.2 ～ 0.4 | 0.8 ～ 2.1 | 0.1 ～ 0.5 | 0.0 ～ 0.2 |
| | 二 | | 0.1 ～ 1.4 | 0.2 ～ 0.6 | 0.0 ～ 0.1 |
| | 三 | | 0.1 ～ 0.3 | 0.8 ～ 1.1 | 0.0 ～ 0.2 |
| | 四 | | 0.5 ～ 1.5 | 0.4 ～ 0.9 | 0.0 ～ 0.1 |
| 日叶面积平均生长量 / $mm^2$ | 一 | 5 ～ 30 | 40 ～ 85 | 20 ～ 50 | 0 ～ 4 |
| | 二 | | 20 ～ 45 | 10 ～ 55 | 0 ～ 2 |
| | 三 | | 10 ～ 42 | 10 ～ 30 | 0 ～ 2 |
| | 四 | | 15 ～ 40 | 10 ～ 45 | 0 ～ 3 |

注：28 个芽梢观察平均值；二轮茶后气温均＞ 15 ℃。

茶树新梢生育与气温昼夜变化也有关系。春季通常是白天的气温高于夜晚，新梢生长量也是白天大于夜晚；夏秋季的情况恰恰相反，此时日夜气温均能满足茶树生育的要求，而水分成为影响生育的主导因子，所以夜晚的生长量往往大于白天的生长量（见表 3–6）。高山茶区和北方茶区由于昼夜温差大，新梢生育较缓慢，但同化产物积累多，持嫩性强，故其茶叶品质优良。

表 3-6　不同季节新梢昼夜生长量与气温关系

| 白昼 | 16.0 | 3.2 | 61.5 | 36.2 | 0. 25 | 8.0 |
|---|---|---|---|---|---|---|
| 夜晚 | 14.7 | 2.0 | 38.5 | 27.9 | 2. 83 | 92.0 |
| 全日 | 15.4 | 5.2 | 100.0 | 32.1 | 3. 08 | 100.0 |

春季茶芽开始萌发时的温度称为生物学零度，一般认为，茶树的春季起始温度是日平均气温稳定在 10 ℃，因品种、地区和年份不同而有差异。通过对不同品种萌发温度研究后提出：早芽型品种福鼎大白茶为 10 ℃，迟芽型品种政和大白茶为 14 ℃。湖南农学院观察认为，毛蟹品种的茶芽萌动的日平均气温为 9.5 ℃，乌龙、大红袍、本山等品种为10 ℃，政和大白茶、水仙品种为14 ℃以上。茶树停止生长的日平均气温大多为 10 ℃以下，但品种、地区有差异。格鲁吉亚报道日平均气温降到 13 ℃以下时茶树停止生长；卡尔（Carr，1977）观测南坦桑尼亚示恩迪地区后认为，气温降到 14 ℃以下时茶树停止生长；杭州茶叶试验场观测认为，10 ℃以下茶树开始进入休眠期。

温度对茶树生育带来的变化也影响着茶叶品质的季节性变化。就绿茶而言，往往春茶品质最好，秋茶其次。茶叶品质的这种季节性变化，主要是由于很多与茶叶品质有关的化学成分都是随着气温的变化而变化的，多酚含量的变化随着气温的增高而增加，4 ～ 5 月气温较低时，茶多酚含量也较低，7 ～ 8 月气温最高时，茶多酚含量也达到最高峰。与此相反，氨基酸的含量是随着气温的增高而减少的，4 ～ 5 月气温较低时，氨基酸的含量也较低，7 ～ 8 月气温最高时，氨基酸的含量达到最低点（见图 3-3）。

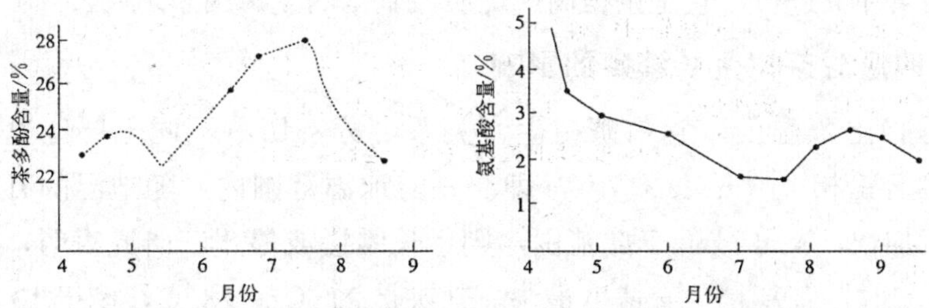


图 3-3　不同季节对茶叶茶多酚、氨基酸含量的影响

温度高，有利于茶树体内的碳代谢，利于糖类的合成、运送、转化，使糖类转化为多酚类化合物的速度加快，相反，当温度低于 20 ℃则不利于多酚类的合成。气温低时，氨基酸、蛋白质及一些含氮化合物增加。多酚类含量高，

茶叶浓强度大，含氮化合物多，茶叶味香鲜爽。因此，春季生产的绿茶比夏茶口感鲜醇。在茶树适宜的温度范围内，茶树的生长发育正常，利于茶叶有效成分如氨基酸、多酚类等物质的形成和积累，对茶叶品质特别是滋味成分形成有利。高温或低温，茶树生长发育受阻，甚至使茶树受害，代谢机能减弱，萌发的芽叶瘦小，内含成分比正常生长的芽叶低，茶叶品质差。温度是影响鲜叶中的芳香物质变化的重要因子，一些芳香物质随温度的变化而呈规律性的增减，适度低温胁迫处理能提高鲜叶中芳香物质的种类，改变主要香气物质的含量，这对茶叶香气的形成有直接影响。

茶树需要的热量范围有其重要的生理学意义。当气温为 10 ℃～ 35 ℃时，茶树的光合作用都能正常进行，以 25 ℃～ 30 ℃为光合最适宜温度，高于 35 ℃光合强度下降，高于 45 ℃光合作用完全停止。由于呼吸强度增加，有效光合强度下降也是高温危害的表现。茶树叶温达 39 ℃～ 42 ℃时，就测不出有效光合强度。当气温降到低于 5 ℃时，茶树的光合功能就会受到影响。茶树的呼吸作用受一系列酶促反应影响，与温度关系更为密切。茶叶多酚氧化酶的适宜温度为 50 ℃～ 55 ℃，过氧化氢酶为 15 ℃～ 25 ℃，过氧物酶为 15 ℃～ 45 ℃，抗坏血酸氧化酶为 25 ℃～ 45 ℃。在 0 ℃～ 45 ℃范围内，呼吸作用随温度上升而增强，45 ℃呼吸作用最旺盛，高于 50 ℃呼吸作用有所下降。由于呼吸作用消耗降低光合积累，所以适当降低呼吸作用，把气温控制在适宜茶树生长的温度条件下，在生产上有积极意义。蒸腾作用可以散热、降低叶温，同时对吸收土壤中矿质元素有作用，而温度是影响蒸腾作用的重要因子。正常的蒸腾作用是在 30 ℃左右进行的，高温会使蒸腾作用加强，过高的蒸腾强度会造成茶树失水，因此也必须控制一定的温度范围。总之，茶树的一切生长、生理活动都需要在一定的温度条件下进行，它是茶树高产优质最基本的生态因子之一。

### （二）地温对茶树生长繁殖的影响

地温是指土壤温度，它与茶树生育关系十分密切。不同土层地温与新梢生长呈极显著正相关（见表 3–7），即在一定地温范围内，随地温的升高而新梢生长速度加快，高于或低于此范围，则生长缓慢或停止。研究表明，地温在 14 ℃～ 20 ℃时，茶新梢生育速度最快，其次是 21 ℃～ 28 ℃，低于 13 ℃或高于 28 ℃生长都较缓慢。不同土层地温影响略有差异，5 cm 土层受热辐射影响，日夜温差较大；25 cm 土层地温相对稳定，是茶树吸收根最多的土层，热量变化直接影响根系吸收交换水平。据对杭州地区观察，当地温为 8 ℃～ 10 ℃，根系生长开始加强，25 ℃左右生长最适宜，达 35 ℃以上时，根系停止生长。

表 3-7 日平均地温与茶树新梢生长速度的关系

| 日平均生长量 | | 轮次 | 9 ℃～ 13 ℃ | 14 ℃～ 20 ℃ | 21 ℃～ 28 ℃ | ＞ 28 ℃ |
|---|---|---|---|---|---|---|
| 长度 | 5 cm 土层 | 一 | 0.2 ～ 0.4 | 0.9 ～ 2.1 | 0.3 ～ 0.6 | 0 ～ 0.1 |
| | | 二 | | 0.3 ～ 1.5 | 0.2 ～ 0.6 | 0 ～ 0.1 |
| | | 三 | | 0.2 ～ 0.3 | 0.8 ～ 1.0 | 0 ～ 0.2 |
| | | 四 | | 0.5 ～ 1.5 | 0.5 ～ 0.8 | 0 ～ 0.1 |
| | 25 cm 土层 | 一 | 0.3 ～ 0.4 | 0.9 ～ 2.1 | 0.3 ～ 0.9 | 0 ～ 0.1 |
| | | 二 | | 0.4 ～ 0.8 | 0.3 ～ 0.9 | 0 ～ 0.1 |
| | | 三 | | 0.3 ～ 0.4 | 0.7 ～ 1.0 | 0 ～ 0.1 |
| | | 四 | | 0.4 ～ 1.2 | 0.5 ～ 0.8 | 0 ～ 0.1 |

生产上，为了促使茶树生育，可以采取某些栽培措施调节地温。如早春气温低，地温更低，为促使茶芽早发，人们常采用耕作施肥的措施，疏松土壤，加强地上与地下气流的交换，提高地温。利用地表覆盖技术，也可有效地改变地温，促使根系生长。当夏季到来时，地下 5 ～ 10 cm 土层温度可升至 30 ℃以上，通过行间铺草或套种牧草等措施，可以降低地温（见表 3-8）；秋季增施有机肥以及提高种植密度均能明显地提高冬季茶园土壤温度；此外，茶园四周种植防护林带也能有效地改善地温、气温和空气湿度状况。地温的变化与土壤色泽、结构：、含水量、腐殖质含量、坡向、周边有无植被等因素都有密切的关系。

表 3-8 间作牧草对茶园温度的影响

| | 7：00 | 9：00 | 11：00 | 13：00 | 15：00 | 17：00 | 7：00 | 9：00 | 11：00 | 13：00 | 15：00 | 17：00 |
|---|---|---|---|---|---|---|---|---|---|---|---|---|
| 地下 5 cm | 25.0 | 27.0 | 31.5 | 35.0 | 33.5 | 30.0 | 25.0 | 28.0 | 33.5 | 37.0 | 36.0 | 32.0 |
| 地下 10 cm | 25.0 | 26.5 | 28.0 | 31.0 | 31.5 | 30.0 | 25.0 | 27.0 | 30.5 | 32.5 | 33.0 | 32.5 |

注：测定时间为 2004 年 8 月 16 日；地点为浙江苍南。

## （三）积温与茶树生育

积温是指累积温度的总和。它包含温度的强度和温度的持续时间两方面的内容。积温分为活动积温和有效积温两种。活动积温系指植物在某一生育时期或整个年生长期中高于生物学最低温度（又称生物学零度）的温度总和。有效温度是活动温度与生物学最低温度之差。

如前所述，茶树的生物学最低温度为 10 ℃，其全年至少需要≥ 10 ℃的活动积温 3 000 ℃，对于活动积温低于 3 000 ℃的茶区，应当注意冬季防冻。世界各茶区活动积温差异悬殊，如乌克兰乌日哥罗德年活动积温为 3 040 ℃，是世界上年活动积温最少的茶区之一。中国茶区年活动积温大多在 4 000 ℃以上。浙江茶区除高山外，大部分茶区活动积温在 5 200 ℃～5 800 ℃。据杭州茶叶试验场研究，春茶采摘前，高于 10 ℃的积温愈高，则春茶开采期愈早，产量愈高。茶叶单产随积温的增加而呈指数规律递增（见图 3-4）。

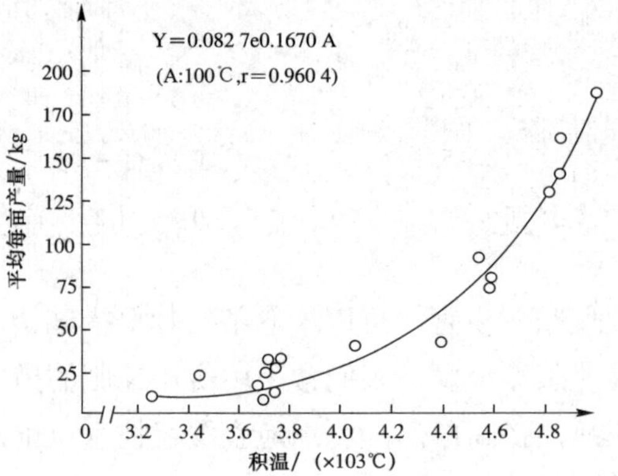


**图 3-4　天目山茶叶平均亩产量与＞ 10 ℃积温的关系（周子康，1985）**

茶树某一生育期的具体日期，在不同年份存在明显差异，但某一生育期所要求的有效积温则相对较稳定。学者对不同品种开采期观测结果，早芽型品种福鼎大白茶茶芽萌动至开采期（一芽三叶）所需有效积温为 128.3 ℃ ±10.1 ℃；中芽型品种福安莱茶为 137.6 ℃ ±15.7 ℃。对同一茶园不同年份有效积温调查表明（见表 3-9），开采期有效积温的变幅不太大，从开采到结束有效积温变化大。有效积温能比较确切地反映茶树生育期间对热量的要求，因此，结合物候观测和当地气象部门的中长期天气预报，可以进行采摘期的茶叶产量的预测。

**表 3-9　不同年份开采期（一芽一叶）所需有效积温**　　单位：℃

| 年份 | 开采至结束时期 | 3 月 1 日至开采期＞ 10 ℃有效积法 | 开采至结束有效积温 |
|---|---|---|---|
| 1982 | 3 月 28 日～4 月 10 日 | 54.7 | 45.1 |
| 1983 | 4 月 1 ～ 16 日 | 40.8 | 103.6 |
| 1984 | 4 月 1 ～ 18 日 | 46. 1 | 87.0 |
| 1985 | 4 月 8 ～ 19 日 | 44.7 | 88.2 |
| 1986 | 4 月 3 ～ 20 日 | 51.4 | 105.2 |

注：有效积温按高于 10 ℃计算。

## 三、水分对茶树生长繁殖的影响

植物的一切正常生命活动都必须在细胞含有一定的水分状况下才能进行。水分既是茶树有机体的重要组成部分，也是茶树生育过程不可缺少的生态因子，同时它也影响生境中的其他气象因子。茶树光合、呼吸等生理活动的进行，营养物质的吸收和运输，都必须有水分的参与。水分不足或水分过多，都不利于茶树生育。

### （一）降雨量与茶树生长繁殖

茶树生长所需的水分多来自自然降水。茶树性喜湿怕涝，适宜栽培茶树的地区，年降水量必须在 1 000 mm 以上。茶树生长期间的月降水量要求大于 100 mm，如连续几个月降水量小于 50 mm，而且又未采取人工灌溉措施，茶叶单产必将大幅度下降。一般认为，茶树栽培适宜的年降水量为 1500 mm 左右。世界茶区降水量差异很大，年降水量高的茶区大于 6 000 mm，低的只有 600 mm，而且月降水量分布也很不均衡，即使年降水量达到要求，也会因月降水量不足而影响茶叶产量。月降水量与月鲜叶产量有着十分密切的关系（见图 3-5）。降水量最多的月份与鲜叶采摘量最多的月份基本相吻合。云南孟力海 6 ～ 9 月的月降水量均大于 100 mm，各月的鲜叶产量均占全年的 10% 以上。

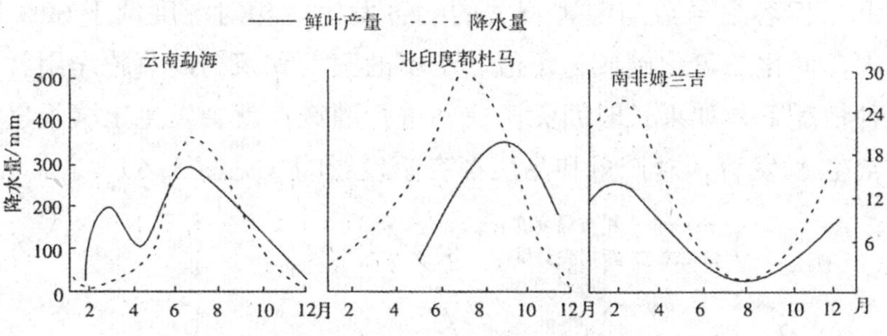


**图 3-5　各月降水量与鲜叶产量的关系**

对水分状况的考虑除了降水量，还有水分的消耗量，如蒸发、蒸腾、土壤流失、下渗等。如浙江茶区 7 ～ 8 月的降水量并不少，但由于气温高、光照强、水分蒸发、蒸腾量大，因此茶园常会水分不足。常用干燥指数表示茶树对水分的需求。干燥指数是指气温 ≥ 10 ℃期间蒸发量与降水量的比值。有研究发现，年干燥指数 < 1 的地区，如果其他生态因子满足，基本上适宜茶树栽培；年干燥指数接近 0.7 的地区，茶树生长更好，茶叶品质也较高。

我国部分茶区的年降水量为 1 200 ～ 1 800 mm，年降水量最少的山东半岛茶区，只有 600 mm，而年降水量最多的是台湾地区的火烧寮，那里的年平均降水量超过 6 000 mm。长江中下游茶区，因为常有“伏旱”（一般性伏旱标准是 6 月下旬到 9 月上中旬，连续 20 ～ 29 天总雨量＜ 30 mm，其中有 5 天以上高温出现）或“夹秋旱”（指夏旱连秋旱）发生，夏秋季的降水量直接影响夏秋茶的产量。按降雨强度划分，小雨（小于 10 mm/d 或 2.5 mm/h）、中雨（10.0 ～ 25.0 mm/d 或 2.6 ～ 8.0 mm/h），对茶树生育有利，大雨（25.1 ～ 50.0 mm/d 或 8.1 ～ 16.0 mm/h）、暴雨（大于 50 mm/d 或大于 16.0 mm/h），不利于水分向土壤中渗透，易引起表土冲刷，对茶树生育不利。我国有些茶区夏秋季节雨量虽多，但多暴雨，径流量大、蒸发量又大，故水分仍感不足。

### （二）空气湿度与茶树生长繁殖

茶树对生育环境中的大气湿度也有一定要求。空气湿度既能影响土壤水分的蒸发，也影响了茶树的蒸腾作用。适宜茶树生育的空气相对湿度为 80% ～ 90%，若小于 50%，新梢生长受抑制。空气相对湿度影响茶树的光合作用和呼吸作用，当相对湿度达 70% 左右时，光合、呼吸作用速率均较高，当空气湿度大于 90% 时，空气中的水汽含量接近饱和状态，这对茶树新梢生长虽然有利，但容易导致与湿害相关的病害发生。相对湿度低于 60% 时，呼吸速率增大，同化二氧化碳成为负值，土壤的蒸发和茶树的蒸腾作用就显著增加，在这种情况下，如果长时间无雨或不进行灌溉，就会发生土壤干旱，影响茶树的正常生 长发育，对产量和品质都有不良影响（见图 3-6）。

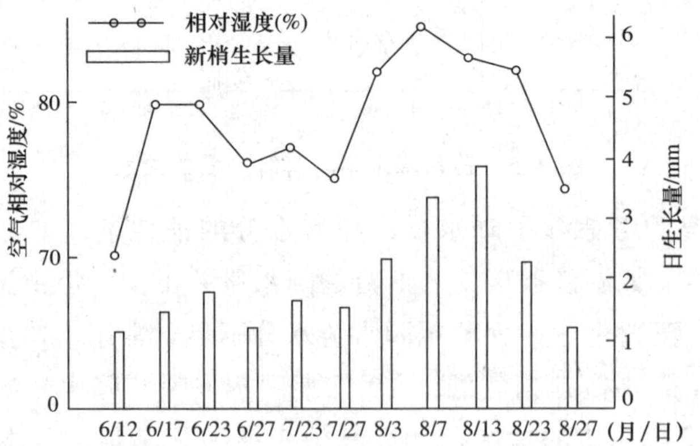


图 3-6　空气相对湿度与新梢生长量的关系

## （三）土壤水分与茶树生育

茶园土壤中的水分状况，直接影响着茶树根系的生长，进而影响着茶树地上部的生长。适宜的土壤含水量能促进茶树生长，不足或过量都会使茶树生育受阻，在土壤相对含水量 50% ～ 110% 条件下栽培茶树，可以看到与茶树生育相关的生理生化特性、酶活性、品质成分都有较大的变化（见表 3-10、表 3-11、图 3-7、图 3-8）。

**表 3-10 土壤水分对茶树根系生长和活力的影响**

| 土壤相对含水量 /% | 根系分布范围 / cm | | 根系干重 /g | | 脱氢酶活性 */［μg/（g·h）］ |
|---|---|---|---|---|---|
| | 深度 | 宽度 | 总根量 | 吸收根量 | |
| 50 | 13.8 | 13.1 | 4.40 | 1.03 | 0.872 |
| 70 | 17.5 | 16.9 | 6.60 | 2.33 | 1.303 |
| 90 | 18.4 | 17.1 | 7.83 | 2.70 | 1.239 |
| 110 | 10.9 | 11.4 | 4.14 | 1.27 | 0.401 |

注：以 2，3，5- 三苯基氯化四氮唑计。

**表 3-11 不同水分处理下茶树氧化酶活性、生化成分的变化**

| 土壤相对含水量 | 50% | 70% | 90% | 110% |
|---|---|---|---|---|
| 多酚氧化酶（以鲜重计）/［mmol/（g·min）］ | 0.47 | 0.78 | 1.17 | 0.53 |
| 过氧化物酶（以鲜重计）/［mmol/（g·min）］ | 94.03 | 109.36 | 131.78 | 106.32 |
| 茶多酚 /% | 14.022 | 24.456 | 25.761 | 19.500 |
| 儿茶素总量（以干重计）/（mg/g） | 33.324 | 41.519 | 73.751 | 30.774 |
| 新梢中氨基酸 /% | 1.731 | 2.394 | 2.537 | 2.242 |

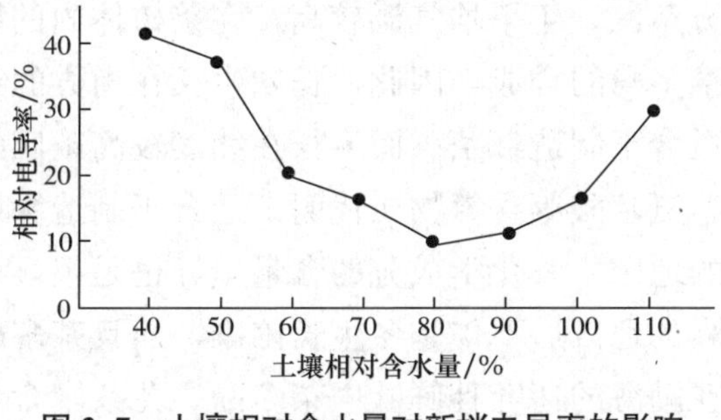


图 3-7 土壤相对含水量对新梢电导率的影响

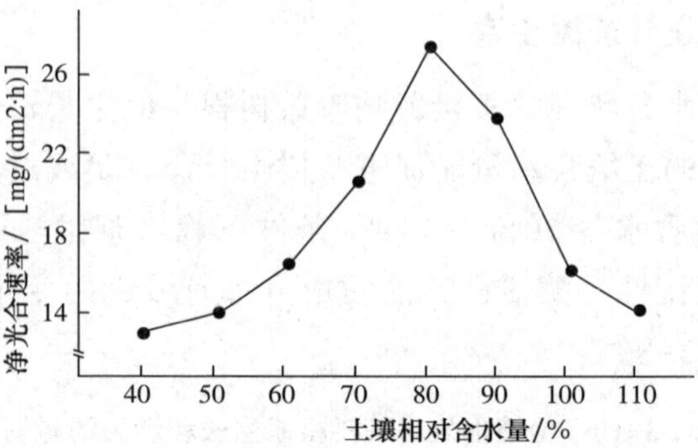


**图 3-8　土壤相对含水量对茶树光合作用的影响**

不难看出，茶树在土壤相对含水量为 70% ～ 90% 时各项生理生化指标均较高，这一土壤相对含水量是适宜茶树生长的，所获茶叶品质也是较好的。不仅如此，在这一水分条件下，根系活力、对营养物质的吸收（除钾外）均是较强的。当降水量小于茶园蒸发、蒸腾量时，土壤水分将处于亏缺状况，生育受抑制；降水过多、排水不良，茶园土壤水分长期处于过饱和状态，茶树根系则不能正常生长。

## 四、地貌、地形高度对茶园气候因素及茶树生长繁殖的影响

纬度、坡向、坡度、地形、地势、海拔等因子都对气象因子产生重要的影响，从而综合地影响茶树生育和茶叶的品质。明代罗廪在《茶解》中指出："茶地南向为佳，向阴逐劣，故一山之中，美恶相悬。"

地理纬度不同，其日照强度、时间、气温、地温及降水量等气候因子均不同。我国茶区最北处于北纬 38°，最南在北纬 18°～ 19°的海南省。一般而言，纬度偏低的茶区年平均气温高，地表接受的日光辐射量较多，表现为热量和光照都丰富的生长气候特点。

纬度较低的南方茶区，年平均气温较高，在茶树体内的物质代谢上，有利于碳代谢的进行和茶多酚的合成。因此，长期生长在南方的茶树品种，往往含有较多的茶多酚，适合于制造红茶；而生长在纬度较高茶区的茶树，光、温、湿条件利于蛋白质、氨基酸等含氮物质代谢，适合于制造绿茶。即使是同一品种生长在不同纬度的地区，其化学成分的含量差异也是很显著的。如云南大叶种，北移至纬度较高的地区后不仅越冬生长困难，而且茶多酚、儿茶素的含量也相应下降。生长在勐海的楮叶种鲜叶中茶多酚、儿茶素含量都比生长在杭州的要高，而氨基酸和咖啡碱的含量都比生长在杭州的低。

地形对茶园小气候的影响很大。茶园小气候是指由茶树及茶园生物与环境因子相互作用形成小范围的特殊气候，也称微域气候或微域气象。即从地表或土壤浅层到 1.5 ～ 2.0 m 高的贴地层的气候，小气候的形成取决于日照辐射及贴地气层的湍流交换和水分交换特性。坡地对茶园小气候的影响，主要决定于斜坡的坡度、方位和地形状况，这是由于辐射差额的变化，从而形成了不同的气候特点。在温带区域，南坡所得的太阳辐射总量比水平面上多，而北坡所获得的总辐射量却比水平面上少，夏季南、北坡差异较小，冬季差异大，东西坡介于南、北坡之间，无大差异。北坡属冷坡，终年土温和气温较低，霜冻出现机会较多，有霜期较长，但由于温度较低，因此蒸发较小，土壤湿度较大；而南坡属暖坡，由于温度高，因此蒸发较大，土壤湿度小。在谷地和小盆地中，白天由于空气流动受阻，有利于太阳辐射能用于空气和土壤增热，夜间有利于冷空气沿着斜坡流向谷地或盆地堆积，所以不论白天的增热或夜间的冷却，盆地和谷地的下部都较顶部激烈。据铃木康孝等（1995）对坡地茶园的观测，谷地茶树的头茶生育期较山坡地迟；冬季蓬面气温及叶温在谷地最高温度高，日最低温度低；越冬芽受低温危害程度谷地较大。

水域对邻近地区的小气候有一定的影响。因为水是一种半透明体，太阳辐射能透入几十米的水层，它的热容量比土壤大，水面上的水汽来源充足，蒸发的热量比陆地多。因此，水的增热、冷却比较稳定。水域上的气温变化比陆地缓和，日、年振幅小，无霜期长，空气湿度大。因而，水域邻近地区的茶园旱热害和冻害都比陆地轻些，无霜期和茶树生长期也较长些，且因水域邻近地区空气湿度大，雾日多，对提高茶叶品质有一定好处。

俗话说，“高山云雾出好茶”，说明好茶与良好的生态环境关系密切。我国大多数名茶都产于生态环境优越的名山胜水之间。如黄山毛峰产在黄山风景区境内海拔 700 ～ 800 m 的桃花峰、紫云峰、云谷寺等一带。

海拔不同，各种气候因子有很大差别。一般海拔愈高，气压与气温愈低，而降水量和空气湿度在一定高度范围内随着海拔的升高而增加，超过一定高度又下降。山区云雾弥漫，接受日光辐射和光线的质量与平地不同，常常是漫射光及短波紫外光较为丰富，昼夜温差较大。

气温和地温均随海拔高度而变化，在一定海拔高度范围内，海拔每提高 100 m，气温降低 0.5 ℃。空气相对湿度则随海拔高度升高而增加；土壤含水量由于海拔高，空气湿度大，日照时间短（山地），蒸发量小，故也呈现随海拔升高而水分含量增加的趋势；光照度和光合强度均是低海拔高于高海拔。因此，对于春茶，低山茶园开采时间早，而高山茶园开采时间迟；外山茶园开采得早，内山茶园开采得迟。

茶树的物质代谢受气温的影响，因此不同海拔高度的一芽二叶鲜叶中茶多酚、儿茶素、氨基酸的含量也不一样。如对江西庐山、浙江华顶山、安徽黄山的鲜叶样品分析结果表明（见表 3-12），茶多酚和儿茶素含量是随着海拔的增高而减少的，而氨基酸（茶氨酸）是随着海拔的增高而增加。另外，某些鲜爽、清香型的芳香物质在海拔较高、气温较低的条件下形成积累量大。

**表 3-12　不同海拔高度对鲜叶化学成分的影响**

| 地区 | 海拔 /m | 茶多酚 /% | 儿茶素 /% | 茶氨酸 /% |
|---|---|---|---|---|
| 江西庐山 | 300 | 32.73 | 19.07 | 0.729 |
| | 740 | 31.03 | 18.81 | 1.696 |
| | 1170 | 25.97 | 15.40 | — |
| 浙江华顶山 | 600 | 27.12 | 16.11 | — |
| | 950 | 25.18 | 14.29 | — |
| | 1031 | 23.56 | 10.40 | — |
| 安徽黄山 | 450 | — | — | 0.982 |
| | 640 | — | — | 1.632 |

庐山云雾、黄山毛峰、雁荡毛峰等一批历史名茶，就产自一定海拔高度，这些地方气候温和，雨量充沛，云雾缭绕，湿度较大，昼夜温差大，再加上附近森林茂密，土壤腐殖质含量高、肥力足，生态条件优越，茶树在这种生态条件下长势旺盛，芽叶肥壮，持嫩性好，滋味鲜爽，纤维素的合成速度减慢，从而给制造优质绿茶创造了良好的物质基础。

高山良好的生态条件能产出好茶，但并不是绝对的，茶叶的品质也并非海拔愈高愈好。根据中国农业科学院茶叶研究所的研究结果，海拔 800 m 左右的山区有较好的品质（见图 3-9）。另外，我国有不少名茶也出自低地丘陵或江河湖海之滨，但其共同之处是气候适宜、土壤肥沃、生态条件好、茶树品种优良，如西湖龙井、洞庭碧螺春就属于此类。

众多学者研究认为：以安徽黄山为代表的皖茶南区的海拔小于 700 m，大别山区的海拔低于 500 m，其产量与品质都处于较好状态；上杭茶区以海拔 1 200 m 以下为宜；闽西南海拔 1 200 m，闽西北、闽北、闽东北海拔 950 m 是适宜种茶的海拔上限。海拔高度过高不仅产量受到影响，而且鲜叶中氨基酸含量也会有所下降。鲜叶中香气成分也有类似表现，海拔 500 ～ 700 m 高度，茶叶香气相对较好（见表 3-13），从表中可见，海拔 500 m、700 m 的茶叶的香气中醇类、酯类与酮类含量比例较高，与炒青绿茶香气的分析结果相一致，即炒青绿茶香气成分的香气与酯类化合物在一定程度上左右香气的嗅觉表现及其差异。通过对不同海拔高度茶叶产量的调查得出海拔与单产呈中度负相关。

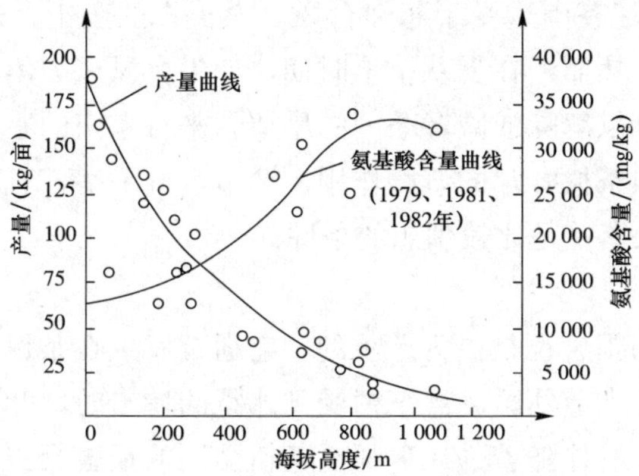


**图 3-9　茶叶氨基酸含量及产量随海拔高度的变化**

**表 3-13　不同海拔鲜叶香气成分比例**　　　　单位：%

| 化合物 | 海拔高度 | | | | |
|---|---|---|---|---|---|
| | 300 m | 500 m | 700 m | 900 m | 1 000 m |
| 萜烯醇 | 30.684 | 27.764 | 26.150 | 29.256 | 26.533 |
| 醇（非萜） | 16.254 | 18.017 | 17.998 | 20.936 | 10.881 |
| 酮类 | 8.460 | 10.525 | 13.661 | 5.836 | 9.342 |
| 酯类 | 12.039 | 14.872 | 12.603 | 7.456 | 11.192 |
| 醛类 | 5.517 | 5.979 | 5.876 | 8.921 | 4.392 |
| 碳氢化合物 | 19.285 | 18.270 | 15.596 | 16.973 | 26.508 |

## 五、其他气象因子对茶树生长繁殖的影响

除了上述光、热、水等主要气象因子，风、冰雹和大雪等因子对茶树生育也有一定的影响。

1．风

风对茶树生长繁殖的影响主要体现在大风、干风和台风上。由于许多茶园缺乏防护林带和遮阳树，大风会对茶园的整体气候产生显著影响。特别是来自西北的干风会降低茶园的空气相对湿度，加速茶叶表面的蒸腾作用和土壤水分的蒸发，这对茶树的生长繁殖极为不利。在冬季低温时，如果伴随干旱风，茶树更容易受到冻害。位于江南沿海的茶园，在茶叶的生长季节有时会遭受台风的侵袭，这可能导致茶树的枝叶，特别是嫩梢受到机械损伤。例如，2006年8月10日，浙江苍南遭受了超强台风“桑美”的袭击，迎风面的茶树叶片几乎全部被吹落。然而，在夏秋干旱时期，如果台风风力不大且不对茶园造成破坏，它实际上可以解除或减轻茶园的旱情。来自东南的季风通常是温暖而湿润的，它可以增强茶树叶片的蒸腾作用，调节水分平衡，有利于光合作用的进行，对茶树的生长繁殖是比较理想的条件。

2．冰雹

冰雹对茶树的损害也是极为严重的。它通常发生在茶树的生长期内，此时茶树的芽叶繁茂且十分幼嫩。当茶树受到冰雹的冲击时，叶片会被打破，树梢会被折断。如果冰雹伴随着强风，那么茶树受到的损害会更加严重，可能会导致大量的叶片脱落，甚至树梢的表皮也会受到损伤。

3．雪

当雪层覆盖在茶树的树冠上时，它可以减轻或避免茶树受到冻害。然而，如果积雪过厚或持续时间过长，它可能会压断茶树的枝梢，导致茶树受到机械损伤。

## 第二节　土壤条件与茶树生育的关系

土壤为茶树提供了立足之地，以及必要的水分和养分，是茶树生长不可或缺的资源。茶园土壤的物理和化学特性对茶树的生长具有重要影响。深入理解茶园土壤的这些特性如何影响茶树的生长，可以为茶园土壤管理提供指导。通过选择适合茶树生长的土壤，并采取适当的农业管理措施，我们可以确保土壤肥力的持久性，从而支持茶树的持续生产。

### 一、土壤物理因子与普洱茶生育

土壤物理因子是指土层厚度、土壤质地、结构、容重和孔隙度、土壤空气、土壤水分和土壤温度等因素。它们直接和间接影响茶树根系生存的基本条件，进而对茶树的生育、产量、品质会有很大影响。

土壤疏松、土层深厚、排水良好的砾质、沙质壤土适宜茶树生长。砂岩、页岩、花岗岩、片麻岩和千枚岩风化物所形成的土壤物理性状（通气、透水）好；含硅多的石英砂岩与花岗岩等成土母质，能形成适合茶树生长的沙砾土壤，在沙砾土壤上生长的茶树根发生量多，所产茶叶品质好；千枚岩、页岩风化的土壤养分含量丰富；玄武岩、石灰岩与石灰质砂岩、钙质页岩等岩石发育的土壤，因游离碳酸钙或酸碱度偏高，对茶树生长不利。

**1．土层厚度**

茶树要求土层深厚，有效土层应达 1 m 以上。茶园土的表土层或称耕作层（A’），厚度为 20 ～ 30 cm，是直接受耕作、施肥和茶树枯枝落叶的影响而形成的，这层土壤中布满了茶树的吸收根，与茶树生长关系十分密切。亚表土层或称亚耕作层（A’’），在表土层下，这层土在种茶之前，经过土地深翻施基肥和种植后的耕作施肥等农事活动，使原来较紧实的心土层变为疏松轻度熟化的亚表土层，厚度有 30 ～ 40 cm，其上部吸收根分布较多，也是茶树主要的容根层。心土层（B），位于亚表土层之下，是原来土壤的淀积层，受人为的影响较小，此层土中茶树吸收根较少，却是骨干根深扎的地方，要求土层厚度达 50 cm 以上。底土层（C），在心土层之下，是岩石风化壳或母质层。茶树是多年生深根作物，根系分布可伸展到土表的 2m 以下，要求在心土层以下无硬结层或黏盘层，并具有渗透性和保水性的底土层。实践证明，土层深浅对茶树的生长势的影响很大，在同一块茶地上，土层越深，茶树生长高度越高，树幅越大（见图 3-10）。土层厚度与茶叶产量关系十分密切（见表 3-14）。

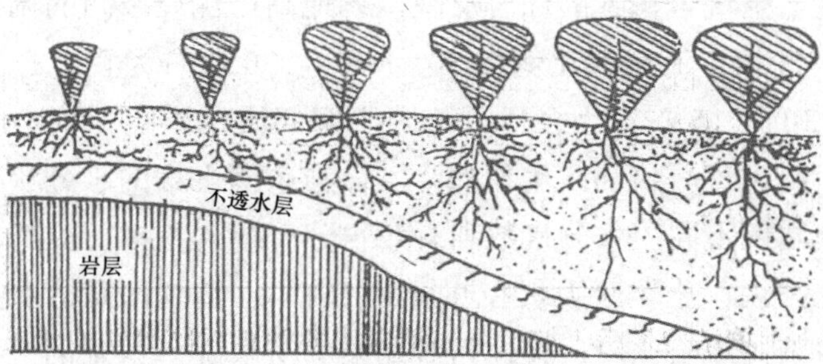


**图 3-10　土层厚度与茶树生长势的关系**

表 3-14　茶叶产量与有效土层厚度的关系

| 有效土层深度 / cm | 茶叶产量指数 |
| --- | --- |
| 38 ～ 40 | 1.00 |
| 54 ～ 57 | 1.29 |
| 60 ～ 82 | 1.68 |
| 85 ～ 120 | 2.05 |

### 2．土壤质地

土壤质地又称土壤机械组成，是指不同粒径的土粒在土壤中所占的相对比例或重量百分数，据此将土壤划分为沙土类、壤土类、黏土类三大类别，其间还可细分。不同质地的土壤的特性有所不同。沙土组成以沙粒为主，粒间孔隙大，通气透水性良好，无黏结性、黏着性和可塑性。黏结性是指土壤在干燥和含水少时，土壤黏结成块的性质；黏着性是指土粒黏附于外物如农具等之上的性质，土壤宜耕期长，耕作阻力小，但沙土保水保肥能力很差，土温变幅大，养分含量少。砂壤土比沙土保水保肥能力强些，但养分水分含量仍感到不足，必须注意及时灌水和施肥，而且要少量多次；轻壤土在一定程度上保持了沙土的优点，保水保肥能力明显加强；中壤土与上述土类比较，黏粒的性状明显增强，透水变慢，透气减弱，黏结性、黏着性、可塑性增强。重壤土和黏土比中壤土更难耕作，通气透水能力更差。茶树生长对土壤质地的适应范围较广，从壤土类的沙质壤土到黏土类的壤质黏土中都能种茶，但以壤土最为理想。若种在沙土和黏土上，茶树生长比较差。

### 3．土壤物理性状

土壤中的三相（固相、气相、液相）分布，是土壤物理性状（容重、孔隙度、水分含量、空气容积）的综合反映，各地高产优质茶园的调查表明，表层土中的固相、气相、液相的比例以 50 ： 20 ： 30 左右为宜，心土层的三相比例则以 55 ： 30 ： 15 左右为合适。茶园土壤的质地影响土壤中的三相比，影响土壤中水、肥、气、热和微生物的活动，与茶园土壤的水分状况有密切的关系。茶园土壤质地不同，水分常数和有效水分有很大差异，土壤含水率在 14% 时，对细沙土来说，土壤吸力仅在 0.1Pa 以内，已达到田间持水量状态，有效水分丰富，对茶树生长比较适宜；而对黏质壤土来说，14% 的土壤含水率，其土壤吸力已达到 15Pa 左右，已处永久萎凋湿度，很难为茶树吸收利用（见表 3-15）。

表 3-15　不同质地土壤的水分常数和有效水分

| 土壤质地 | 土层深 /cm | 田间持水量（0.1Pa） | 水分常数（占干土百分比）/% | | | 有效水分 /% |
|---|---|---|---|---|---|---|
| | | | 持水当量（0.5Pa） | 初期萎凋湿度（8Pa） | 永久萎凋湿度（15Pa） | |
| 黏质壤土 | 0～30 | 25.13 | 24.03 | 15.50 | 13.97 | 9.63 |
| 壤土 | 0～45 | 21.93 | 23.28 | 12.11 | 9.84 | 12.82 |
| 细沙土 | 0～45 | 13.63 | 8.12 | 3.89 | 3.17 | 9.76 |

### 4．土壤结构

土壤结构是指土粒相互黏结而成各种自然团聚体的状况。按团聚体的形状可分为块状结构、片状结构、柱状结构、棱状结构、核状结构和微团粒、团粒结构。茶树适宜的土壤结构以表土层为微团粒、团粒结构，心土层为块状结构较好。团粒结构是土壤中的土粒在腐殖质和钙的作用下，经过多级团聚而形成的直径为 0.25 ～ 10.00 mm 的小团块，具有泡水不散的水稳性特点。这种大大小小的团粒组成的土壤松紧适度，大小孔隙配比得当，此类土壤中水、肥、气、热条件协调，土壤理化性质良好。精耕细作所形成的非水稳性团粒结构，对改善土壤通透性、促进根系下扎、养分迅速分解等方面都有良好的作用。土壤结构不良或无结构，则土壤紧实，通透性差，土壤中微生物活动受到抑制，茶树根系生长和发育受阻，水、肥、气、热不协调，茶树得不到水肥的稳定供应。对这类土壤应采取混入客土、多施有机肥、合理耕作、种植豆科及绿肥作物等措施，以改善其结构。

### 5．土壤容重

土壤容重是指土壤在自然结构状况下，单位体积内土壤的烘干重量，是表示土壤黏紧度的一个指标。孔隙度是指单位容积土壤中孔隙的数量及其大小分配。茶园土壤松紧度取决于茶园土壤质地、结构和三相比，与容重和孔隙度有直接的关系。适宜茶园的土壤，其松紧度要求表土层 10 ～ 15 cm 处容重为 1 ～ 1.3g/ $cm^3$，孔隙度为 50% ～ 60%；心土层 35 ～ 40 cm 处容重为 1.3 ～ 1.5g/ $cm^3$，孔隙度为 45% ～ 50%。

### 6．土壤水分

茶园土壤的地下水位要低于茶树根系分布到的部位。土壤水分过多，尤其是地下水位过高时，由于土壤孔隙被水分完全堵塞，而使根系不能深扎，原有的根系，由于处于淹水中，根系正常呼吸也会受阻，从而妨碍茶树的正常生命过程。茶园土壤孔隙中水分和空气的比例是经常变动的。土壤液、气两相组成的变化，影响着土壤的温度和湿度。夏茶期间，由于温度高，湿度大，加上茶园土壤的“呼吸”现象比春茶期强，二氧化碳大量地积聚起来，高时可达5% ～ 6%。施有机肥、将修剪枝叶铺于行间等方式，可以改善土壤总孔隙度和透水性，以促进土壤与大气间的气体交换。土壤中各种组成成分以及它们之间的相互关系，影响着土壤的性质和肥力，从而影响茶树的生长和发育。

## 二、土壤化学因子与茶树生育

土壤化学环境对茶树生长的影响是多方面的，其中影响较大的是土壤酸碱度、土壤有机质和土壤矿质元素。

### （一）茶园土壤酸碱度

土壤酸碱度是土壤盐基状况的综合反映，其大小通常用pH来表示，土壤溶液的pH多为4 ～ 9。根据我国土壤的酸碱性情况，总的来说，是由北向南，土壤pH有降低的趋势。pH最高的为吉林、内蒙古及华北地区的碱土，高达10.5；pH最低的是广东的丁湖山、海南的五指山等山地的黄壤，pH低至3.6 ～ 3.8。

土壤的酸碱度对土壤肥力有重要的影响，其主要是通过影响矿质盐分的溶解度而影响养分的有效性。通常在微酸性的条件下，各种养分的有效性都比较高，适宜作物生长。酸性土壤容易引起磷、钾、钙、镁的缺乏，多雨地区还会缺少硼、锌、铝等微量元素；在pH5.5以下的酸性土壤中，磷和铁、铝结合而降低了有效性；PHV4.5的强酸性土壤中，活性铁、铝过多，而钙、镁、钾、铝、磷极为缺乏，对许多作物生长不利。在碱性土壤中硼、铜、锰、锌的溶解度低；pH大于7.5的石灰性土壤中，磷的有效性大大降低；土壤的酸碱度还通过影响微生物的活动而影响养分的有效性，微生物能够旺盛生长的pH范围比较窄，许多细菌只能生存在中性土壤中。

茶树是喜欢酸性土壤和含钙的植物。种植茶树的土壤要求有一定的酸碱度范围，适宜植茶的土壤pH大致在4.0 ～ 5.5。中国农业科学院茶叶研究所用硝态氮和铁态氮为氮源，进行了不同pH的水培试验，研究表明：茶苗对pH的反应相当敏感，当pH大于6.0，茶苗生长不良，叶色发黄，有明显的缺绿症，叶龄缩短，新叶约长出1个月就枯焦脱落，严重的甚至主茎顶芽枯死，根系发红变黑，伤害败死现象普遍，生理活动严重受阻。pH小于4.0以下的茶苗，会发生氢离子中毒症，叶色由绿转暗再变红，根系变红、变黑，生理活动受阻，甚至死亡。当茶园土壤 pH 过低，在 3.5 以下时，可考虑施用少量石灰或苦土（氧化镁），以调节茶园土壤 pH。

适宜的 pH 条件下生长，叶片中叶绿素的含量较高，光合能力也较强，呼吸消耗相对较弱，有机物的合成和积累量较大。茶树在过酸和偏碱的条件下生长，叶色较黄，光合能力较弱，而呼吸作用却极强，消耗大于合成，有机物的积累极少，生长不正常。不同 pH 土壤盆栽茶苗生育结果如图 3–11 和图 3–12 所示。当土壤 pH 为 5.5 时，茶树发芽早，新梢生长快，pH 较高和较低时，茶树发芽迟缓，新梢生长量也小。对根系生长的影响结果也相同。

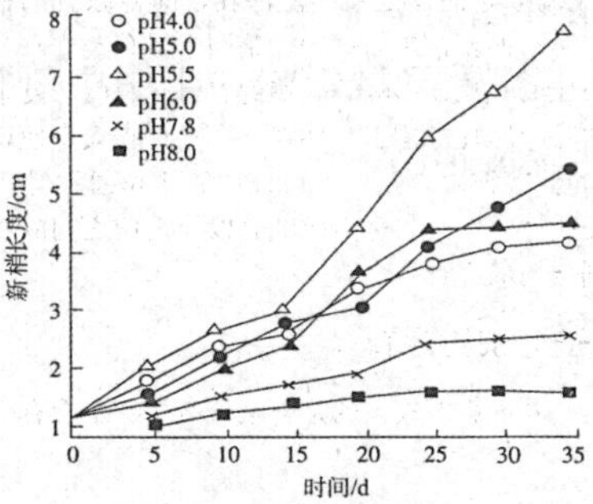


图 3–11　土壤 pH 对茶树新梢生长的影响

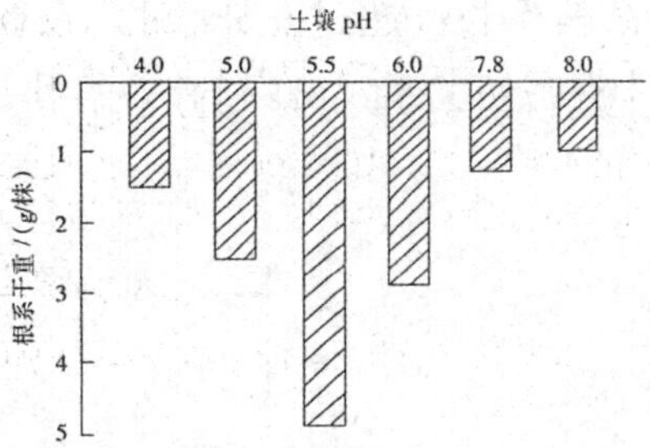


图 3–12　土壤 pH 对茶树根系生长的影响

土壤 pH 使茶树对养分的吸收发生较大的变化。试验表明，茶树在一定的 pH 条件下，对氮、磷、钾的吸收都较强，当 pH 小于 4.5 或大于 6.5 的情况下，吸收能力显著降低（见图 3–13）。因此，在土壤 pH 不适宜的条件下栽培茶树，即使多施肥料，茶树也难以吸收利用。

茶树适宜在酸性土壤上生长的原因有以下几方面：

（1）茶树的遗传性决定了其对土壤的酸碱性有一定的要求。茶树原产于我国云贵高原，该地区的土壤是酸性的，茶树长期在酸性土壤上生长，产生对这种环境的适应性，形成比较稳定的遗传性。

（2）茶根汁液的缓冲能力在 pH5.0 时最高，以后逐渐降低，至 pH5.7 以上，缓冲能力就非常小了。植物体内的缓冲物质主要是有机酸和磷酸盐，有机酸中有柠檬酸、苹果酸、果酸、琥珀酸等，其缓冲能力一般偏酸性，而磷酸盐的缓冲能力则偏中性和碱性，茶根中的磷酸盐含量较低，100g 根中仅含磷（$P_2O_5$）25 mg。

（3）与茶树共生的菌根，需要在酸性环境中才能生长，与茶树根系共生互利。

（4）茶树需要土壤提供大量的固态铝。一般农作物的含铝量多在 200 mg/kg 以下，而茶树的含铝量却在数百以至 1 000 mg/kg 以上。茶树生长好的土壤，活性铝的含量也较高，土壤的酸性与活性铝的量密切相关。当土壤 pH 小于 5.5 时，代换性 Al3+ 占盐基代换量高的可达 90% 以上，低的也有 20% ～ 30%；在 pH 大于 5.5 时，代换性 Al3+ 的含量便很低以致不存在。因此，可以认为在中性或碱性土壤上茶树生长不好的原因与土壤中活性 Al3+ 的不足有极大关系。

（5）茶树是嫌钙植物。茶树在碱性土壤或石灰性土壤中不能生长或生长不良，当土壤中含钙量超过 0.05% 时，对茶叶品质有不良影响；超过 0.2% 时，便有害于茶树生长；超过 0.5% 时，茶树生长受严重影响。土壤中氧化钙含量与土壤 pH 有密切关系，pH 越高，氧化钙含量越高。

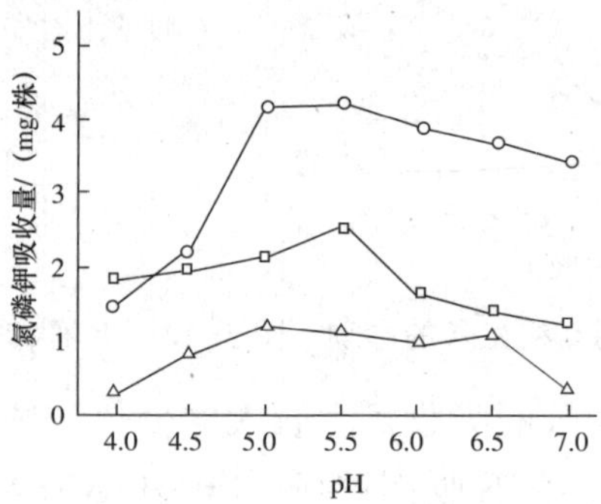


**图 3-13　NH4-N 水培条件下 pH 对茶树吸收氮磷钾的影响**

## （二）茶园土壤有机质

茶园土壤的有机质是对茶树生育有较大影响的又一重要因子。土壤有机质是土壤微生物生活和茶树多种营养元素的物质基础，茶园有机质含量反映了茶园土壤熟化度和肥力指标。从我国现有生产水平出发，含有机质 3.5% ～ 2.0% 的可为一等土壤；含有机质 2.0% ～ 1.5% 的为二等土壤；含有机质 1.5% 以下的为三等土壤。高产优质的茶园土壤有机质含量要求达到 2.0% 以上。土壤腐殖质是土壤中有机质的主体，一般占土壤有机质总量的 85% ～ 95%。它是土壤微生物分解有机质时，将分解物又重新合成的具有相对稳定性的多聚体化合物，呈黑色或棕色，主要成分是胡敏酸和富里酸。与矿物胶体紧密结合，凝聚形成具有多孔性的水稳性团粒结构。土壤腐殖质对作物营养有重要作用，腐殖质被分解后，可提供二氧化碳、铁态氮、硝态氮及磷、钾、硫、钙等养分，是作物所需要的各种矿质营养的重要来源。腐殖质具有巨大的表面积，并带有大量的负电荷，可以提高土壤吸附分子和离子态物质的能力，增强保水保肥能力。腐殖质吸附的离子可与土壤溶液中的离子进行交换。当土壤溶液中 H- 过多时，H+ 被腐殖质吸附而降低了土壤溶液的酸性；当土壤溶液中 H+ 过多时，H+ 被代换到溶液中与 H- 中和，降低溶液的碱性，因而腐殖质对酸碱有较强的缓冲能力。腐殖质中的胡敏酸类物质还是一种生理活性物质，可以促进根系生长，促进作物对矿质营养的吸收和增强作物的代谢活性。

茶园土壤腐殖质的组成与自然土壤和农作土壤不同，茶园土壤腐殖质中的胡敏酸碳含量比例显著缩小，富里酸碳的比例增大：丰产茶园的胡敏酸碳占土壤的 0.15%（农作土壤为 0.25%），富里酸碳占土壤的 0.37%（农作土壤为 0.18%），胡 / 富比为 0.41（农作土壤为 1.39）。土壤有机质在 2% 以上，与有机质不到 1.5% 的茶园土壤比较，容重可减小 0.1 ～ 0.2g/ $cm^3$，孔隙率可增大 3.5% ～ 9.0%，湿度常稳定在田间持水量的 80% 以上，三相比较为理想。

### （三）茶园土壤矿质元素

茶园土壤中除了有机质，还含有大量的矿质元素，如钾、钠、钙、镁、铁、磷、铝、锰、锌、铝等，这些元素大多呈束缚态存在于土壤矿物和有机质中，经过风化作用和有机质的分解而矿质化，缓慢地变成茶树可利用形态，或呈溶解态被吸附于土壤胶体或团粒上。这些元素含量的多少，直接或间接地影响茶树生育和茶叶品质。

## 第三节　普洱茶园建设

### 一、生态茶园概述

生态茶园是一种遵循生态学和经济学原理，以茶树为主要物种，结合其生长规律，按照社会、经济和生态效益协调发展的要求建设的茶园。这种茶园模式旨在增强生物圈内各生命体间的相互促进，为茶树生长创造优质的生态环境，推动生态系统循环，丰富茶园物种多样性，并最大限度地提高茶树对光能的利用效率，从而提高茶叶的产量和质量。

为构建生态茶园，需实施一项生态系统工程，该工程依据茶树的生物学特性，运用立体复合栽培技术，实现茶木共生，并维持其自然生态状态。茶园管理需完全采用人工除草方式，严禁使用除草剂，倡导使用农家肥、沼液等有机肥料。生态茶园的生长环境、空气、土壤和水质均须保持自然原生态状态。茶园管理还应遵循生态学科的原则，通过改变梯壁锄草为割草回园、套种绿肥等措施，确保茶园达到保水、保肥的生态平衡。在病虫草害防治方面，应采用绿色防控技术，以维护茶园良好的生态环境，进而减少病虫草害的发生。

## 二、生态茶园建设的核心要求

生态茶园的建设应坚持高标准、高质量的原则，其核心内容包括逐步实现茶树的良种化、茶区的生态化、茶园的水利化、生产的机械化以及栽培的科学化。

### 1. 茶树的良种化

要实现茶树的良种化，需要完成两项关键任务：一是根据当地的生态条件和生产需求，选择并确定适宜种植的主要优良品种；二是进行良种的合理搭配和种植，不应仅种植单一品种。而应利用不同品种的特点，实现优势互补，充分发挥良种在品质方面的综合效应。

### 2. 茶区的生态化

茶区的生态化建设要求根据地形地貌，进行因地制宜、全面规划、统一安排和合理布局。同时，应提倡种植多种树木和花草，以美化茶区的生态环境，实现山水林路的综合治理。

### 3. 茶园的水利化

规划茶园水利工程时，需确保排水和灌溉系统的完善，要既能蓄水，又能排灌。小雨和中雨时，水能够被有效排除并且不出园；大雨和暴雨时，茶园不会受到水冲的破坏；遇到干旱时，水能够顺利进入茶园。同时，要控制对自然植被的破坏，以减少水土流失。

### 4. 生产的机械化

在生产各环节，包括耕作、施肥、修剪、采摘和运输等，都应实现机械化操作，以提高生产效率和降低成本。

### 5. 栽培的科学化

茶树栽培技术的科学化，涵盖了合理密植、土壤改良、施肥、水分管理、树冠养护、采摘以及病虫草害防治等多个方面。这些技术操作必须遵循茶树的生长发育规律，以实现科学化的栽培管理。

## 三、构建生态茶园的策略

在构建生态茶园时，整个茶区应遵循“头戴帽、腰束带、脚穿鞋”的原则，旨在保护并增强其自然环境。具体来说，应避免烧山开荒，并尽可能保留原有的植被。通过建立以茶树为核心的多层次生态茶园，可以形成一个具有高效生态位的系统。在这个系统中，茶树位于中心，上层为乔木，下层为草本经济植物。这样的布局不仅使光能和土壤营养得到最大化利用，而且上层的树木还能起到调节小区域温度、湿度和光热的作用。同时，下层的植物有助于改善土壤结构，提高土壤有机质含量，从而整体优化茶园的生态环境，最终实现茶叶产量和品质的提升（见图 3-14）。

图 3-14 生态茶园

### （一）生态茶园选址要求

**1．生态环境**

生态茶园应选址在环境清新、水土纯净、远离污染的区域，确保土壤、空气和水质均符合《无公害食品茶叶产地环境条件》（NY 5020-2001）的农业行业标准。理想的园地或山地应能为茶树提供理想的生长环境。避免选址于繁华市区、工业区及交通繁忙地段，以确保茶叶的品质和安全。

**2．土壤条件**

茶树为深根作物，因此需选择土层深厚且肥沃的土壤，以便其根系充分伸展，吸收养分，实现根深叶茂，进而增强其抗旱和抗寒能力。通常建议选择的坡度应小于 25°，土层应深厚、疏松，耕作层较厚，心土层和底土层稍紧但不坚实。良好的土壤结构是关键，土壤质地既不过于黏重也不过于沙质，既要保证通气透水，又要能保水蓄肥。土层厚度应至少为 1 m（不含石灰或石灰含量低于 0.5%）。土壤中的有机质含量应为 1% ～ 2%，生物活性要强。有效的地下水位应保持在 1 m 以下。在土壤质地方面，以沙质壤土为首选。茶树对土壤酸碱度要求较高，土壤 pH 值应为 4.5 ～ 5.5，呈现出强烈的酸性反应。

3．气候条件

茶树主要生长在亚热带地区，偏好温暖的气候，当气温低于10℃时，茶芽会停止生长并进入休眠状态。茶树的生长环境最适宜的是日平均温度为15 ℃～30 ℃，年平均气温为15 ℃～23 ℃，年有效积温为4 000 ℃～8 000 ℃，年降水量为1 500～2 000 mm，空气相对湿度保持在80%～90%，土壤相对含水量为70%～90%。此外，茶树生长的园地要求空气清新、水源清洁，并有良好的生态环境。在易受冻害的地区，应避免在坡顶和坡脚种植茶树；而在低洼地区种植时，应选择那些具有较强耐寒性的品种。茶园的方向也会影响其生长，偏南的坡地可以接收到更多的太阳辐射，温度相对较高；而偏北的坡地接收的太阳辐射较少，温度相对较低。因此，偏北坡的茶园在冬季可能更容易受到风雪冻害，而南坡的茶园则需要预防早春的霜冻。

**（二）生态茶园规划设计**

在规划园地时，我们需要全面、合理地考虑土地利用，并具备长远的眼光和全局的观点。以现代农业为基础，我们应按照茶树良种化、茶区生态化、茶园水利化、生产机械化、栽培科学化的要求来进行。在勘察设计工作中，我们要根据实际情况，科学划分区域和地块，并设置相应的道路网、水利网、防护林和行道树等。这样，茶树、林木、道路和水渠就能够有机结合，形成一个完整的系统。治理山地、水域和土壤是核心任务，我们要实现山、水、园、林、路的综合治理。

从茶园的整体外观来看，茶树应该形成连续的片区，道路要呈网状分布，园地要划分成清晰的块状，茶行要整齐划一，林木也要成行排列。这样的布局有助于保持水土、增加湿度、调节气温，从而改善茶园的气候条件，避免茶树受到气象灾害的影响。

对于规模较大的茶园，还需要规划茶厂的建设用地和茶园与茶厂之间的道路，并绘制出整个茶园的规划图。在茶场的发展规划中，要根据地形和地势来合理安排：远山和高山地区适合造林，近山和低山地区适合种植茶树，而低平地和山沟则适合种植绿肥植物。在低洼地区，我们可以通过挖掘水塘来利用水资源。

在选择茶园基地并进行整体规划时，如果是山地，植茶地块的坡度不宜超过25°。坡度大于25°的地块可以规划为防护林地或用于建设蓄水池、有机肥无害化处理池等设施。山顶部分应保留一定的林地。

种植茶树的地块面积以每块3~7公顷为宜。面积过小会导致道路过多，降低土地利用率，而且行道树之间的距离过近，会增加遮阴度，不利于茶树的生长，同时也不便于机械化作业。但是，面积过大也不利于茶叶生产资料和茶树鲜叶的运输。在规划植茶地块时，最好选择正方形或矩形的形状，长宽要适合茶行的布局。以茶树行距 1.5 m 计算，地块宽度应为 60 ～ 75 m，这样可以种植 40 ～ 50 行茶树。地块的长度则可以根据地形来灵活决定，通常以 50 m 左右为宜。

### （三）交通网络及行道树设置

种茶地块划分好后，接着合理布局道路网络和排灌网络。每块茶地之间布置支道，以便耕作机械和采茶机械等进出茶园。若干块茶地之间应该设置干道，与通向茶叶加工厂和办公所在地的主道相连，用于生产资料和鲜叶的运输。在考虑道路网络的同时，还要把行道树、排灌系统的用地留出。

#### 1．主道

主道是连接茶树鲜叶生产基地与茶叶加工厂和基地办公区的关键通道。关于是否在茶树鲜叶生产基地内部设置主道，取决于茶园的总面积。若茶园的总面积在 50 $hm^2$ 以下，通常建议在茶园的四周设置主道，而不需要在茶园内部设置主道。然而，当茶园的总面积超过 100 $hm^2$ 时，建议在茶园中部也设置主道。这条主道不仅连接着茶园内的各个作业区，还与外部的公路相连，确保交通便利。主道两侧应设置排水沟，并种植双行行道树。主道的宽度应设定为 4.6 m，以确保两辆卡车或拖拉机能够顺利交错通行。

#### 2．支（干）道

支（干）道是茶树鲜叶生产基地内部的重要通道，它连接着各个茶园地块与主道，为内部作业机械提供通行的便利。这条道路不仅是运输肥料和茶树鲜叶的主要通道，还是划分茶园区块的界线。为了确保其功能性，支（干）道的宽度应设定为 3 ～ 5 m。同时，为了确保茶园内部交通的顺畅，建议每隔 300 ～ 400 m 设置一条支（干）道。与主道相似，支（干）道两侧也应设置排水沟，并种植双行行道树，以增强其景观效果和生态功能。

#### 3．步道

步道是从支（干）道延伸至茶园地块的小路，与茶行保持垂直走向。它的主要作用是便于将肥料等生产资料运送到茶行，并将采摘的茶树鲜叶运送到干道上的运输车辆。步道同时也是茶农进行日常操作的重要通道，包括横向道和纵向道两种类型。为了确保操作的便捷性，两条纵向道之间的距离应控制在 50 m 左右。而横向道则建议每 10 ～ 15 行茶树之间设置一条。在步道的宽度方面，1.5 ～ 2 m 的宽度是较为合适的，既能满足通行和操作需求，又能确保茶园的整体美观和通风透光。

4．防护林和行道树

一些茶区，如安徽茶区，因夏季高温和冬季低温，茶树易受热害和冻害影响，因此，茶园中合理种植防护林和行道树至关重要。这些树木不仅有助于降低夏季茶园的光照强度，增加空气湿度，还能阻挡冷空气，调节茶园小气候，从而减轻旱害、热害和冻害，并减少水土流失，保持土壤肥力。这些措施为茶树的生长创造了优质的生态环境，有助于幼龄茶树的成活，提高成龄茶树新梢的嫩度，增加产量，改善品质。对于追求绿色食品的茶基地来说，防护林还能减少外界污染物通过空气向茶园内部传播。

在构建以茶树为核心的茶园复合生态系统中，可以采取上、中、下三层结构，即树木层、茶树层和绿肥植物（矮秆）层。茶园内种植适量的遮阴树，每亩建议种植 8 ～ 10 株乔木树，株行距为 10 ～ 12 m。防护林应布局在茶园的北面或西北面的山脊上，乔木树建议种植 4 ～ 6 行，行距 2 ～ 3 m；灌木树建议种植 2 ～ 4 行，行距 2 m。行道树则沿着道路和沟渠两侧，呈“品”字形排列，每 3 ～ 5 m 种植 1 株。

对于位于高山且多雾的茶园，遮阳树的种植量应适当减少，每亩 5 株即可。随着机械化采茶的发展，茶园内部种植过多的遮阳树可能不利于机械作业，因此在茶行或茶园地块内部一般不推荐种植遮阳树。

在树种的选择上，应结合当地条件，挑选适合本地生长的速生且优质的树种。理想的树种应具备抗风力强、根系深、不与茶树争夺水肥、无共同病虫害且枝叶疏密适中等特点。适合作为茶园遮阳树的树种包括香榧、海南黄花梨、海棠果、沉香木、肉桂、铁刀木、银合欢、金合欢、香樟、樱桃、山海檀、银杏、山苍子、天竺桂、油茶、水冬瓜、旱冬瓜等；适合作为道路两旁行道树的树种则有灯台树、香椿、香樟、苦楝、桂树、罗汉松、山茶树、杉木、澳大利亚坚果等；对于防护林和山顶的树种选择，可考虑柯子、杨梅、香樟、罗汉松、杉木、楠木、天桂等。

## 四、根据实际地形，构建蓄水、排水和灌溉的水利体系

根据茶树对水分条件的特殊需求——既需要湿润的环境又害怕过度浸渍，茶园水利系统的规划与设计必须全面考虑、科学布局。应建立与茶园相匹配的各种水利设施，旨在灵活调控水资源，确保茶园在遇到涝灾时能够及时排水，遇到旱灾时则能有效灌溉。对于中小雨量的天气，应确保茶园内部不积水；而在大雨或暴雨时，则应有效地防止泥土随水流流失，维护茶园土壤的稳定性。

同时，茶园的水利系统应与道路网络紧密相连，形成便捷的水路与道路网络。

茶园中的蓄排水沟设计，既要能够储存雨水、保持土壤湿润，又要防止水土流失，有效排除多余的水分。在旱季，这些沟渠还应能方便地将水引入茶园，同时不干扰正常的机械作业。对于位于平地的茶园，排水应作为首要任务，同时结合适当的蓄水措施；而对于位于坡地和梯地的茶园，蓄水则更为重要，需在蓄水与排水之间取得平衡。

水沟系统一般由截洪沟（防洪沟）、横水沟（竹节沟）、纵水沟（主沟）组成。

（1）截流沟（防涝沟）。在茶园外围的上方山坡或环园沟内侧设立，主要目的是阻挡来自山上的洪水、杂草和泥石等杂物，防止它们流入茶园。该沟的深度应控制在 50 ～ 100 cm 之间，宽度为 40 ～ 60 cm，沟壁设计为 60° 的倾斜角度。

（2）横向导水沟（竹节状排水沟）。其主要作用是减缓水流速度，截留表层土壤，防止水从梯田面溢出，从而减少冲刷作用。在梯形茶园中，应设置于梯田内侧；对于山腰设有横向作业道的茶园，也应在路的上方设置横向导水沟。这些沟应按照一定距离向上和向下设置，以形成完整的水利网络。与纵横步道相结合，一般沟宽为 30 ～ 40 cm，深为 20 ～ 30 cm。在沟中，每隔 4 ～ 8 m 应设置一个结实的土埂，土埂的高度应略低于梯田面（竹节状排水沟）。

（3）纵向排水沟（主沟）。其主要功能是排除茶园内部多余的水分。这些沟道应设置在茶园片区之间、道路两侧或园内地势较低的积水区。在平坦地形的茶园中，纵向排水沟还可以作为引水沟或排水沟使用；而在坡地茶园中，应与天然排水沟相结合进行设置。纵向排水沟应与截洪沟和横水沟相互连接，以确保水流的顺畅排出。一般而言，每隔 200 m 左右应设置一条纵向排水沟，其深度为 50 cm，宽度为 60 cm。

## 五、生态茶园立体种植模式

这是一种旨在优化茶园微观生态环境、提升茶园单位面积产量的时空结构型生态茶业发展模式。常见的复合种植模式包括以下几种。

### （一）茶树与防护林复合种植

即选择那些适宜在当地生长的树种，如杉树、湿地松、泡桐、合欢和楹树等，并将它们精心布置在茶园周边以及茶园内部，形成条带状或网状结构的防护林带。这样做的目的是调节茶园的小气候环境，提高茶树对各种灾害性天气的抵抗能力。

### （二）茶树与经济果树交替种植

在茶园中，根据适宜的密度，间植那些与茶树生长条件相似、对茶树生长有益、无共同病虫害的果树或经济林木，如梨树、栗树、猕猴桃、柿子树、橡胶树、乌桕、山苍子和杜仲等。这样的种植方式可以形成乔木和灌木两层结构。这些经济林木不仅具有防护林的生态效益，还能为茶园带来额外的经济收益。据各地测定数据，茶园与经济林木间作的综合经济效益比纯茶园高出约 50%。

### （三）茶树与草本植物作物间作

在茶树树冠覆盖度较小的幼龄茶园、梯田茶园以及农村稀疏种植的茶园中，套种那些具有固氮功能或经济效益高的草本作物，如花生、黄豆、蔬菜以及中药材等。这种种植模式形成了灌木与草本两层的结构。这种种植方式不仅增加了地面的覆盖度，有助于保持水土、改良和熟化土壤，促进茶树形成丰产的结构，而且能提高这些茶园的土地利用率，进一步增加茶园的收益。

### （四）茶树与家禽（如鸡、番鸭）共生种植

在成年茶园中，合理利用茶园的空地饲养鸡、番鸭等禽类，不仅有助于减少茶园的病虫害和杂草问题，还能为茶园提供有机肥，疏松土壤。同时，这种养殖方式还能减少禽类的饲料成本，提高禽类的肉质品质。

当在茶园养鸡时，应选择体型适中、活动能力强、对环境适应性高的品种。理想的鸡雏应是体重约 0.25 kg、毛羽丰满且活动自如的健康雏鸡。为了确保茶园和鸡群的和谐共生，应采用低密度养殖方式。一般来说，每亩茶园放养 80 只左右的鸡，同时设置 2 ～ 3 个移动鸡舍是比较合适的。值得注意的是，鸡对于高度低于 35 cm、茎秆较细的杂草具有一定的除草效果。

### （五）茶树与食草动物共生种植

茶园养羊应实施网格化的圈养与放牧相结合的方式，建立围栏和相应的羊舍。建议每 2 亩茶园放养 1 头羊，以控制羊的数量与茶园面积的平衡。同时，为了保持茶园的整洁，还应辅助进行人工除草。在选择茶园进行养羊时，应优先考虑集中连片的茶园，并确保养殖管理人员具备一定的养殖技术。此外，为了确保羊群能够安全度过冬季，还需要备足足够的越冬草料。茶园养羊不仅能有效地清除对茶园构成较大威胁的杂草，特别是藤类、蔷薇科、马齿苋科和十字花科等杂草，还有助于维护茶园的生态平衡。

## 六、茶树种植技术

### （一）茶园的开垦

#### 1．开垦的季节

我国茶区春季和夏季雨水充沛，园地在春季种、夏季开垦会破坏原有的植被和土壤结构，从而增加水土流失的风险。为了降低这一风险，开垦工作应当避开春季和夏季的雨季，选择在秋季和冬季进行，这两个季节的降雨量相对较少。此外，从劳动力的角度来看，秋季和冬季进行开垦工作也能有效缓解开垦与农作物种植在劳动力需求上的冲突，使得劳动力分配更为合理。

#### 2．地面清理

地面清理指的是对原有地面上的树木、杂草等进行砍伐和清除。首先，根据已制订的园区规划，对于规划道路两侧适宜作为行道树的树木，进行标记并保留，这样既有利于生态保护，减少树木砍伐，又能节省因种植行道树所需的树木和培育成本。同时，在规划中设定为防护林带的地段，应保留全部植被；对于其他地段，则可将树木和杂草全部清除。

在操作过程中，应优先砍伐那些高大、可作为建筑板材使用的乔木，随后清除矮小的乔木和灌木。对于杂草，清除后可以作为堆肥或烧制成泥灰，作为茶园的肥料；若杂草数量不多，也可在开垦时将其翻入土中，以增加茶园土壤的有机质和肥力。完成植被清除后，还需彻底清除园地内的乱石等杂物。这些石块可以作为修建道路、水池、水沟等的基础材料。清理的深度应达到地表以下 1 m，以确保土壤的质量。此外，若发现园地内存在白蚁，必须及时采取灭杀措施，以防止将来茶树受到白蚁的侵害。

#### 3．开垦技术

土壤是茶树生长的基石，在开垦时，无论坡地的状况或是土壤的性质如何，都必须实施深度翻耕，这有助于土壤的熟化，并改善深层土壤的结构。对于计划留作主干道和支道的部分，无须进行开垦。这既能减少开垦的工作量，又能保持这部分土壤的坚实性，为今后的道路建设提供便利。

关于茶园的开垦标准，对于平地以及坡度在 15° 以下的平缓坡地，建议从下至上按照横坡等高线进行开垦（见图 3–15）；而对于坡度在 15° ～ 25° 之间的山坡地，建议采用内倾等高梯级的方式进行开垦（见图 3–16）。具体操作是，首先确定等高线，划定基线，并规划出纵向的步道，随后绘制出等高线梯田的基线。在规划过程中，大的弯道应顺应地势，而小的弯道则可以拉直。最后，按照等高线开出梯级，采取挖内填外的方式，确保梯级的反倾斜设计。梯面宽按下式确定：

梯面宽（m）= 种植行数 × 行距（m）+0.6（m）

将原本种植其他作物的土地转变为茶园时，应在翻垦后直接进行土地平整和开设种植沟。对于未开垦过的荒地，开垦工作需分为初次开垦和再次开垦两个阶段。初次开垦的深度应超过 50 cm，同时移除所有的柴根和杂物。若在此过程中遇到明显的土壤障碍层，如硬隔层、网纹层或犁底层，则需破除这些障碍。在初次开垦时，不需要将土块打碎，这样做有利于土壤的蓄水和风化过程。如果在初次开垦过程中发现地面高低差异较大，可能会对茶树的布局和日后的田间管理造成影响，此时应进行适当的土地平整。到了再次开垦阶段，需要将土块打碎，以避免下层土壤中出现空洞，从而影响茶树吸收水分，导致茶树生长不良。再次开垦的深度应控制在 25 ～ 30 cm 之间，并需进一步清除在前一阶段未能完全清除的草根和树根。

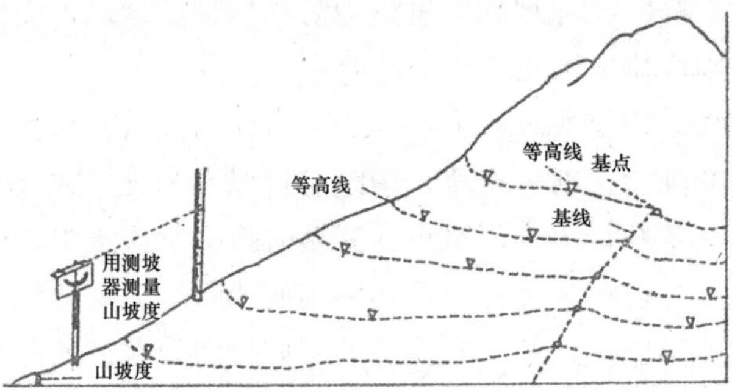


图 3-15　横坡等高开垦

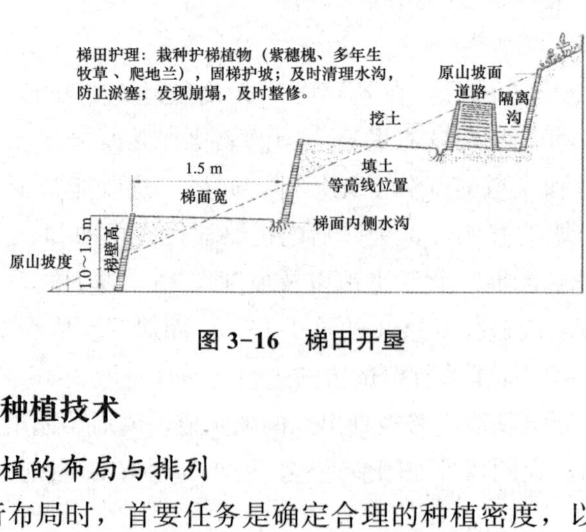


图 3-16　梯田开垦

### （二）移栽种植技术

#### 1．茶树种植的布局与排列

在进行茶行布局时，首要任务是确定合理的种植密度，以优化茶树对光能的利用，加快茶园的成型，从而提早进入产期。实践已证实，恰当的种植密度有助于茶树迅速生长，实现“一年种植，二年采摘，三年高产”的目标。茶树的种植方式主要有双行和单行两种。

双行种植时，大行距设定为 150 cm，每行种植两排茶苗，小行距为 33 ～ 45 cm，株距为 26 ～ 33 cm。每穴种植 2 ～ 3 棵茶苗，平均每亩约需 5300 株茶苗。为了形成更均匀的茶树分布，双行种植时，两行茶苗应交错排列，形成“品”字形。

单行种植时，行距为 150 cm，株距为 33 cm，每穴种植 2 ～ 3 棵茶苗，每亩约种植 3 600 株。

此外，还有双行单株的种植方式，大行距 150 cm，小行距 35 cm，株距（穴距）25 cm，每亩约需茶苗 3 600 株。

在寒冷地区，建议增加种植密度，行距为 110 ～ 130 cm，株距为 26 cm，每穴种植 3 ～ 4 棵茶苗。对于半乔木型或树势高大的茶树，可适当降低种植密度，行距为 165 cm，株距为 40 ～ 50 cm。

确定种植密度和规格后，接下来是茶行在茶园中的具体布局。茶行的布局既要考虑水土保持，又要适合机械化作业；既要便于日常田间管理，又要使茶树能充分利用土地资源，有利于其正常生长，从而获得稳定的优质高产。通常，坡地茶园的茶行应沿等高线排列，以减少雨水对土壤的冲刷。布局时，一般以横向的道路作为茶行的基线。茶行的长度根据地块规划而定，原则上在每块茶园中整行排列，不断行。之后，按照规划好的规格用石灰画出种植沟线（见图 3-17、图 3-18）。

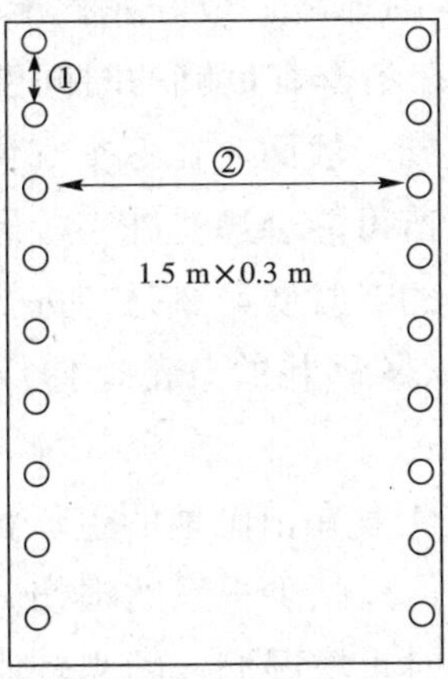


**图 3-17　单行种植**

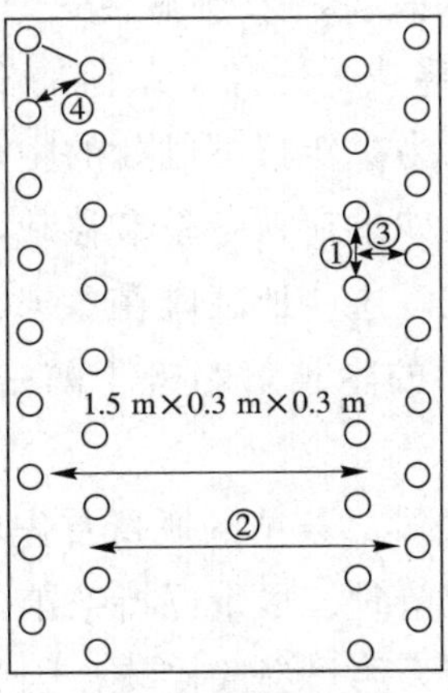


**图 3-18　双行种植**

### 2．开挖沟渠并施加基肥

肥料是茶树生长所必需的营养源泉。茶树一旦成活，其生长质量便深受土壤肥沃度的影响，而这种肥沃度的提升主要取决于施肥管理的水平。高效施肥能有效提高土壤肥力，从而有利于茶树的生长。因此，在茶树种植前，必须确保基肥充足；种植后，也要注重定期追肥，基肥对于茶树，特别是幼年茶树的发育起着至关重要的作用。

为了施加基肥，应首先挖掘一个 40 cm×40 cm 的沟。然后，将肥料与土壤混合均匀后填入沟内，最后覆盖一层土壤，使其高于地面约 10 cm。这样做是为了避免茶苗的根系与肥料直接接触，从而防止根系受损，影响茶苗的成活。选择基肥的类型应根据当地可用的肥料资源来决定，通常建议以有机肥料为主。如果选用厩肥或堆肥等农家肥料，每亩茶园的使用量应在 2 000 kg 以上。如果使用饼肥，则每亩的使用量应为 200 ～ 400 kg，并应配合每亩 50 kg 的磷肥和钾肥一起施入。在施肥后，应等待 1 ～ 2 个月，让肥料在土壤中充分分解，并待土壤沉降后再进行土地整理，最后在沟内种植茶树。

### 3．茶苗的移植栽种

影响茶苗移栽成活率的主要因素包括三个方面：移栽时机、茶苗质量以及移栽技术。

（1）移栽时机。茶苗移栽的最佳时机是茶树地上部分生长暂停，而地下根系生长相对活跃的时期。这样的时机有助于茶苗根系迅速恢复，从而提高移栽的成活率。一般而言，秋冬和早春是移栽茶苗的理想时期，但具体的最佳时机因地区而异。

在冬季气候温暖、茶树不会受到冻害的地区，最好在秋末冬初的 10 月底至 11 月初进行移栽。这样，茶苗的根系在冬季有足够的时间恢复，到了春季就能正常生长，为次年打下健壮的生长基础。然而，在冬季气温较低的北部茶区和高山茶区，如果在秋冬季节移栽，茶苗可能会遭受冻害，影响生长甚至降低成活率。因此，这些地区应在冬末初春的 2 月底至 3 月初进行移栽。虽然这样可能会使当年的生长量略逊于前一年秋冬移栽的茶苗，但成活率更易得到保障。

（2）茶苗质量。茶苗的质量首先取决于其在苗圃地的生长状况，其次与起苗作业有关。起苗时，尽量保持茶苗带土，以减少根系的损伤。起苗的最佳时间通常是雨后晴天的早晨或傍晚，因为此时土壤湿润，阳光较弱，可以减少茶苗的水分损失，保持其鲜活度。

如果移栽时天气干燥，应在起苗前 1 天进行灌水，使土壤保持湿润。起苗时，如果发现茶苗有严重病虫害或品种不纯，应及时剔除，避免与正常茶苗一起移栽。如果茶苗需要长途运输，应尽量保持其根系带土，减少损伤，并在运输过程中保持苗木的湿润，防止堆积过厚导致发热伤苗。到达目的地后，应及时栽种，如果无法立即栽种，应在排水良好的地方进行假植。

（3）移栽技术。移栽时，应采用沟植法，先开好种植沟并浇湿土壤。在施好基肥并覆土的种植沟内放置茶苗，确保根系能自由伸展。茶苗的深度以根颈部与地面持平或略低于地面为宜。过深或过浅都可能影响茶苗的成活。栽种时，一手扶直茶苗，另一手填土并压实，使根系与土壤紧密接触。填土至不露须根时，轻轻提起茶苗，使根系自然舒展，然后继续填土并压实至茶苗根颈处。随后浇足"定根水"，确保根部土壤完全湿润。如果条件允许，最好在茶苗根颈两侧铺一层干草或秸秆等，以提高保水效率，并剪去部分枝叶以减少水分蒸发。最后，确保茶苗的根颈离土表约 3 cm，根系离底肥 10 cm 以上。（见图 3-19）。

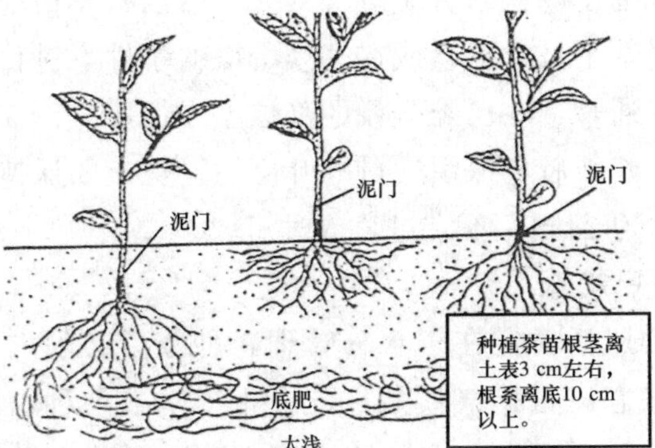


图 3-19　茶苗种植示意图

## （三）提升幼龄茶树种植存活率的技术措施

### 1. 挑选优质茶苗

无性系茶苗的选择应避免过小或过大的苗。小苗由于其植株娇嫩，叶片的角质层较薄，导致蒸腾作用强烈，移栽后容易遭受严重的水分损失。此外，小苗体内所积累的养分较少，其根系也较为细嫩，移植过程中断根损伤大，其抗逆性较弱，因而较难存活。大苗的植株和根系都较大，在移植过程中修剪损伤较大，或在起苗时容易导致大量断根，或在种植时由于种植沟较浅而影响其成活率。因此，最佳的选择是 1.5 ～ 2 年生的扦插苗。对于大叶种，其基部主茎的直径应不小于 0.5 cm；而对于中小叶种，其基部主茎的直径应不小于 0.3 cm。

**2. 迅速且妥善地种植，保证种植品质**

茶苗运回后，应将其放置在阴凉处并进行喷水保湿，以防止苗木受到风吹日晒和紧压堆闷的影响。同时，应尽快进行种植，以确保苗木的鲜活度。若茶苗因失水而导致活力下降，可能会影响其成活率。种植为了保证质量，按照规定的规格和要求进行开小沟种植。如果茶苗在 2 天内无法定植，应进行假植，即将茶苗暂时集中放置在无风、无积水的小块土地上，将茶树的根系埋入土壤中，并浇灌充足的水，以确保茶树的成活。若假植时间较长，则需选择避风、阴凉、排水良好的地块，挖出适当深度的沟，将苗木单株排列在沟中，确保不重叠且根部舒展，培土踏实，并每天浇水，保持土壤湿润。随后，根据种植进度，边取苗边进行种植。

**3. 适度修剪枝条**

完成移栽后，为了降低水分蒸腾等效果，可以根据情况使用整枝剪剪去部分枝叶。特别是当茶苗枝叶茂盛或在气候干燥的条件下进行移栽时，修剪枝条可以提高成活率。通常，在已经分枝的部位上方保留 1 ～ 3 片叶子进行剪裁。对于较小的茶苗，修剪后应保留适量的叶面积，剪口要保持平滑，与邻近叶片的距离要适中，大约 1 cm，不宜过长或过短。

**4. 加强肥水管理**

茶苗种植后的成活关键在于水分管理。种植后必须进行充分的灌溉，确保土壤保持湿润状态。根据气候条件，在干旱季节，种植后的第一周内，每天需要浇水一次，随后逐渐减少浇水频率。浇水时间宜选择在每天下午或傍晚，避免在强光高温的中午进行，确保水分能够充分渗透到土壤中。特别是北面风大的地区，需要增加浇水次数。在雨天，要做好排水工作，特别是在大雨或暴雨后，必须确保茶园内不长时间积水。种植后约一个月，当新根开始生长时，应施一次速效肥，之后每隔 2 ～ 3 个月施一次水肥，并逐渐增加施肥量。

**5. 适度遮阳**

茶苗具有较强的耐阴性，对光线较为敏感，因此在从苗圃移栽到大田时，对光的适应性较差。特别是小苗，由于其植株幼嫩，叶片的角质层较薄，蒸腾作用强烈，容易受到光线的伤害。为了避免移栽后茶苗因失水严重而受损，可以采用遮阳措施。如果条件允许，可以搭建遮阳棚来提供适当的遮阴。另外，也可以使用树枝或树叶来创造遮阳效果，以保护茶苗免受强烈光线的照射。

**6．茶树根际铺设草料，保温、降温、抗旱，保护茶苗**

在茶树根际铺设稻草或干草，不仅能在冬季提供保温效果，还可以在夏季降低土壤表面的温度，从而减少水分的蒸发，提高土壤的湿度。这种措施达到了冬暖夏凉的效果，对茶树的生长极为有利。为了确保效果，茶苗行两侧的空地都应铺设稻草或干草，铺设的厚度应为 2 ～ 3 cm，确保茶园内几乎看不到裸露的表土。这样的做法有助于维持茶园内的土壤湿度和温度稳定，为茶树的生长创造良好环境。

**7．浅耕除草，间作绿肥**

浅耕可以疏松表层的土壤，切断土壤的毛细管，从而减少水分的蒸发，达到保水的效果。这一做法还能有效防止春季和夏季杂草与病虫害的滋生。此外，在幼龄茶园内间作如鼠茅草、豆科作物等绿肥作物，不仅具有遮阳作用，还能减少茶园内的杂草生长和水土流失。这是一种既能提高土壤肥力，又能维护茶园生态平衡的综合性措施。

**8．调整茶苗间距、补充茶苗**

移栽后应进行定期检查，以确保茶园的整齐度和生长状况。一旦发现存在缺丛或缺株的情况，应在茶苗的适宜移栽季节及时补齐，以确保茶园的整体生长和产量。对于单丛内茶苗数量超过 3 株的情况，应进行适当的间苗，以保证茶苗之间的生长空间和养分分配，促进茶树的健康生长。这些措施有助于维护茶园的整体生长状况，提高茶叶的产量和质量。

# 第四章　普洱茶的繁育技术

## 第一节　茶树品种的选用与搭配

茶树品种是茶园产量、鲜叶质量以及最终成品品质的关键因素。在建立茶园时，首要考虑的是选择国家和省级推荐的优良品种。在选择过程中，需要根据实际生产需求，结合各地的生态环境条件以及各优良品种的适应性和适用性，来确定主要的栽培品种以及搭配的品种。通过合理利用不同良种的特点，可以充分发挥它们在产量、品质、抗逆性以及提高劳动生产率方面的综合效益。因此，在建园之初，就应有计划、有目的地选择适合当地生态条件的茶树品种，为茶园的长远发展奠定坚实的基础。

### 一、茶树品种的选用

我国目前已有超过124个国家审（认）定和省级审（认）定的茶树品种，除此之外，还广泛存在着许多具有地域特色的地方品种和知名品种。这些品种资源极为丰富，每一种都有其独有的特征和特性，如树形、分枝密度、叶片大小、芽叶色泽、百芽重、制茶品质、产量、适制性、抗逆性、适应性以及内含成分等。

为了选择最适合的品种，需要全面理解种植地的生态条件，包括土壤、光照、温度、水分、植被、天敌以及病虫害状况，从而挑选出抗逆性强、适应性好的茶树品种。

企业规划同样重要，要明确主要发展的茶类，选择那些制茶品质好、品质互补性强的茶树品种进行搭配种植。在满足生态条件和制茶需求的前提下，应尽可能选择多样化的茶树品种，利用它们品质上的多样性来提升成茶的整体品质。

茶园的机械化，特别是茶叶采摘的机械化，已成为解决当前茶园劳动力短缺问题的关键措施。因此，在选择茶树品种时，我们应倾向于使用无性系品种作为茶园的主要种植品种，以便于实现茶园的机械化管理和提高劳动效率。

## 二、茶树品种的优化组合

中国的茶树品种十分丰富，为适应各地生长和适制各大茶类提供了丰富的种质资源。但是不同的茶树品种，其发芽迟早、生长快慢、内含品质成分等差异很大。为了发挥品种间的协同作用，避免茶季“洪峰”，使劳动力安排与制茶机具使用平衡，一个生产单位所采用的品种，要有目的地科学搭配。

### （一）萌芽迟早品种的搭配

通过合理搭配不同萌芽期的茶树，可以实现茶叶生产的持续性和稳定性，有效平衡茶叶采摘的高峰期，解决因相同品种同时萌发而导致的劳动力和机械设备短缺问题。这种搭配方式还有助于保持茶叶品质的稳定性。另外，不同萌芽期的茶树在抗逆性方面也存在差异，它们的交叉种植可以降低病虫害因品种单一而快速蔓延的风险，从而减少生产损失。

虽然春季萌芽早的茶树品种在市场上颇受欢迎，但我们还需综合考虑地理位置、海拔高度、日照强度等气候因素。以浙江省临海涌泉区的南屏山茶场为例，该茶场占地 8.4 $hm^2$，其中早生种茶树占 64.8%，中生种占 28.8%，晚生种占 6.4%。这种早生种、中生种和晚生种的合理配置，不仅有效缓解了采摘高峰期，还延长了茶叶的采摘期，使每天进场的鲜叶数量保持均衡，避免了生产洪峰的出现。

### （二）品质特性的搭配

茶叶的生化成分对最终成茶的品质具有决定性影响。因此，在绿茶的主要产区，应选择那些氨基酸含量较高的茶树品种，而在红茶产区，则应倾向于选择茶多酚含量较高的品种。在生产实践中，为了提高茶叶的整体品质，需要充分利用各个茶树品种的特色。例如，有的品种香气独特，有的滋味醇厚，还有的汤色浓郁。同时，茶叶的茸毛多少以及叶型等因素也需要考虑进去。通过合理搭配这些品质特征，可以实现鲜叶原料的互补，从而提升茶叶的整体品质。这种搭配策略不仅有利于精制茶的生产加工，还方便在产品拼配时达到理想的效果。

# 第二节　茶树无性繁殖

茶树的无性繁殖，也被称为营养繁殖，是通过利用茶树的营养器官或体细胞来繁衍后代的方法。由于其后代的性状与母本完全相同，因此能够确保优良品种特性的持续传承。常见的繁殖方式有扦插、压条、分株和嫁接等。

分株繁殖主要适用于茶园中的补植工作；嫁接繁殖则常用于低产茶园的改造和提升；压条繁殖因其高成活率和快速的茶苗生长速度，在茶树的无性繁殖历史上占有重要地位，然而，它的繁殖系数相对较低，且可能对母树的产量产生较大影响。扦插繁殖在我国已有 200 多年的历史，并且是目前最主要的无性繁殖手段。此外，组织培养和细胞培养也是无性繁殖中的重要技术方法。

## 一、采穗母树的培育

为了推广无性系良种，首要任务是构建一个优质的采穗母本园，以确保供应高质量的插穗。

在标准的培育管理下，一个 6 ～ 10 年生的母本园，每 $hm^2$ 可产出穗条 9 000 ～ 18 000 kg，这足以满足 2 ～ 3 公顷苗圃的扦插需求，从而繁殖出 450 万～ 600 万株苗木，最终可种植 70 ～ 100 $hm^2$ 的茶园。

在我国，采穗母本园通常采用生产与养穗相结合的方式运营。春季，这些园区会生产名优茶，随后会留下插穗进行养护。因此，养穗母本园的种植规格和幼龄期管理都与采叶茶园相同，都可以参照丰产茶园的标准进行操作。

由于母本园对品种纯度的要求极高，用于建立母本园的苗木必须是原种无性系苗。为了确保良种的纯度和获取更多健壮的枝条，对生产性的良种茶园进行插穗留养时，必须采取必要的去杂措施，以确保品种纯度达到 100%。为了提高母树和插穗的培养质量，需要特别关注以下几点。

### （一）强化施肥管理

采穗母本园在遵循采叶丰产茶园培肥的基础上，应增加磷肥和钾肥的施用，以刺激枝条的分化生长。通常，在养穗前一年的秋季，应增施磷钾基肥，然后在次年的春季茶叶采摘前，进行剪穗操作并追施氮肥。

### （二）科学修剪

修剪是一项重要措施，它能够刺激潜伏芽的萌发，进而促进新梢的旺盛生长。鉴于生产茶园需要留养插穗，树冠面上的枝条可能会显得较为细弱。因此，为了确保抽穗基础上的茎秆粗壮，必须进行适度的修剪。对于处于青壮年阶段的母树，如果是夏插，宜在早春（2 ～ 3 月）进行留养，并根据生产茶园的需求进行深度修剪；如果是秋冬插，则应在春茶采摘后立即进行修剪。对于树龄较大、树势衰弱的茶树，应进行深修剪，以确保树冠面能够抽出健壮的枝条。

### （三）适时防控病虫害

对于采穗母树，需要密切关注其生长情况，并特别重视对小绿叶蝉、螨类、茶尺蠖、茶叶象甲等害虫的控制。这些害虫可能会对新梢的生长造成威胁，因此我们需要采取必要的措施进行防治。同时，为了保护母树新梢的健康生长，防止带有病虫害的枝条通过繁殖传播到其他地方，需要加强病虫害的监测和防治工作。

### （四）分期打顶

经过加强修剪、水培和培肥管理后，母树的新梢顶端优势变得非常明显。在土壤肥沃的条件下，新梢的生长长度可以超过 40 cm。为了用作扦插的穗条，新梢需要具备一定的木质化程度。为了促进新梢的木质化并提高穗条的有效使用率，通常在剪穗前的 10 ～ 15 天进行打顶处理，即摘除新梢顶端的一芽一叶或对夹叶，这有助于新梢加粗和叶腋间芽体的膨大。由于新梢的萌发时间和生长速度存在差异，因此打顶工作需要进行分批处理。分批打顶和分批剪穗不仅有助于提高穗条的产量和质量，还能更好地安排劳动力。

## 二、扦插苗圃的创建

扦插苗圃是扦插育苗的重要场所，其环境优劣直接关系到插穗的发根、成活率、苗木生长质量以及整个苗圃的管理效率、生产成本和经济效益。因此，必须精心选择和营造适宜的环境条件，以确保单位面积内能够获得更高的出苗数量和优质的苗木。

### （一）扦插苗圃地的挑选

#### 1．土壤类型

要选择酸性土壤，pH 值为 4.0 ～ 5.5，土壤结构需健康，土层深度至少达到 40 cm，肥力需保持适中水平。通常情况下，连续多年种植茄子、番茄、豆类、烟草等作物的熟地，容易遭受根结线虫的侵害，因此不宜选为扦插苗圃用地。若条件受限，只能使用这类土地，建议事先进行土壤消毒处理。具体方法是在每 $hm^2$ 土地上均匀撒施 3% 的呋喃丹颗粒剂 75kg。

#### 2．地理位置

苗圃地的选择应考虑交通便利性，确保水源充足，同时靠近母本园或计划建设的茶园，以减少苗木的运输距离和时间。这样的布局有助于苗木的移栽工作，提高移栽后的成活率。

3．地势要求

地势应平坦，地下水位应保持较低，以确保在雨季不会发生积水，而在旱季则易于灌溉。若计划将水稻田改造为苗圃，必须进行深翻处理。

## （二）苗圃地的整理

选定苗圃地后，应着手进行规划。通常，每 1 $hm^2$ 的苗圃所培育的茶苗，能够满足大约 30 $hm^2$ 单行条栽新茶园的苗木需求。

规划好苗圃地之后，要做好以下工作。

1．翻耕土壤

为了改良土壤的理化性质，提高土壤肥力，消灭杂草和病虫害，苗圃要进行一次全面的翻耕，深度在 30 ～ 40 cm。翻耕一般结合施基肥进行，按每 $hm^2$ 22 500 ～ 30 000 kg 腐熟的厩肥或 2 250 ～ 3 000 kg 腐熟的茶饼量，在翻耕前将基肥均匀撒在土面上，再翻耕，翻耕之后打碎土壤，地面耕平做畦。

2．整理苗畦

扦插苗畦的规格以长 15 ～ 20 cm、宽 100 ～ 130 cm 为宜，过长管理不便，过短则土地利用率不高；过宽苗床容易积水，不利于苗地管理，过窄则土地利用不经济。苗畦高度随地势和土质而定，一般平地和缓坡地畦高 10 ～ 15 cm，水田或土质黏重地则畦高 25 ～ 30 cm，畦沟底宽 30 cm 左右，面宽 40 cm，苗地四周开设排水沟。开沟前要对苗圃进行一次 15 ～ 20 cm 深耕，剔除杂草、碎土，然后做畦平土，待铺心土。

3．铺盖心土

作为短穗扦插育苗的苗床，铺上红壤或黄壤土，育苗成活率高。苗床整理好后，在畦面铺上经 1 cm 孔径筛过筛的心土 3 ～ 5 cm 作为扦插土。心土要求 pH 为 4.0 ～ 5.5，心土要铺均匀，稍后压实弄平整。在做畦时，用每公顷 45kg 的 3% 呋喃丹进行撒施，可防治地下害虫，或者用 55% 敌克松 1 000 倍稀释液进行畦面消毒。

4．搭棚遮阳

为了避免阳光的强烈照射、降低畦面风速，减少水分的蒸发，提高插穗的成活率，扦插育苗必须搭棚遮阳。各地采用的遮阴棚形式多样，按高度可分为高棚（100 cm 以上）、中棚（70 ～ 80 cm）和低棚（30 ～ 40 cm），按结构形式可分为平棚、斜棚、拱形棚等。目前在生产上应用较多的是平式低棚和拱形中棚，如图 4-1、图 4-2 所示。

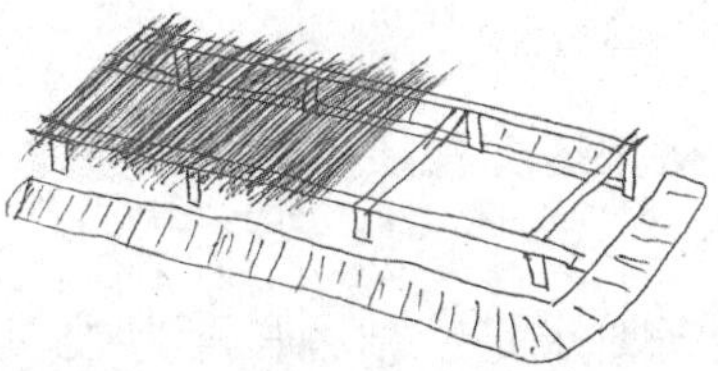

图 4-1　平式低棚：用料省

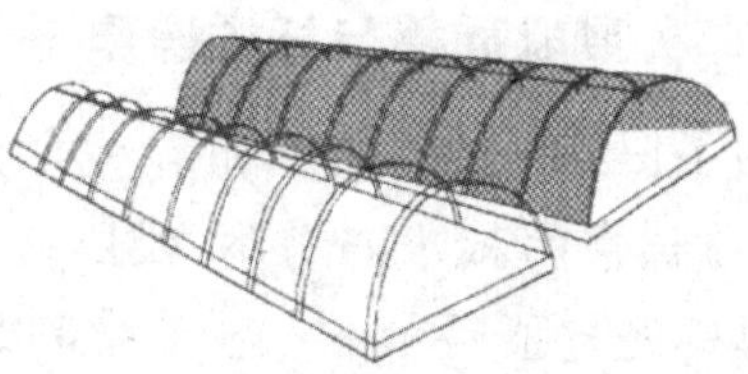

图 4-2　拱形中棚（又称隧道式中棚）

## 三、扦插技术

茶树扦插技术包括了扦插时间的掌握、插穗的选择和剪取、育苗地条件的调控和促使快速发根技术等。

### （一）扦插时机的挑选

**1. 春插**

2～3月，利用上年秋梢进行的扦插叫春插。春插的优点是，苗木可以当年出圃，园地周转快，管理方便。但是，春插时地温低，扦插发得慢，要70～90天才发根，而且往往先发芽后发根，造成养分消耗多，成活率降低。因此，春插一定要注意保温，加强苗木后期水肥管理。

**2. 夏插**

6～8月上旬，利用当年春梢进行扦插，称为夏插。夏插的主要优点是发根快、成活率高，但是夏季光照强、气温高，对光照和水分管理要求高，且育苗需要一年半左右，相对成本高，土地利用率低。

**3. 秋插**

8月中旬至10月上旬，利用当年夏梢或夏秋梢进行扦插，称为秋插。秋季地温大约在15 ℃以上，秋季叶片的光合作用能力强，因此秋插苗发根速度快，成活率与夏插接近。另外，秋插管理比夏插容易，苗圃培育时间比夏插短，成本低。不足是晚秋插的苗木略瘦小，后期需要加强水肥管理。秋插要趁早秋，这样等到冬天苗木就发根了，第二年春天能快速生长。

**4. 冬插**

10月中旬到12月间利用当年秋梢或夏梢进行扦插，称为冬插。一般在气温较高的南方茶区采用。在气温较低的茶区采用冬插，需采用塑料膜和遮阳网双重覆盖，效果好，但成本增加。

总之，从扦插苗木质量来看，以夏插为优；从综合经济效益来看，选择早秋扦插最为理想，既可保证茶苗质量，又降低成本，增加茶园收入。

### （二）剪取插穗与扦插操作

为了提高扦插成活率和苗木质量，必须严格把握剪穗质量和扦插技术。

**1. 穗条的标准与剪取方法**

母树经打顶后 10 ～ 15 天，可以剪穗。穗条要求是：枝梢长度为 25 cm 以上，茎粗 3 ～ 5 mm，2/3 的新梢木质化，呈红色或黄绿色，穗条剪取时间以上午 10 点前或下午 3 时后为宜。剪下的穗条要放在阴凉、湿润处。尽量做到当天剪当天插。如需要长距离运输，穗条要充分喷水，堆叠时不要挤压过紧。在剪取穗条时，注意在母树上留一片叶，以利于恢复树势。

**2. 插穗的标准与剪取方法**

穗条剪取后及时剪穗和扦插。插穗的标准是：长度约 3 cm，带有一片成熟叶和一个饱满的腋芽。通常一个节间剪取一个插穗。但节间过短的话，可用两个节间剪成一个插穗，并剪去下端的叶片和腋芽。要求剪口平滑，稍微有一定的倾斜度，保持与母叶呈平行的斜面。

**3. 插穗的处理**

插穗剪取后，一般不需要处理即可进行扦插。但是为了促进插穗发根，特别是提高一些难以发根的品种的发根率、成活率和出苗率，生产上采用植物生长类药剂处理，来促进根基的形成，提高生根能力。

**4. 扦插密度**

生产上用的扦插规格，行距 7 ～ 10 cm，株距依茶树品种和叶片宽度而定，以叶片稍有重叠为宜，中小叶种的穗间距 1 ～ 2 cm，每公顷可插 225 万～ 300 万株。春插、秋插的生长周期较短，可适当密集些；夏插生长周期长，生长量大，为防止部分小苗生长受到压制，扦插密度应稀疏一些。

**5. 扦插方法**

扦插前将苗畦充分洒水，经 2 ～ 3 小时水分下渗后，土壤呈现湿而不黏的状态时，进行扦插为宜。扦插时，沿畦面划出行，留下准备扦插行距印痕，按株距要求把插穗直插或斜插入土中，深度以插入插穗的 2/3 长度至叶柄与畦面平齐为宜。边插边将插穗附近的土稍压实，使插穗与土壤密接，以利于发根。插完一定面积后，立即浇水，随即盖上遮阳物。如果在高温烈日下，要边插边浇水边遮阳，以防热害。

### （三）影响插穗生根的关键因素

了解影响插穗生根的主要因素，有助于我们根据这些因素来挑选合适的插穗，规范扦插技术，并创造有利于插穗生根的环境条件。这样，我们就可以提高插穗的成活率和出苗率。影响扦插生根的主要因素包括插穗自身的条件以及外界的环境条件。

**1．插穗本身因素**

关键因素包括品种间的差异、插穗的成熟度、插穗的直径和长度、插穗上的叶片数量以及腋芽的生长状态。

茶树品种的差异是一个显著的影响因素。插穗的生根能力是品种遗传特性的体现。不同的品种，其生根能力各不相同。根据各地的实践经验，乌龙、梅占、毛蟹、福鼎大白茶、佛手、楮叶齐等品种的插穗生根迅速，成活率高；奇兰、上梅州等品种的生根能力稍逊一筹；铁观音、云南大叶种、宁州种等品种的生根能力则相对较弱。研究表明，母叶内淀粉含量高、非蛋白氮含量高、蛋白氮含量低的品种，通常具有较强的生根能力。

（1）插穗的老嫩程度。资料表明，半木质化的绿色硬化枝、黄绿色半硬化枝的插穗发根率较高。一般而言，1 年生枝条的各个部位均可作为插穗，只要加强管理，都能获得良好的扦插效果。

（2）枝条的粗细与长短。在枝条老嫩度一致的条件下，插穗粗的比细的含营养物质多，能提供较丰富的插穗初期生长所需营养，发根良好。

（3）扦插留叶量。多叶插优于 1 叶插，但是多叶扦插穗叶片蒸腾作用强烈，蒸发量大，增加了管理难度，也降低了繁殖系数。所以 1 叶插是大规模育苗最方便和有效的。在穗源充足的条件下，可以选择 2 叶插。

（4）腋芽的动态。插穗上有健康的腋芽才能长成健壮的茶苗。所以在取穗前 10 ～ 15 天对母树枝梢打顶，可以促进新梢木质化，同时促进腋芽萌发，有利于扦插成活。

**2．影响插穗发根的外界环境因素**

（1）温度。温度影响插穗的呼吸作用、光合作用、蒸腾作用、酶活性和分生组织细胞分裂能力。发根最适宜的温度是 20 ℃～ 30 ℃。温度偏高，地上部分发育良好，地下部分发育不良。一般春插，气温高于地温，所以芽先于根生长。

（2）湿度。插穗水分的来源，一是经过茎的输导组织从苗床吸水，土壤湿度若是不够，会减少茎对水分的吸收；但是若土壤含水过多，空气缺乏，会影响茎的呼吸作用，也不利于发根和生育，且易生病害。一般土壤以持水量 70% ～ 80% 为宜。二是叶片通过空气吸收水分，因此，空气湿度要适当提高，这样对扦插成活有利。

（3）光照。插穗的芽叶在光合作用下形成生长素和营养物质。如果完全缺光，光合作用无法顺利进行，插穗将不能生根，不久就会死亡。但光照过强，叶片会因水分过度蒸发而枯萎，尤其在茶树生长初期，光照强度需要严格控制，不可过强，应适度遮阳，遮光度以60%～70%为宜。

（4）土壤。主要影响因素是土壤水分、空气、地温、酸碱度、营养元素及微生物等。为了减少扦插苗病害和土壤杂草生长，提高土壤中氧气的含量，防止插穗茎部霉烂，促进插穗成活，一般在苗床上加一层专供插穗发根用的扦插土。扦插土要求：pH4.0～5.5，腐殖质含量少的红黄壤心土。

### （四）促进插穗生根的技术措施

尽管大多数茶树品种的扦插生根相对容易，但仍有一些品种面临生根困难、成活率低的问题。即使是容易生根的品种，也需要50～60天的时间才能完成生根过程。在生根之前，每天需要浇水两次，这增加了管理的复杂性。幸运的是，促进生根技术的研究为解决这些问题提供了有益的帮助。

#### 1．插穗激素处理

激素促进发根技术分为处理母树和处理插穗两种。处理母树的留养新梢时，于剪枝前7天左右，喷生长素类溶液，喷时应充分湿润枝叶。如80μg/Lα－萘乙酸、50μg/L2，4–D或30μg/L增产灵，每平方米树冠喷施溶液500mL。采用此法，比扦插时浸蘸处理插穗的方法便捷，且更有效，扦插处理常用的激素及使用浓度，见表4–1。

用浸蘸的方法处理插穗，可在扦插前数小时进行，一般地，将插穗茎部1～2 cm浸没在激素溶液里，浸的浓度与时间有关。

#### 2．母树黄化处理

一般认为，黄化处理后可以促进发根，这与枝条内吲哚乙酸含量增加以及碳氮比例改变相关。黄化处理的具体方法是：在母树新梢长至1芽3叶时，在母树茶行上搭隧道式拱架，拱架比茶丛高30 cm，上用黑色塑料薄膜覆盖，或用稻草覆盖，除茶丛下部20 cm空着利于通气，其余全部遮盖，经2～3周遮光后，撤去覆盖物，让其在正常情况下生长15天左右，即可剪取穗条进行扦插（图4–3）。黄化处理成本较高，一般对于一些扦插发根困难的品种才应用这个技术。

**表4–1　扦插处理常用的激素及使用浓度**

| 激素名称 | 母树处理浓度（μg/L） | 插穗处理浓度（μg/L） | 插穗处理时间（h） |
|---|---|---|---|
| α－萘乙酸 | 80 | 100～300 | 3～24 |
| 吲哚乙酸 | 40 | 50 | 0.5 |

续表

| 激素名称 | 母树处理浓度（μg/L） | 插穗处理浓度（μg/L） | 插穗处理时间（h） |
|---|---|---|---|
| 2，4-D | 50 | 40～60 | 12 |
| 增产灵 | 30 | 30 | 速浸（5s） |
| 矮壮素 | 80 | 80 | 3 |
| ABT 生根粉 | — | 100 | 2～4 |
| ABT 生根粉 | — | 300～500 | 速浸（5s） |
| 5，6- 二氯吲哚乙酸 | — | 25 | 2 |
| 赤霉素 | — | 500 | 速浸（5s） |
| 三十烷醇 | — | 8～12 | 8～12 |

**图 4-3 母树黄化处理**

## 四、扦插育苗管理措施

从扦插到苗木出圃的整个过程，是由多个紧密相连的环节构成的，因此，每个环节都必须得到妥善管理，以避免不必要的损失。例如，在扦插之前，扦插苗可能会因为过度日晒、病害和湿度过高而死亡；在越冬期间，它们可能会受到逆害的影响。到了第二年的春季和夏季，由于高温和干旱，苗木可能会受到损害；而施肥不当也可能导致肥害。因此，扦插后必须加强管理和养护，这是提高苗木成活率、出苗率以及培养健壮苗木的关键所在。

### （一）水分管理

扦插育苗过程中对水分的管理至关重要。目前，我国广泛应用的是短穗扦插技术。由于插穗短小、入土较浅，当插穗刚埋入土中时，其上端的伤口和母叶具有较大的蒸发量，而下端尚未生根，所以其吸水能力较弱。因此，在插穗生根之前，必须特别注重保持土壤和空气的湿润度。通常，土壤持水量应维持在 70%～80%，而在生根前可以稍高一些。在扦插生根的过程中，晴天时建议早晚各浇水一次，阴天浇水一次，雨天则无须浇水，同时要注意及时排水。生根后，每天浇水一次即可。在天气特别干旱时，建议每月进行沟灌 2～3 次，并及时排干水分。以保持土壤湿润，且土壤表面不泛白为原则。

### （二）光照管理

阳光是插穗生根和幼苗生长不可或缺的条件。然而，如果光照过强，会导致叶片失水，从而可能使插穗枯萎甚至死亡。相反，如果光照不足，叶片的光合作用会减弱，进而影响到插穗的生根和茶苗的生长。因此，在遮阳时，必须掌握好适当的程度。在实际生产过程中，应根据不同品种的特征及其不同的生长阶段来灵活调整遮阳措施。大叶种茶树的叶片较大，其耐光和耐热性相对于中小叶种茶树较差，因此其遮阳度应适当提高。随着根系的形成和生长，遮阳度可以逐渐降低。根据各地的实践经验，对于夏秋季节扦插的苗木，遮阳应持续到次年的 4 月份；而对于秋冬季节扦插的苗木，最好在次年的 6 月前全部移除遮阳物。

### （三）培肥管理

培肥管理应基于扦插时间、苗圃土壤肥力、茶树品种以及幼苗的生长状况来进行。例如，对于生长势头强劲且土壤肥沃的苗圃，应适当减少追肥；反之，则应增加施肥量。针对不同扦插期，春季、晚秋及冬季扦插的苗木，为确保翌年顺利出圃，需在发根后增施肥料，以补偿生长时间的不足；而秋季扦插的苗木则从翌年 4 月开始追肥，可以结合洒水防旱进行，之后每隔 20 天施一次肥。对于夏季和早秋扦插的苗木，其生长周期长达 15 个月以上，因此不宜过度施肥，以防冬季发生寒害，并避免次年夏茶徒长，影响出苗率。通常，在扦插当年不施肥，待第二年春芽萌发后再开始追肥。总之，培肥管理应根据苗木的实际生长情况，有针对性地施肥，以实现科学、高效的培育管理。

扦插的幼苗柔弱，不耐浓肥。在施追肥时，注意先淡后浓，少量多次。初期的追肥最好施用加 10 倍水稀释的有机肥。倘若用化肥，尿素 0.20%、硫酸钾 0.50% 的水溶液浇灌。当茶苗长至 10 cm 时，浓度可提高一倍。每次追肥后，都要浇清水洗苗，以防烧苗。

### （四）中耕除草与病虫害防治

在扦插苗床中，由于水分和温度适宜，杂草容易滋生。为了确保茶苗的健康生长，苗圃中的杂草必须及时用手拔除，并遵循“早发现、早拔除”的原则，以避免因杂草根系过长在拔除时损伤茶苗的幼根。此外，扦插苗圃的阴湿环境容易引发病害，随着茶苗的逐渐长大，虫害问题也会逐渐增多。因此，应根据各地的虫害发生情况，及时采取防治措施，以确保茶苗的健康生长。

### （五）防寒保苗

对于当年冬季前未能出圃的茶苗，在较冷的茶区及高山苗圃中，需特别关注防冻保苗工作。在冬季来临前进行摘心处理，可以抑制新梢的继续生长，促进茶苗的成熟，从而增强其自身的抗寒能力。除此之外，还可采取因地制宜的防寒措施，如覆盖草料、塑料薄膜等来保持温度，或在霜冻前进行灌水、熏烟、行间铺草等，以增加地温和气温。目前，生产上广泛采用塑料薄膜与遮阳网双层覆盖的方法，这种方法能够有效地控制微区域的生态环境，显著提高苗床的气温和地温，不仅有助于促进插穗的发根，还能有效地防寒保苗，是秋冬扦插中值得大力推广的措施。

同时，苗圃内的花蕾也需要及时摘除。插穗上的花蕾会大量消耗体内的养分，进而抑制腋芽的萌发。一旦发现花蕾，应立即摘除，以便集中养分，促进茶苗的营养生长。

## 第三节　茶树有性繁殖

茶树的有性繁殖，即通过茶树的雄花和雌花结合形成种子，再利用这些茶籽进行播种来繁衍后代，这一过程也被称为种子繁育。这种繁殖方式培育出的品种被称为有性系品种。茶树作为一种异花授粉植物，其种子汇聚了来自两个不同亲本（父本和母本）的遗传特性。因此，有性繁殖展现出以下独有的特征和优势：

（1）遗传基因多样，使后代具有较强的环境适应能力，这为引种、驯化和选育提供了丰富的遗传资源。

（2）由于种子发育出的茶苗具有发达的主根，这一主根由胚根发展而来，因此茶苗具有强大的抗旱和抗寒能力。

（3）种子繁育技术相对简单，使苗期管理变得便捷且省工，从而降低了种苗成本，提高了经济效益。

（4）茶籽便于长期保存和运输，这为良种的推广提供了便利。

（5）由于种子融合了两个亲本的遗传特性，其后代在纯度上可能参差不齐，表现为植株间经济性状（如产量、品质）多样、生长速度差异大、生育期不一致，这增加了管理的难度。

（6）种子繁育的茶树鲜叶原料在大小和嫩度上可能存在差异，不利于加工技术的掌握和名优茶的开发。

（7）对于那些结实率低或根本不结实的优质茶树品种，种子繁殖可能不是一个理想的选择。

茶树的种子繁殖可以通过直播或育苗移栽两种方式进行。历史上，直播是主要的种植方式，因为它可以省去育苗和移栽的烦琐过程，同时幼苗具有较强的生命力。而育苗移栽则可以实现集约化管理，便于培育，并可以筛选出健壮的苗木，使茶园定植的苗木分布更加均匀。在云南等干湿季节分明、冬春季节连续干旱的地区，直播方式难以保证幼苗的成活率，因此，这些地区多采用育苗移栽的方式。

## 一、采种园的建立与管理

为了确保获得品质优良、数量充足的茶籽，并促进茶树的旺盛开花、高坐果率以及种子饱满，关键在于精心选择兼用留种园并对其进行科学的管理。

良种园的选择上要做到：①选择优良品种。②选择茶树生长旺盛、分枝较均匀、没有严重的病虫害的茶园。③选择坡度小、土层深厚肥沃、向阳能挡寒风或旱风吹袭的茶园。

管理上要做到：

（1）采养结合。茶树没有单独的结果枝，花芽和叶芽都长在同一个枝条上。茶树的花芽 6 ～ 7 月开始出现在当年生的新梢枝条上，因此，春茶留叶采，夏茶不采，才能增加茶树花芽分化的场所。

（2）加强肥培管理。合理施肥是充分采叶和采种所需的营养物质基础。采种茶园的施肥一般认为 N : P : K ＝ 1 : 1 : 1 较为适宜，基肥于 9 ～ 10 月将有机肥和 1/2 磷、钾肥拌和后施入，另一半磷、钾肥在春茶后（5 月下旬）施入。

（3）适当修剪促进骨干枝的形成。

（4）抗旱和防冻。

（5）防治病虫害。

（6）促进授粉。茶树是虫媒异花授粉，虫媒少，授粉不足，常是茶树结实率不高的原因之一。因此，不必要时要辅以人工授粉来促进授粉，提高结实率。

## 二、茶籽采收与茶籽储运

茶籽的采收时机至关重要，而采收后的管理和储运同样关键。茶籽的质量以及其生命力的强弱，与采收的时机及后续的处理、存储和运输紧密相关。在适宜的时机进行采收，茶籽的物质积累丰富，颗粒饱满，发芽率高，从而培育出健壮的幼苗。若茶籽采收后不立即播种，则需妥善储存，条件包括适宜的湿度（相对湿度 60% ～ 65%）和茶籽的含水率（30% ～ 40%）。若储存不当，茶籽可能因蛋白质变性和脂肪分解而失去生命力。若茶籽需运往他地，务必妥善包装，并注意运输条件，以防止茶籽质量降低。

## 三、茶籽播种与育苗

### （一）播种前处理

在播种前，对经过一个月左右的熟化储藏的茶籽进行预处理，包括清水选种和浸种，以及催芽等步骤。同时，运用化学、物理和生物的方法，为种子提供适宜的刺激，以促进其快速萌芽，生长健壮，减少病虫害的发生，并增强其抗逆能力。这些措施旨在提高茶籽的萌发率和幼苗的质量，为后续的茶园管理奠定良好的基础。

### （二）细致播种

鉴于茶籽的高脂肪含量及其较弱的顶土能力，播种深度和播种粒数对出苗率具有显著影响。因此，建议采取浅播和密播的方式，播种后的盖土深度控制在 3 ～ 5 cm。在冬季播种时，盖土深度可稍深于春季，沙质土壤的播种深度也应略深于黏土。推荐使用穴播方式，行距设置为 15 ～ 20 cm，穴距约为 10 cm，每个穴内播种 2 ～ 3 粒茶籽，每亩播种量为 4 000 ～ 5 000 粒。在我国大多数茶区，播种的最佳时间通常是 11 月至翌年 3 月。秋季和冬季播种的出苗时间通常会比春季（2 ～ 3 月）提前 10 ～ 20 天。为了确保茶苗健壮、整齐且无缺苗，播种后必须做好苗期管理，包括除草、施肥、遮阴、防旱、防寒害以及病虫害防治等工作。

土壤作为茶树生长的基石，对于茶叶的产量、品质以及整体效益具有至关重要的作用。茶树所需的水分和营养元素主要是通过土壤来摄取的。土壤中水分、肥料、空气和温度的状况及其变化，以及土壤的性质，都会对茶树的生长、茶叶的产量和品质产生直接或间接的影响。

因此，茶园耕作变得尤为重要。这一过程涉及使用工具或机械对茶园土壤进行处理，以改善土壤性质和地力，从而使其更适宜茶树的生长。耕作可以有针对性地调整土壤性状，为茶树提供良好的生长环境。

茶园的水分管理也是一项关键任务。通过运用各种栽培手段，可以优化茶园生态环境中的水分条件，确保茶树体内的水分代谢保持正常。这有助于茶树各种生理生化过程的顺利进行，进而促进茶树健康茁壮生长。水分管理的目标在于为茶树创造一个适宜的水分环境，以支持其旺盛的生长发育。

# 第五章　普洱茶茶园管理

## 第一节　茶园耕作

茶园一经建立，茶树与茶园内的其他生物便开始生长，与此同时，频繁的人类劳作以及自然力量（如雨、雪、冰雹、风等）的作用，共同导致茶园土壤经历一系列变化。这些变化进一步对茶树的生长、茶叶的产量及品质产生影响。

因此，对茶园土壤进行耕作显得尤为重要。耕作可以疏松土壤，为土壤中的微生物活动提供更有利的环境，从而加速物质的分解与转化。同时，通过耕作可以削除和翻埋杂草、枯枝和落叶，这不仅有助于消除杂草对茶树生长的竞争，还能增加土壤中的有机质含量。此外，耕作过程中将深层土壤翻至表层，有助于土壤的熟化和改良，增加活土层的厚度，防治病虫害，并协调土壤中的水分、肥料、空气和温度状况。这样一来，耕作便能够有效地改善和调节土壤的物理、化学和生物性状。

我国茶农自古以来就深知茶园土壤耕作的重要性，并将其视为茶园土壤管理中的核心环节。然而，耕作方式若不合理，也可能带来一系列负面效应，如破坏土壤结构、引发水土流失、加速土壤有机质的分解消耗以及损伤茶树根系等，这些都会对茶树的健康生长造成不利影响。

因此，必须根据茶园的具体特点，科学合理地制订耕作方案。只有这样，才能充分发挥耕作在提升土壤肥力、提高茶叶产量和品质以及整体效益方面的积极作用，同时避免其可能带来的不良影响。

### 一、茶园耕作的效应

茶园耕作会对茶园土壤肥力、茶树根系生长以及茶叶产量和品质都会带来较大的影响。

### （一）耕作对土壤肥力的影响

长期、频繁的茶园管理作业和自然力的作用，易使茶园土壤表层板结，结构被破坏，使土壤通透性变差，雨水不易渗漏，影响土壤气体交换，茶树根系的生长和对养分的吸收也受到影响。耕作可疏松土壤，提高土壤通透性，增加土壤孔隙度，加速雨水渗透，提高土壤含水量。由于土壤通透性的改善，改变了土壤的水热状况，促进了土壤微生物的生长和繁衍。土壤通气条件改善，生物活性增加，促进了土壤有机质矿化和矿物质的风化分解，加速了土壤熟化进程，提高了土壤有效养分的质量。

### （二）耕作对茶树根系生长的影响

茶树作为多年生作物，种植后几十年不变，随着茶树的不断生长，茶园行间布满根系，并相互交错，茶园耕作会造成断根现象。由于茶树根系有较强的再生能力，根系因耕作而被切断，但其伤口能迅速愈合，并再发新根。断根的恢复速度与深耕断根的季节有关，研究表明，8 月上旬的伏耕，断根的愈合再生能力最强、最快，翌年春茶前有较好的恢复；12 月上旬冬耕，断根后再生愈合最慢，直到翌年夏茶时期，新根数量还很少。3 月中旬春耕，断根的愈合再生也较快，但是有较好恢复是当年秋茶的后期。因此，根系断根再生能力最强的是在 8 月的“伏天”，其次是秋季 10 月和春季 3 月，冬季 12 月断根再生能力最差。

### （三）耕作对茶叶产量和品质的影响

耕作可有效地疏松土壤，提高土壤肥力，但同时也造成了茶树断根，以及带来对茶园水土的冲刷，最终表现在对茶树产量和品质的影响上，不同的耕作时期、耕作深度、茶树树龄所得结果都是不一样的。

茶树在种植前进行深耕，尤其是深耕配合施肥，有改土的作用，没有伤根的后果。因此，生产实践和试验结果都一致表明，茶树种植前的耕作对茶树生长以及以后的增产提质效果十分明显，而且持续时间长远。耕作越深效果越好，持续时间也越长，尤其是在深耕配合施底肥的条件下，其效果更为明显。

### （四）茶园耕作的不利效应

耕作除了上面提到的益处，也有一定的不良效应。如果耕作不当，会扩大这些不利效应，对茶叶生产造成不良后果。其中最主要的不良效应是茶园的水土流失，尤其是坡地茶园。坡地茶园深耕可促进茶园水土流失的发生，尤其是当深耕后即遇上暴雨，这也是深耕带来的弊端。但深耕结合茶园铺草，可有效地防止茶园的水土流失。

另一个弊端是根系的损伤。这主要是指耕作时机不适而造成的根损伤和损伤后恢复生长延迟，从而对茶树生产的影响。

## 二、茶园耕作技术

每年茶园需要进行多次的耕锄作业，但随着生产技术的不断进步和劳动力资源的日益紧张，茶园耕作技术也在逐步变革。现在，茶园耕锄的某些功能已经可以通过其他手段来替代，从而诞生了“免耕栽培”这一概念。

免耕并不意味着完全放弃耕作，而是指在满足一定条件的茶园中，可以有选择地减少耕作次数或强度，避免那些既无必要又无效的耕作作业，进而提高茶叶生产的效率和经济效益。免耕之所以可行，是因为茶园内的生物耕作（如茶树根系的自然穿插和土壤微生物的活跃）已经在一定程度上替代了机械耕作的作用。同时，地面覆盖物（如铺设的草料）、树冠的较大覆盖度、化学除草和施肥方法的改进等因素，也使耕作的需求大大降低。

免耕也并不等同于不耕。特别是在茶园土壤的初次开垦、幼年期的管理以及衰老茶园的改造等关键时期，耕作仍然是必不可少的环节。茶园土壤的耕作方式应根据时间、目的、土壤条件、气候和种植方式等多种因素来灵活调整。

### （一）浅锄

生产季节，茶树芽叶不断分化，新梢不断的生育和采摘，要求地下部分不断地、大量地供应水分和养分，而这一时期往往是茶园中杂草生长茂盛的季节，杂草繁生消耗大量的水分和养分，同时也是土壤蒸发和植物蒸腾失水最多的季节。加之由于降雨和人们在茶园中不断采摘等管理措施，造成茶园土壤表层板结，结构被破坏，给茶树生育造成不利影响。为此，在茶树生长季节进行的耕作，其目的是打破土壤板结，改善土壤的通气和透水状况，消灭杂草，减少土壤中养分和水分的消耗，提高土壤保蓄水分的能力，创造适宜于根系生长的土壤条件，使茶树根系能源源不断地吸收水分和营养物，供地上部分旺盛生长。为避免损伤根系，耕作采用浅耕，即耕翻和疏松土壤耕层，深度不超过 15 cm 的耕作。浅耕进行的次数，主要视杂草发生情况、土壤板结程度以及降雨情况等而定，一般每年进行 3 ～ 5 次，且常结合追肥进行，其中春茶前、春茶后及夏茶后的 3 次浅耕是不可缺少的。每次的目的稍有不同，其耕深亦有所不同。

（1）春茶前耕锄是增产春茶的重要措施。此时耕作可以疏松土壤，去除早春杂草，耕作后土壤疏松，表土易于干燥，使土温回升快，有利于促进春茶提早萌发。春茶前耕锄的时间，长江中下游茶区一般在 3 月进行，南部的茶区宜提前，而北部的茶区则应推迟，即使同一地区，由于地形、地势以及品种等的影响，耕作时间可作相应调整。这次耕作的深度一般为 10 ～ 15 cm，并结合施催芽肥。云南一些茶区因春旱而不进行这次耕作。

（2）5 月上、中旬春茶采摘后进行的浅耕。由于春茶采摘期间土壤被踩板结，又正值夏季开花植被旺盛萌发的时期，此时及时进行 10 cm 左右的浅耕，疏松土壤，以利于雨水渗透和除草。

（3）夏茶结束后 7 月下旬至 8 月上旬立即进行的浅耕。此时天气炎热，杂草生长旺盛，土壤水分蒸发量大，进行深度在 7 ～ 8 cm 的耕锄，以切断毛细管，减少水分蒸发，消灭杂草；云南茶区此时降水量较大，耕锄可以疏松土壤、增大雨水渗透能力。

因茶树生产季节长，除了上述三次耕锄，还应依杂草的发生情况，酌情增加浅锄，尤其是 8 ～ 9 月，气温高，杂草开花结籽多，一定要抢在秋季植被开花之前，彻底消除，以减少第二年杂草的发生。幼年茶园，由于茶树覆盖度小，行间空隙大杂草容易滋生，而且茶苗也容易受到杂草的侵害，故耕锄的次数应比成年茶园多，否则易形成草荒，茶苗生长受影响。新开辟茶园的第一年，为了避免耕锄带动茶籽和茶苗，距茶苗 30 cm 以内的杂草宜趁雨后用手连根拔除；30 cm 以外的则可照常进行浅耕。秋后可全面浅耕。夏秋季杂草多，浅耕后要将杂草铺在地面晒干或耙出园外，堆积一处制成堆肥，特别在多雨季节更要注意。

### （二）深耕

在茶树的非生产季节，即在秋茶采摘之后，我们会进行一次深度超过 15 cm 的耕作，这被称为“深耕”。深耕是在茶树停采并封园后进行的，旨在在原耕层的基础上进一步加厚土层，促进较深层土壤的改良。在我国古代，就有关于深耕的记载，如“开畲”和“七挖金、八挖银”等，这些传统智慧认为深耕是提高产量的关键。

深耕对于改善土壤的物理性质具有显著的效果。通过深耕，可以增加土壤的孔隙度，降低土壤的容重，从而优化土壤结构并提高土壤肥力。深耕后的土壤更加疏松，含水量得以提升，土壤的通透性也得到改善。这样的环境有利于好气性微生物的活跃生长，使土壤中的微生物总数、纤维素分解强度和呼吸强度都明显增加。这些变化加速了土壤中有机物的分解和转化，进一步提升了土壤肥力。

需要注意的是，深耕可能会对茶树的根系造成较大的损伤，从而对茶树的产量和生长产生一定影响。因此，在实施深耕时，需要根据具体情况进行灵活调整和处理。这就要求我们在深耕与茶树健康之间找到最佳的平衡点，以实现土壤改良与茶树生长的和谐共生。具体如下：

（1）不同树龄的茶园，应根据根系分布情况而进行深耕。幼年期茶园的深耕，对于种植前深垦过的茶园，一般结合施基肥进行深耕。深耕初期在离茶树根部 20 ～ 30 cm 以外开沟 30 cm 左右深度。以后随着茶树的长大，基肥沟的部位离开茶树的距离也应逐渐加大。开垦时仅在种植行中深垦的茶园，一般要结合施基肥，在茶行间宽 1 m 左右深耕 50 cm。深挖的土壤先放置于道路上，然后施基肥与心土混合，施入沟中，再将第二段表土翻入第一段，这样依次深耕，逐步完成。成年期茶园的深耕，由于整个行间都有茶树根系分布，如行间耕作过深，耕幅过宽，都会使茶树根系受到较多损伤，因此深耕深度不超过 30 cm，宽度不超过 40 ～ 50 cm，近根基处应逐渐浅耕 10 ～ 15 cm，努力争取少伤根系。过去已深垦过的，如土壤疏松可不再深耕。衰老茶园所进行的深耕，是为改土而为，其要求与树冠更新相配合，故在深耕时的深度和宽度都较大。在离开根颈 30 cm 处进行不超过 50 cm 的深耕，并结合施用大量的有机肥。此外还要有意识地通过耕作来切断部分衰老根系，以促进根系复壮更新。

（2）深耕时还应根据不同种植方式和密度来确定深耕的深度和方法。丛播茶园行株距大，根系分布比较稀疏，深度可深些，可达 25 ～ 30 cm，同时要掌握丛边浅，行间深的原则；大叶种根系分布较深可深些，而中小叶种则可适当浅些。条栽茶园，行间根系分布多，深耕的深度应浅些，一般控制在 15 ～ 25 cm，尤其是多条栽密植茶园，整个茶园行间几乎布满根系，为了减轻对根系的伤害，在生产上采用隔 1 ～ 2 年深耕一次的办法，并结合施基肥。

（3）茶园深耕应选择对茶叶产量影响最小，茶树断根再发能力较快的时候进行。不同深耕时期对各季产量的影响结果表明，秋耕增产效果最好，其次是伏耕和春耕，冬耕效果最差。现生产上极大部分地区，以选择秋耕结合施基肥的方式较多，在茶季结束后，立即进行深耕。一般在 10 月上旬，并以早耕为好；对于较北的茶区，深耕的时间可适当提前；而在南部茶区，深耕则可推后在 12 月间进行。

### （三）机械耕作

耕作是茶园管理用工中占很大比例的一项作业，进行茶园机械耕作对提高生产率、降低劳动强度、实现茶园生产机械化都具有重大意义。幼龄茶园和茶行空隙较大的成龄茶园耕作，无论是浅耕或是深耕，耕作除草和开沟施肥等作业都可以由机械进行。

### （四）茶园免耕

作为茶园土壤耕作管理方法之一，茶园免耕是茶叶生产向集约化方向发展的结果。成龄常规种植的采摘茶园如果具备以下条件的，可实行免耕：

（1）在种茶前土壤再经过较彻底的深耕，并配施大量有机肥，有效土层内土壤疏松，通透条件良好。

（2）茶树生长好，坡面覆盖度大，行间已封行或基本封行，茶丛行间郁闭，无杂草生长。

（3）茶树根系发达，两行茶树之间的根系相互交错生长，表层吸收根多。

（4）茶树采摘留养合理，自行落叶量大，行间土壤积有丰富的落叶层。

（5）施肥水平高，每年能面施大量质量较高的有机肥。

（6）在伏天、干旱季节行间实行铺草，为了减轻采摘对土壤的镇压，要实行机采和机、手采相结合。

## 第二节　茶园水分管理

水是茶树不可或缺的重要构成元素，它在茶树的生长和发育过程中起着至关重要的作用。水对于茶树来说具有多种生理功能，其含量的多少直接影响着茶树新陈代谢的强度和方向。当茶树缺水或水分过多时，其体内的代谢活动都会受到严重阻碍，甚至可能导致整株茶树的死亡。

在我国，大部分茶区都位于降水分布不均的地区。在高温且缺水的环境下，茶树容易受到旱热害的威胁；然而，当水分过多且排水不畅时，茶树又容易受到湿害的困扰。这些情况都会对茶叶的品质和产量产生不良影响。

因此，茶园的水分调控变得尤为重要。通过运用各种栽培手段，可以改善茶园生态环境中的水分条件，为茶树创造适宜的生长环境。这样不仅可以维持茶树体内正常的水分代谢，还能确保茶树的各种生理生化过程有序进行，从而促进茶树的健康生长和发育。茶园水分调控的目标就是在于为茶树提供最佳的水分条件，以确保其生长旺盛并产出优质的茶叶。

## 一、茶树需水规律

茶树需水包括生理需水和生态需水。生理需水是指茶树生命活动中的各种生理活动直接所需的水分；生态需水是指为茶树生长发育创造良好的生态环境所需的水分。茶树作为叶用作物，其耗水量较大，生长季节对水分的需求更多。因此，要求水的分布与茶树各阶段的需水量相适应，据研究，每生产 1 kg 鲜叶要耗水 1 000 ～ 1 270 kg；茶树的蒸腾系数（每生产 1 g 干物质所需要蒸腾水量的克数）一般为 300 ～ 385，要比其他木本植物需水量大。茶园水分主要来自降水、地下水的上升及人工灌溉，而茶园耗水有茶树吸水与蒸腾、地表蒸发、径流、地下水外渗等。当地下水位较低、土壤含水量保持在田间持水量以内，而又无集中降水和无间作作物的情况下，在一定阶段内茶树的蒸腾量与行间土壤蒸发量之和，即茶园的阶段需水量（或称耗水量）。由于受气候条件、土壤肥力等生态环境与生育阶段以及田间栽培技术措施的影响，茶树的需水量差异也较大。

第一，茶树需水量随季节而变化。季节不同，气温有较大差异，茶树对水的需求量也会发生变化。如杭州地区春茶期间（3 ～ 5 月），雨水充沛，气温不高，一般成龄茶树日耗水量在 3 ～ 4 mm；到了盛夏（7 ～ 8 月），光照强，气温高，蒸发量大，茶树日平均耗水量可达 71 mm；秋冬季节（10 月至翌年 2 月），虽雨量较少，但气温低，蒸发量小，茶树进入越冬休眠阶段，日均耗水量仅 1 ～ 3 mm。全年需水量为 1 300 mm 左右，其中 4 ～ 10 月生长季节需水量约 1 000 mm，占全年需水量的 77%，尤其是 7 ～ 8 月需水量占全年的 30% 以上，而气温较低的寒冬和早春（12 月至翌年 2 月），日需水量仅为 50 mm 左右。日本经调查结果显示，茶园蒸发量和蒸腾量（耗水量）冬季少于 1.5 mm，3 ～ 4 月平均是 2 ～ 3 mm，5 ～ 6 月平均是 3 ～ 4 mm，盛夏平均是 6 ～ 7 mm，从秋后到冬天又逐渐减少；茶园的需水量 4 ～ 9 月底约 900 mm，从萌芽到采摘期各茶季都是 120 mm，一年间需水量约 1 300 mm。把一年或季节耗水量与单位面积产品产量之比称耗水系数（需水系数），一般成年茶树（杭州）春茶为 0.37 ～ 0.46，夏茶为 0.92 ～ 1.04，秋茶为 1.44 ～ 1.51，全年平均为 0.85 ～ 0.96。

第二，茶树需水量随树龄而变化。由于不同树龄茶树的根系发育状态不同，根系的分布范围不同，枝干伸展程度不同，树冠面大小不同，叶面积指数不同，故树龄大小茶树需水量不同。幼龄茶树需水量较少，成龄茶树需水量较多，老龄茶树需水量下降。树冠覆盖度增大，产量增加，茶园的阶段日平均耗水量提高。

第三，茶树需水量随土壤含水量及土壤吸力而变化。相同树龄的茶园在同一气候和土壤条件下，因供水量不同而使土壤含水量及土壤吸力有差异。在土壤含水量高且土壤吸力低的情况下，有利于茶树对水分的吸收，促进茶树的生长发育，不仅提高了蒸腾速率，而且增加了地表的蒸发速率，促使茶树日平均耗水量提高。茶树需水量与土壤温度呈正相关。在田间正常持水量范围内，土壤含水量多，土壤水势高，有利于促进茶树水分代谢，增加土壤表面的蒸发能力，使茶园日平均耗水量增加，

茶园土壤水分是茶树生理与生态需水的主要来源，又是土壤肥力的重要组成部分，而茶树能从土壤中吸收的水分为土壤有效水，通常是指田间持水量减去永久萎蔫系数（PWP），即茶树达到永久萎蔫时土壤含水量的百分数。茶树的芽叶生长强度、叶片形态结构及其内含物的生化成分等指标，均以土壤相对含水率 80% ～ 90% 为最佳，而根系生长则以 70% ～ 80% 为好。

## 二、茶园水分调控技术

苏联研究表明，雨量充沛（55 mm）时，170℃的积温便可采一批茶，但少雨（27 mm）时，380 ℃的积温才能采一批茶。因此，“有收无收在于水”，茶园水分状况不仅直接影响茶树的生育，也左右着茶叶产量和品质的形成。茶园水分管理技术就是根据茶园土壤水分的运动特点、茶树水分利用的生理生化特性和茶树需水规律，采取合理的保、灌、排系列的措施，以保障茶叶高产优质而对水分的要求。

### （一）茶园保水

因大多数茶区雨量时空分布不匀，且茶园又多建于缺少灌溉条件的山坡上，水土流失现象较严重，故茶园水分管理的一个重要方面就是做好保蓄水工作，积蓄雨季之水为旱季所用。茶园保水技术措施是针对茶园土壤水分散失的途径（或方式）而实施的。

#### 1．茶园土壤水分散失的途径

茶园水分散失的方式主要有地面径流、地面蒸发、地下水潜移（包括渗透和转移）、茶树及其他植物的蒸腾等。除茶树本身的蒸腾在一定程度上为茶树生长发育过程的正常代谢所必需外，其他散失都属无效损耗，应尽可能避免或

减少到最低程度。即使茶树本身的蒸腾也有一个如何提高有效性的问题。

（1）地面径流。主要因暴雨、大雨等造成，即当降水强度大于土壤渗透速率时，便形成地表径流。所以它和土壤质地、土层深、含水量、降水强度及持续时间有关，凡质地较黏、土层浅薄、坡度大的茶园易产生径流损失。

（2）地下水移动。土壤饱和水在重力作用下在土壤中通过空隙，由上层移向下层，然后再沿不透水地层之上由高处向低处潜移。地下水移动属于一种渗透性流失，不同土壤由于空隙大小不同，渗透系数不一样，地下水移动损失的速率也不一样，黏土中移动速率最小，沙土最大，壤土居中。坡地茶园，尤其是下层含砾石较多的茶园土壤，其渗透损失是相当严重的。

（3）地面蒸发。土壤表层的水分以气体的形式进入空气中。而随表层水分的蒸发，在毛管力的作用下，中下层土壤中的水分不断地沿着毛管上升，直至毛管水破裂为止。地面蒸发速率与土壤质地和覆盖度等有关，凡板结或黏性重的土壤，毛管水的上升运动特别强烈，这些上升的毛管水除少部分为根系吸收外，大部分被损耗，从而使得整个土层水分亏缺严重。地面蒸发失水尤以幼龄和覆盖度低的茶园地面蒸发强度大。

（4）蒸腾作用。茶树和生活在茶园间的作物及各种杂草的蒸腾作用都会从土壤中带走大量的水分。在水分供应充足时，这种蒸腾最大可达自由水面蒸发的85%；当地面完全为植被覆盖时，地面蒸发的水量较少，而主要让位于植物的蒸腾。不同天气条件下，茶园植株蒸腾速率呈明显早晚低、中午高的日变化趋势。

**2．保水措施**

茶园保水措施和方法很多，可归纳为扩大茶园土壤蓄纳雨水能力和尽可能降低土壤水分的散失两大类。

（1）扩大土壤蓄水能力。扩大土壤蓄水能力的方法有：①土类选择。建园应选择相宜的土类，并注意有效土层的厚度和坡度等，为以后的茶园保水工作提供良好的前提条件。②深耕改土。加深有效土层厚度，改良土壤质地均能显著提高茶园土壤的保蓄水能力。③健全保蓄水设施。坡地茶园上方和园内加设截水横沟以拦截地面径流，有效地将雨水蓄纳；建立梯级茶园能有效减少地面径流，扩大蓄水能力。

（2）控制土壤水的散失。控制土壤水的散失途径主要有：①地面覆盖。地面覆盖是减少茶园土壤水分散失措施中效果最好的办法。地面覆盖的方法很多，其中最常用方法是铺草。②合理布置种植行。茶树种植的形式和密度与茶园内承受降雨的流失有较大的关系，一般是丛式大于条列式，单条植大于双条或多条植，稀植大于密植；顺坡种植的茶行其水土流失量约为等高种植的茶行的四倍。③合理间作。虽然茶园间作物本身要消耗一部分土壤水，但相对于裸露地面，仍可不同程度地减少水土流失，坡度越大作用越显著，通过合理地选择间作物来减少裸地从而减少水土流失。④耕锄保水。及时中耕除草，不仅可免除杂草对水分的消耗，而且可有效地减少土壤水的直接蒸散。⑤造林保水。在茶园附近，尤其是坡地茶园的上方适当营造行道树、水土保持林，或园内栽遮阴树，不仅能涵养水源，而且能有效地增加空气湿度，降低风速和减少日光直射时间，从而减弱地面蒸发。⑥合理运用其他管理措施。适当修剪一部分枝叶以减少茶树蒸腾水；通过定型和整形修剪迅速扩大茶树本身对地面的覆盖度，不仅能减少杂草和地面蒸散耗水，而且能有效地阻止地面径流；使用农家有机肥能有效改善茶园土壤结构，从而提高土壤的保蓄水能力。田间试验表明，施钾对成龄茶园夏茶有明显的增产作用，增加施钾量在水分正常年份并无明显效应，但在干旱年份却有显著的增产效应。⑦抗蒸腾剂。国内外已有在茶树上施用化学物质以减少蒸腾失水的尝试。抗蒸腾剂以其作用方式分为“薄膜型”和“气孔型”两类。从与水分关系有关的某些参数可看出，在幼龄或成龄茶树上应用抗蒸腾剂，提高了气孔扩散阻力、水势和相对紧张度，同时也降低了蒸腾作用。

### （二）茶园灌溉

由于广大茶区干湿季分明，且有的月份自然降水量较少，如云南省大部分茶区，冬春季旱情严重，直接影响春茶的萌发，限制了春茶的产量；长江中下游广大地区夏秋季又常出现间断性高温干旱，直接影响茶树生长和优质高产的形成。故在做好保蓄水工作的同时，茶园水分管理还要抓好供水，及时进行人工灌溉以适应茶树生长阶段的要求。

#### 1．茶园灌溉的效果

灌溉是茶叶大幅度增产的一项积极措施。湖南茶场 6 月、7 月、8 月的降水量远小于同期的蒸发量，故夏秋季灌溉较不灌溉分别增产 48% 和 87.2%。

茶园灌溉具有增产、提高品质的效果，主要原因是灌溉改善了土壤条件和茶园小气候，保证茶树正常代谢而旺盛生长。中国茶科所试验结果表明，旱季灌水较不灌水提高土壤含水量 5.6% ～ 5.9%，土温降低 2.6 ℃～ 2.7 ℃；奚辉等以鸠坑品种和龙井 43 为试验材料研究喷灌试验表明，在夏秋干旱较严重的情况下，喷灌比不灌溉对照增产鲜叶 24.1% ～ 59.5%，株高增长了 0.7 cm，茎粗增长了 0.2 cm，同时，喷灌后茶树上的茶尺蠖、茶小卷叶蛾的虫口数密度也降低了。

2. 灌溉水源

设置茶园灌溉系统，首先必须解决水源问题。山地茶园应尽可能修建或利用原有山塘、水库；低丘与平地茶园则应利用附近流经的溪河、渠道或大塘，平地茶园还可以打井汲水作水源。设引水河渠将离茶园较远的水源引入，设置灌溉系统。茶园灌溉用水应是含钙量少，呈微酸性，水温不能过高，按相应灌溉水质的标准（无公害、绿色食品和有机茶园），谨慎做好水质检验工作。

3. 灌溉方式的选取

茶园灌溉常用的有浇灌、流灌和喷灌，也有用滴灌、渗灌技术的。浇灌劳动强度大，仅适用于小面积的临时应急，不会引起水土流失。流灌需水量大，沿途损失多，且灌溉匀度差，易水土流失，适于平地、水平梯地茶园。喷灌工效高，适用范围广，供水均匀，不仅能增加土壤水分，且能提高空气的相对湿度，改善茶园小气候，较流灌节水 30% ～ 50%。滴灌是利用低压管道系统，使水流缓慢或成滴，连续浸润根系集中区域的土壤，其节水，可比喷灌省水 1/3，但投资大，材料设备多，田间管理较烦琐。渗灌是将水由输水渠送入地下管道（暗管），通过管道的渗水孔，向地下送水，借土壤毛细管的作用，向根系活动层各方渗入而逐渐润湿土壤。该法又称为地下灌溉，具有明显的节水效果，可与液肥相结合，能提高肥效。但一次性投资较多，且出现故障时修理不便。

采用何种灌溉方式，必须是因地制宜，以经济适用为原则。对于茶园来说，喷灌最理想。

4. 灌溉适期与灌水量

茶园灌溉应是在最适合的时间用最少量的水取得最大的促进茶树生育效果，即何时进行茶园灌溉、灌多少水而适时灌溉，是充分发挥灌溉效果的第一环节。

（1）灌溉适期。在茶树还未出现受旱状，而土壤水分已降至适宜范围下限附近，但不低于下限之时，就补充水分。茶园灌溉适期是决定灌溉效益的一个重要因素，应由茶树的水分代谢状况、土壤水分状况和气象变化状况等三个方面的因素综合确定。

1）茶树生理指标。茶树芽叶细胞汁液浓度的变化，是茶树对环境条件的生理反应。经测定，春茶期间土壤含水量充足，生长旺盛，芽叶细胞汁液浓度为 6% ～ 7%；进入旱期后，随着土壤含水率下降，芽叶细胞汁液浓度逐渐上升至 10% 时，茶树新梢生长缓慢。测定表明，当土壤田间持水量为 70% 时，芽叶细胞汁液浓度为 10%，因此，可将芽叶细胞汁液浓度 10% 左右作为茶树生理缺水指标。叶片水势能够灵敏地反映土壤水分和茶树体内的水分状况。研究发现，上午 10 时测定新梢第二、三叶的水势时，生长在黏盘黄棕壤中的茶树，当叶水势约为 −1.0 MPa 时，需要进行灌溉；而生长在冲积土中的茶树，当叶水势在 −1.1 MPa 至 −1.2 MPa 之间时，也应灌溉，否则茶树会出现暂时性萎蔫。

2）土壤湿度指标。土壤含水量多少是决定茶园是否需要灌水的主要依据之一。据研究，当茶园土壤含水量为田间持水量的 70% 左右时，茶树新梢生长缓慢，大量形成对夹叶，在高温下，基本停止生长；当土壤含水量在田间持水量的 80% 以上时，茶树生育正常；土壤含水量保持在田间持水量 90% 左右，则增产效果最大。因此，以茶园根系层土壤田间持水量 70% 作为茶园土壤湿度的下限，作为灌溉指标。土壤吸力越大，表明土壤水分越不易被茶树吸收，用“土壤 pF 计”测定土壤吸力，可间接地反映出土壤含水率的变化，较测定土壤田间持水量省时和省力。据测定结果，春茶期间土壤田间持水量 90% ～ 100% 时，pF 为 1.5 ～ 2.0，茶树新梢生长旺盛；当田间持水量为 70% 时，pF 为 2.7，茶树新梢生长受阻，就需要灌溉。

3）气象要素指标。主要气象要素如气温、降水量、蒸发量等的变化与茶园水分的消长密切相关。在生产实践中，依照天气的变化与当地常年的气候特点，尤其是在高温季节，结合茶树物候学观察进行综合分析，可监视旱象的发生。一般认为，当日平均气温接近 30 ℃，最高气温达 35 ℃以上，日平均水面蒸发量达到 9 mm，持续一星期以上，茶园将会出现旱情，就需要灌溉。

（2）灌水量的确定。茶园灌水量和各阶段茶树需水特性、土壤性质、气候条件及灌水方法等因素有关。一般来说，要求灌水定额既能保证灌水及时渗入土壤，达到土壤计划层湿润深度，满足茶树需水，又能节水，为此，茶园灌水量要控制在土壤渗透力的范围内，并使每次灌水量加上灌前土壤的储水量，不超过土壤计划层内田间持水量，使根系较集中的土层含水量接近或达到田间持水量。茶园单位面积灌水量（即灌水定额）和总灌水量，不仅是满足茶树对水分的需求问题，而且是规划相应的灌溉系统的必要依据。常用的参数有灌水定额（15 $m^3/hm^2$）、灌溉用水模数［15/（$hm^2$ · s）］和流量等。

1）灌水定额。即 1$hm^2$ 的地一次应灌多少水，一般计算灌水定额的公式为：

$$M=1\times h\times P\times(A-B)$$

或

$$M=1\times(ha-hb)$$

式中，$M$ 为灌水定额（$m^3$ 或 $15t/hm^3$）；$h$ 为根系活动土层厚度（m）；$P$ 为土壤容重（$t/m^3$）；$A$ 为土壤重量含水率适于茶树的上限；$B$ 为土壤重量含水率灌前测定值；$ha$ 为适于茶树最大水深（m）；$hb$ 为灌前测定水深（m）。

灌水定额也可用水深（mm）来表示，这在做喷灌时更常用到，基本公式是：

$$M_{设}=0.1hg\left(P_1\quad P_2\right)\quad\frac{1}{\eta}$$

式中，$M_{设}$为设计灌水定额（mm）；$hg$ 为茶树根系土层厚度（cm）；$P_1$ 灌后土层允许含水量上限，它相当于田间大持水量的 90% ～ 100%；$P_2$ 为灌前土层含水量下限，为土壤水体积的百分率 70%；$\eta$ 为喷灌水的有效利用系数，一般取值 0.7 ～ 0.9。

灌水定额还可以参照作物最大日平均耗水量 $q$（mm/d）、灌水周期 T（d）和有效利用系数 $\eta$ 来确定：

$$M=qt\frac{1}{\eta}$$

2）灌溉用水模数。即每 $hm^2$ 茶园每秒需灌水量，常用 q 来表示，这是设计灌溉流量时常使用的一个重要参数。其计算公式是：

$$q=\frac{M\times100}{86400\times t}=\frac{M}{t}\times0.0116$$

式中，$q$ 为用水模数［15/（$hm^2s$）］；$M$ 为灌水定额（$m^3$ 或 $15t/hm^3$）；$t$ 为一次灌水可持续的天数。

3）总灌流量的设计。在规划提水机埠、选用水泵型号的设置输水系统时，都必须先作出总流量之设计。如不考虑输水损失和灌溉不均匀度等所带来的影响，总流量 Q 为：

$$Q=qW$$

式中，$W$ 为总灌溉面积。

### （三）茶园排水

茶树是一种既需要温暖湿润环境，又害怕水涝和渍水的植物。当土壤湿度过高，超过茶园田间所能持续保持的水分时，土壤中的空气就会减少。一旦出现渍水情况，茶树的根系就会呼吸困难，进而影响水分和养分的吸收代谢。

空气稀少、缺氧的环境会导致土壤下层进入嫌气状态，特别是在红黄壤种茶的区域，土壤中容易形成低价铁、锰等还原性物质，再加上腐败性嫌气细菌的活跃，茶树的根系会受到不同程度的伤害。

在我国的产茶区，经常会有降水量集中的雨季。如果在雨季不能及时排除多余的雨水，往往会导致茶园渍水和土壤侵蚀等一系列问题。此外，地下水位过高也可能引发湿害。因此，茶园的水分管理不仅要注重灌溉，更要重视排水。通过有效的排水系统，可以将茶园的地表径流和渗漏控制在无害的范围内，从而避免湿涝灾害的发生。同时，这套排水系统还可以将雨季的多余雨水集中储存起来，以备旱季灌溉时使用。

在规划新茶园时，就应着重考虑并落实茶园的排水措施，建立完善的排水系统。这一系统应由渠道、主沟、支沟、隔离沟以及山塘、水库、管道和泵站等组成，不仅要能排水，还要能保水和灌水。这样设计的水利系统能在雨季时蓄水防洪，旱季时引水灌溉，做到了蓄水、排水和灌溉三者兼顾。通过将沟、渠、塘、库以及泵站等设施有机地连接在一起，可以确保茶园内的沟沟相通，形成一套完整且高效的排水网络，从而减少或避免茶园中水、土、肥的流失以及低洼地的渍水现象。

对于那些建园基础差、湿害严重的茶园，需要采取更为积极的措施。可以结合换种改植、平整土地等方式，对茶园进行重新规划，甚至建立全新的茶园。如果某地区确实不适宜种植茶树，那么可以考虑改种其他适应湿润环境的作物。对于已经发生湿害的茶园，必须因地制宜地采取有效的排湿措施，其中最根本的方法就是开挖深沟进行排水，从而降低地下水位。

此外，茶园的排水工作还必须与大范围的水土保持工作紧密结合。被排出茶园的水应该尽可能被收集起来，引入山塘、水库或坝中储存起来。这样，在干旱时期就可以再次利用这些水资源进行灌溉，或者供其他农田和养殖业使用。通过这种方式，不仅可以有效地解决茶园的湿害问题，还能实现水资源的可持续利用。

## 第三节　茶树施肥

在普洱茶茶树的整个生命周期中，不同的生长阶段都会规律性地从土壤中摄取必需的矿质营养，以确保其健康生长和正常发育。当鲜叶被采摘时，会带走一定数量的营养元素。然而，普洱茶茶园土壤中的营养元素含量是有限的，并且这些元素之间的比例并不总是均衡的，因此无法随时满足茶树在不同生长阶段对营养元素的需求。

为了解决这个问题，确保茶树得到充足的营养并促进新梢的正常生长，茶园管理者会根据茶树的营养需求特点、土壤的供肥能力以及肥料的特性来制订科学的施肥计划。通过运用这些施肥技术，可以最大限度地发挥肥料的效用，满足茶树的生长需求，提高鲜叶的内在品质，并改善土壤条件，提升土壤的肥力。这样，不仅能保证茶树的健康生长，还能为茶叶的优质生产奠定坚实的基础。

## 一、普洱茶茶树的主要营养元素及其特征

普洱茶树如同其他所有植物一样，其体内蕴含着大量的无机矿质元素。这些元素对植物的生长发育起着至关重要的作用。然而，普洱茶树在各种元素的比例或含量绝对值上，却展现出了其独特性，与其他植物存在着一定的差异。

从理论上说，茶树所需的所有营养元素都可以从茶园土壤或其周围环境中获取。在茶树的生长过程中，消耗最大的营养元素是氮、磷、钾，也被称为植物的“三大要素”。这三种元素在茶树体内的比例和含量，对于其生长状态、茶叶产量以及品质都有着深远的影响。

因此，在茶园的管理中，施肥补充的主体自然也是这三大要素。茶农们会根据茶树的生长需求和土壤条件，科学合理地施加含有氮、磷、钾的肥料，以确保茶树的健康生长。

然而，随着茶树生长年限的增加，一些微量元素也可能会逐渐表现出匮乏的症状。这些微量元素虽然在茶树体内的含量不高，但对茶树正常生理功能发挥着不可或缺的作用。因此，在常年只施化肥的茶园中，也需要适时地补充一些微量元素，以满足茶树的全面营养需求。这样做不仅可以提高茶叶的产量和品质，还有助于维持茶园的生态平衡和土壤肥力。

根据植物对养分的不同需求量，可以将必需的营养元素划分为大量元素和微量元素两类。在矿质营养中，氮、磷、钾、硫、镁、钙等元素在茶叶中的含量相对较高，通常占据千分之几到百分之几的比例，因此被称为大量元素。这些元素在生命物质的构成中起着直接的作用，如参与蛋白质、核酸、酶、叶绿素等的合成，并且在生物体的代谢过程和能量转换中也扮演着重要的角色。

相对而言，铁、锰、锌、硼、铜、钼等元素在茶树体内的含量则较低，仅仅占据百万分之几到十万分之几的比例。由于茶树生长过程中对这些元素的需

求量相对较少，因此它们被称为微量元素。尽管需求量小，但这些微量元素对于茶树的正常生长和代谢同样具有不可替代的作用。

### （一）氮素的营养特征

氮是茶树体内含量最为丰富的矿质元素之一，其在茶树全株的干重中所占比例达到 1.5% ～ 2.5%，尤其在叶片中的含量最为显著。此外，在茶树的分生组织如芽端、根尖以及形成层中，氮的含量也相对较多。当茶树获得充足的氮素供应时，会促进蛋白质的大量合成，进而刺激细胞的分裂与生长。这一过程不仅提高了叶绿素含量，增强了光合作用，还使茶树的营养生长变得更为旺盛。具体来说，充足的氮素有助于茶芽的萌发和新梢的迅速伸长，使得发芽数量增多，叶片数量增加，叶片增大，节间距离变长，生长速度加快，嫩度提升。此外，氮素还能增加新梢的轮次，从而延长了采摘时间，最终有效地提高了茶叶的产量。然而，值得注意的是，氮素主要以促进茶树的营养生长为主。在加强茶树营养器官生长的过程中，氮素会消耗大量的光合产物，这在一定程度上会抑制茶树的生殖器官的生长发育。因此，在茶树的栽培管理中，需要合理调控氮素的供应，以实现茶树全面、均衡的生长。

增加氮肥的施用量能提高茶叶的游离氨基酸含量，对改进绿茶的鲜爽度有良好作用。但是施氮肥往往降低茶叶中多酚类物质含量，如果过量施用，对茶叶特别是红茶的品质产生不利影响。

茶树一年四季都不断地从土壤中吸收氮素，如图 5-1 所示。在长江中下游地区，茶树 4 ～ 9 月所吸收的氮素主要用于地上部分的生长，其中春茶生长消耗的最多；10 月到翌年 2 月所吸收的氮素主要储存在根系中。茶树不同器官对氮素的需要时期亦有差别：根需氮主要在 9 ～ 11 月，茎需氮主要在 7 ～ 11 月，占全年总吸收量的 60% ～ 70%；叶需氮主要在 4 ～ 9 月，占全年总吸收量的 80% ～ 90%。

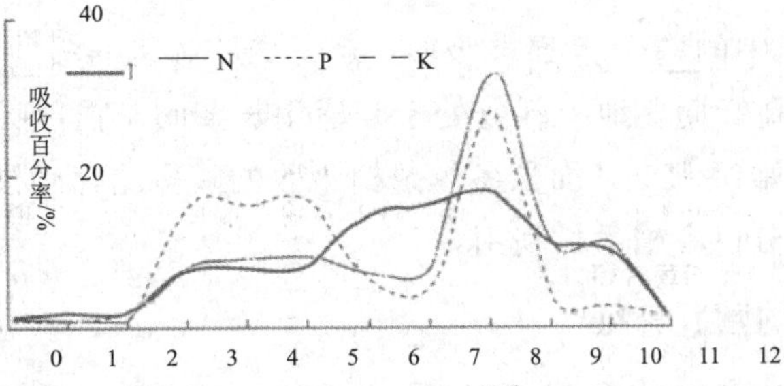


**图 5-1　茶叶氮（N）、磷（P）、钾（K）年吸收百分率**

### （二）磷素的营养特征

磷在茶树全株中的含量占干重的 0.3% ～ 0.5%。茶树各器官中磷含量呈芽高于嫩叶、嫩叶高于根、根高于茎的趋势。而生长季节不同，茶树各器官的磷含量也有差异。春茶芽叶含磷量可达 0.8% ～ 12%，秋后老叶及落叶则在 0.5% 以下。在地上部分生长季节，根系的含磷量仅为 0.6% 左右；当地上部分处于休眠时，根系磷含量可达 0.8% ～ 1.2%。

磷在茶树体内主要以有机磷的形态存在，并且是核酸、核蛋白、磷脂、植素、高能磷酸键化合物以及各种酶类等重要物质的关键组成成分。这使磷在茶树生理过程中扮演着至关重要的角色，特别是在细胞间物质的交流、细胞内物质的积累、能量的储存与传递、芽叶的形成以及新梢的生长等方面都具有深远的影响。磷对茶树幼苗的生长和根系的分枝有显著的促进作用，能够提高根系的吸收能力，从而有助于茶树的健康生长。中国农业科学院茶叶研究所的研究显示，施磷后的茶树幼苗，其根系的生长量相较于未施磷的增加了 2 ～ 3 倍。

磷素不仅加强了茶树生殖器官的生长和发育，尤其在促进花芽分化、增加开花与结实数量方面表现出色。当磷素与氮素同时施用时，对提升茶叶的产量具有显著效果。湖南省农业科学院茶叶研究所的试验证实，相较于不施肥的茶园，单施磷肥的茶园在 10 年内的平均增产率为 2.7%；而当氮、磷配合施用时，其增产率更是达到了 33.8%，远高于仅施氮肥的茶园。

磷与茶树的碳、氮代谢紧密相关，施磷肥能够提升绿茶中氨基酸和水浸出物等的含量，从而改善茶汤的浓度和口感。此外，磷还能增加鲜叶中的多酚类含量，特别是提高没食子儿茶素（复杂儿茶素）的含量，这对红茶的色泽、香气和口感都产生了积极的影响。然而，当茶树缺磷时，其叶片中的花青素含量会上升，导致叶片颜色变紫。这种变化不仅使制成的茶叶颜色发暗，而且口感苦涩，品质大打折扣。因此，在茶树的栽培过程中，合理施用磷肥是至关重要的。

茶树对土壤中的磷全年都可吸收，6 ～ 9 月对磷的吸收强度较大，其中 7 ～ 8 月是吸收高峰期。地上部分处于旺盛生长期间，根部吸收的磷主要分配到新生器官的幼嫩组织中，而秋冬季茶树吸收的磷多储存于根系中，待翌年春再输送到地上部分供春梢生长利用。

### （三）钾素的营养特征

钾在茶树全株中的含量占干重的 0.5% ～ 1.0%，芽叶中一般含量为

2.0% ～ 2.5%，老叶含钾量为 1.5% ～ 2%，根系含钾量为 1.7% ～ 2%，茎部含钾量为 0.3% ～ 0.8%。钾以 $K^+$ 状态被茶树根系吸收，在茶树体内大都呈离子态，部分在原生质中呈吸附态，有较强的移动性和被再利用能力。钾在茶树体内起着维持细胞膨压、保证各种代谢过程顺利进行的作用。钾是一些酶的活化剂，能促进核酸合成，增进蛋白质的形成；能促进糖的聚合，有利于维管束机械组织的发育；能促进糖的运输，提高茶树抗旱和抗寒能力，促进创伤愈合。钾能增加原生质的水合程度，使其黏度减小，对幼嫩组织的生长、物质的合成过程和各种生理机能的正常进行，都有促进作用。钾离子影响气孔运动，调节水分蒸腾和二氧化碳气体进入叶片，直接影响茶树的光合作用速率。中国茶区进行的多点多年试验表明，茶园施钾可增产 4.7% ～ 29%。

钾还可增强茶树的抗病能力，茶云纹叶枯病、炭疽病等的发生都与茶树体内钾含量低有关。钾还被称为"品质元素"，对茶叶品质的影响是多方面的。试验表明，茶叶中茶多酚、儿茶素的含量会随施钾量的增加而变化，施钾肥使夏茶和秋茶的儿茶素总量均提高，特别是茶黄素（L–EGC）和表没食子儿茶素没食子酸酯（L–EGCG）显著增加，从而利于提高红茶品质。在茶氨酸合成中，需 $K^+$ 做酶的活化剂，增施钾可增加氨基酸总量，有利于茶叶品质提高。施钾能明显提高茶叶中氨基酸、茶多酚和咖啡碱的含量，并在一定范围内随着钾肥用量的增加而提高。

在年生育周期中，茶树对钾的吸收全年都在进行，其中以 3 ～ 4 月最高，以后渐有下降，各季芽梢中钾吸收率较均匀。茶树生长期间的 4 ～ 10 月，是茶树吸收钾量最多的时期，占全年总吸收量的 80% ～ 90%。

### （四）三要素的综合影响

氮、磷、钾被称为肥料三要素，影响茶树的生长发育，与鲜叶的产量和品质关系极为密切。三要素中氮肥的增产效果最为显著，但高产是在氮、磷、钾配合施用的情况下获得的。单施氮肥而缺磷或磷肥不足时效果不好的原因，是因为磷能促进糖类的合成和转运，扭转由于氮肥过多而造成的碳氮比失调。氮多而缺磷时，抑制糖类的合成和运转，失去蛋白质合成的碳素骨架，引起茶树体内 $NH_4^+$ 累积过多而中毒，同时也限制了氮素的吸收。所以，氮、磷配合施用的效果较单施氮肥为好。单施磷肥而不施氮肥，会引起芽梢提早成熟，表现为早期出现驻芽，对夹叶多，促进开花结实。三要素对鲜叶品质也有一定的影响，单施氮肥的茶叶多酚类和水浸出物含量有下降趋向，若与磷、钾肥配合施用，则有所提高。

## 二、茶园施肥技术

茶树依赖其根系来吸收土壤中的各种无机营养元素，因此，茶园土壤中的养分状况和供应能力对茶树的生长起着决定性的作用。为了合理施肥、提高肥料的利用率以及提升茶叶的品质，我们首先需要了解茶园土壤的供肥能力。这种供肥能力主要取决于土壤中各营养元素的含量，特别是它们的有效含量、存在形态以及在土层中的分布等因素。

当各种营养元素通过施肥进入土壤后，它们会发生一系列的变化。因此，正确合理地确定茶园的施肥量不仅关乎肥料的增产效果，还关系到土壤肥力的提升以及茶区生态环境的保护。如果施肥量不足，茶树将无法获得充足的营养，从而影响其生长和产量，导致茶园的生产潜力无法得到充分发挥，茶叶的品质和效益也会受到影响。然而，如果施肥量过多，尤其是化学肥料的使用过量，茶树将无法完全吸收这些养分，这不仅容易引发茶树的肥害、恶化土壤的理化性质，还会对茶树的生长产生不良影响。同时，过量的肥料还会随地下水的流动而污染茶区的水源，特别是当大量的氮、磷肥流入水体时，会加剧水体的富营养化现象。

因此，我们需要采用计量施肥的方法，即使用数量化的方式来科学指导施肥。通过结合合理的施肥时间和施肥方法，可以为茶树提供平衡的养分供应，从而避免肥料的浪费，确保矿质元素的良性循环。这样，不仅可以提高茶叶的产量和品质，还可以获得最佳的经济效益，同时保护茶区的生态环境。

茶园施用何种肥料，施用多少，如何施用能达到最大效果，就是茶园肥料的施用技术。下面从茶园土壤供肥潜力估算、肥料用量估算、具体使用技术三个方面来加以介绍。

### （一）茶园土壤的营养潜力及其诊断

土壤自然含有茶树生长所需的全部元素，但不同土壤中这些元素的含量存在着量的差异。多年的研究已经明确表明，为了确保茶树的健康生长，茶园土壤中的氮、磷、钾含量必须维持在特定的范围内。当土壤中的这些营养元素不足时，就需要通过施肥来进行补充。

那么，如何确定茶园土壤的氮、磷、钾供应潜力呢？一般来说，可以通过检测土壤中的总碳（作为有机质的指标）、总氮（有时也使用铵态氮作为指标）、速效磷和速效钾的含量来进行评估。这些测定结果能够为我们提供关于土壤养分状况的直接信息，从而帮助我们了解土壤对茶树的供肥能力，并为后续的施肥管理提供科学依据。通过这种方法，我们可以更精准地调控茶园的养分供应，确保茶树的健康生长和优质茶叶的生产。

判断茶园肥力充足与否，通常有两个方法：一是土壤养分测定，也是测土配方施肥的一个前提条件；二是叶面营养诊断。

土壤养分测定分两种，一种是全面测定，包括 pH、有机质、氮、磷、钾、中微量元素等。另一种是快速测定，通常以测氮、磷、钾为主，也有测 pH 和有机质的。后一种快速测定常被用来作为测土配方施肥的前置技术。实验室的全面测定，则主要是研究用，或者作为茶园基础资料调研用。

田间快速测定有许多方法，其中最常见的是养分速测仪，能简单并定量地分析茶园土壤中的 pH，速效氮、磷、钾含量，这些数据可用来快速指导茶园施肥。分析测得的这些数据，比对推荐的茶园土壤肥力标准，可推算出所需的肥料用量。通常公认的茶园土壤肥力标准为 pH4.5~5.5，有机质＞ 1%，全氮＞ 1%，速效磷＞ 10 mg/kg，速效钾＞ 120 mg/kg。达到此肥力水平的土壤，基本上认为不施肥也能保证茶叶正常生长。在我国的多数茶园中，存在的主要问题是茶园酸化严重、有机质含量偏低、钾含量低。因此，多数情况下，等同条件下，施有机肥、施钾能明显增加产量与品质。

叶片营养诊断是通过观察和分析叶片的生长状况或其内部营养元素的含量来判断茶树生长情况的一种方法。这种方法有助于我们了解茶园的营养供应状况，从而为茶园管理提供科学依据。根据其采用的技术或方法的不同，叶片营养诊断可以分为形态诊断和化学诊断两种类型。形态诊断主要是通过观察叶片的形态特征，如颜色、大小、形状等，来判断其营养状况；而化学诊断则是通过分析叶片中各种营养元素的含量，来确定茶树对养分的需求和供应情况。这两种方法各有优势，结合使用可以更全面地了解茶树的营养状况，为茶园的合理施肥和科学管理提供有力支持。

**1. 形态诊断**

养分不足导致的缺素症在茶树外部形态上常表现为器官生长和发育的提前或延迟。由于茶树体内各种营养元素的移动性和生理功能存在差异，营养失调时症状出现的部位和外部形态也各不相同。这意味着失调症状的出现部位和形态特征具有一定的规律性。通过观察植株的长势、长相或特有症状，我们可以分析判断所缺元素的种类并估计缺乏的程度。

需要注意的是，茶树的外观形态还受到土壤、气候和病害等多种因素的影响。例如，叶片失绿既可能是缺素的症状表现，也可能是由于土壤水分过多或气温低等原因造成的。因此，形态诊断只能为进一步的土壤和植株化学诊断提供线索，进行形态营养诊断时需要综合考虑各种可能的影响因素并进行综合分析研究。

为了验证形态营养诊断的准确性，还可以采用缺素补给法进行辅助诊断。当发现某种症状时，可以通过喷施、涂抹、注射和叶脉浸渍等补给方法使茶树植株获得可能引起生理障碍的元素。如果补给后茶树的形态特征发生变化，如障碍症状消失，则可能是缺乏该种元素；而如果障碍症状加重，则可能是由其他原因引起的。这种方法可以帮助我们更准确地判断茶树缺素的原因，并为后续的施肥管理提供科学依据。

（1）缺氮。茶树缺氮时，生长减缓，新梢萌发轮次减少，新叶变小，对夹叶增多；随着缺氮情况加重，叶绿素含量明显减少，叶色黄、无光泽，叶脉和叶柄逐渐显现棕色，叶质粗硬，叶片提早脱落，开花结实增多，新梢停止生长，最后全株枯萎。

（2）缺磷。缺磷初期，茶树生长缓慢，接着根系生长不良，吸收根提早木质化，逐步变成红褐色，嫩叶暗红，叶柄和主脉呈现红色，老叶暗绿。随着缺磷严重，老叶失去光泽，出现紫红色块状的突起，花果少或没有花果，生育处于停止状态。

（3）缺钾。缺钾的茶树，初期与缺氮症状相似，即生长减缓，嫩叶退绿，逐渐变成淡黄色，叶张薄，叶片小，对夹叶增多，节间缩短，叶脉及叶柄逐渐出现粉红色。接着老叶叶尖变黄，并逐步向基部扩大，使叶缘呈焦灼、干枯状，并向上或向下卷曲，下表皮有明显的焦斑，组织坏死，严重时，老叶提早脱落，枝条灰色、枯枝增多。缺钾的茶树还易感染茶饼病、云纹叶枯病、炭疽病以及其他茶树病害。

（4）缺钙。茶树在缺钙的情况下，其症状首先会显现在幼嫩的芽叶上。这些嫩叶会向下卷曲，叶尖呈现出钩状或匙状，并且色泽会变得焦黄，这种症状会逐渐向叶基部蔓延。随着缺钙情况的加剧，中期的顶芽开始枯死，叶片上出现紫红色的斑块。这些斑块中央呈现灰褐色，边缘则为棕红色，质地脆弱，容易破裂。随后，老叶上出现黄白色的花斑，茎部变得细小，节间缩短，并且根系可能会出现腐烂枯死的现象。这些都是茶树缺钙的典型症状，可以通过观察这些症状来判断茶树是否缺钙，并及时采取相应的补救措施。

（5）缺镁。茶树缺镁初期，上部新叶绿色，下部老叶干燥粗糙，上表皮呈灰褐色，无光泽，有黑褐色或铁锈色凸起斑块。中期老叶灰白或棕黄色，叶尖、叶缘开始坏死。后期幼叶失绿，老叶全部变灰白，出现严重的缺绿症，但主脉附近有一V形小区域保持暗绿色，围绕一黄边。

（6）缺硫。茶树缺硫的症状初期会表现在嫩叶上，这些嫩叶会失去绿色，但主脉的颜色并不会变红。随着时间的推移，症状逐渐加重，到后期，下部的老叶上才会出现少量的黄白色花斑。同时，茶树的茎部会变得细小，节间缩短，根系也会出现发黑的现象。这些都是茶树缺硫的典型表现，通过观察这些症状可以及时发现并采取相应措施进行补救。

（7）缺锌。缺锌时，茶树嫩叶出现黄色斑块，叶狭小或萎黄，叶片两边产生不对称卷曲或是镰刀形，刚成熟的新叶中部出现淡黄色小点，中央白色；中期黄点迅速扩大，黄白色花斑更鲜明；后期叶小而皱缩扭曲，病斑呈灰白色，枯死后破裂成孔洞，继而病叶脱落。新梢发育不良，出现莲座叶丛，植株矮小，茎节短，根系发黑枯死。

（8）缺锰。茶树缺锰症状首先发生在刚展开的幼叶上，即叶脉间形成杂色或黄色的斑块（从叶缘向内蔓延），而叶脉和斑块周围仍为绿色，成熟新叶轻微失绿，叶尖、叶缘和锯齿间出现棕褐色斑点，斑中央有红色坏死点，周围有黄色晕轮，斑块逐渐向主脉和叶基延伸扩大，随之斑块毗连成片，叶尖、叶缘开始向下卷曲，易破裂。后期病叶脱落，顶芽枯死。

（9）缺铁。缺铁茶树初期表现为顶芽淡黄，嫩叶花白而叶脉仍为绿色，形成网眼黄化。之后叶脉失绿，顶端芽叶全变黄，甚至变白色，下部老叶仍呈绿色。

（10）缺铜。茶树缺铜时，其症状初期会在成熟的新叶上呈现，具体为形状规则、大小不等的玫瑰色小圆点，这些圆点的中央部分为白色。随着病情的进一步发展，中期这些病斑会转变为橘黄色，并随之出现坏死性的病斑。到后期，受影响的叶片会严重失绿，病斑继续扩大，叶缘部分出现坏死，但主脉仍然保持绿色。这些症状是茶树缺铜的典型表现，通过细致观察可以及时发现并采取相应的补救措施。

生产上，当形态诊断能应用时，常是缺素症已经发生，属事后补救。因此对现代施肥指导并不实用，也逐渐少受重视。

**2．茶树化学诊断**

茶树化学诊断是通过化学检测手段来分析茶树体内所含的养分含量，并将这些数据进行比较，从而判断茶树营养元素的丰富程度或缺失情况。这种化学分析的结果对于判断茶树养分的状况具有更为直接和可靠的意义。因为茶树体内的某些元素含量与其生长状况、茶叶产量和品质之间存在着直接或间接的关联。当某一营养成分的含量过高或过低时，都会对茶树的生长发育产生不良影响。通过将化学测定的结果与已知的参考参数进行对比，我们便能够评估茶树的营养状况。化学测定诊断的优点在于它能在茶树缺素的早期阶段（此时外部形态的变化可能尚不明显）就提供可靠的营养诊断信息。这样，我们就可以根据化学诊断的结果，为茶树施肥的种类、数量、比例以及最佳的施肥时间与方法提供科学依据。

茶树营养元素含量与取样时间和部位有关。取样部位应当是选取树体营养元素反应灵敏的部分进行。东非茶叶研究所提出，取样时取成龄茶树新梢一芽三叶的一芽一叶、第三叶（不带梗）；我国和其他产茶国认为，一般选取春茶一芽二、三叶和成熟叶为宜。取样时间除特殊目的外，基本上是在茶树新梢生长旺盛期进行。同时，不同营养元素在茶树中的移动性不一样，对于移动性强的营养元素，通常取成熟叶进行营养诊断；而对于移动性弱的元素，则选用新梢较好。

有一些学者在试验与研究快速叶面营养诊断，但由于受到许多因素影响，方法未能得到有效的应用。如通过测定叶色，确定其与营养状况之间的关系，但茶树品种多，各品种间叶色深浅差异明显，很难像有些作物一样比较均匀，而且叶色差异还会随气候温度变化而变化。如夏季高温，多数品种叶色会变深或变紫，要充分探明多种因素相互之间的影响后，才可有效应用于生产实际。

### （二）茶园主要施用肥料种类和特点

可作茶园土壤施用的肥料种类很多，各种肥料的营养成分含量各不相同，对茶树生育和培肥土壤的作用也有差异。但依据肥料的分类，仍旧是有机肥和无机肥两大类。从具体的种类或者商品肥种类上分，茶园肥料可分为有机肥、无机肥、复混肥料、微生物肥料四大类。

#### 1. 有机肥

有机肥根据其来源又可分为几大类，包括饼肥、厩肥、粪肥、堆肥和绿肥等。

（1）饼肥。饼肥作为一种有机肥料，在我国茶园中的应用仍然相当广泛。常用的饼肥包括菜籽饼、大豆饼、花生饼、桐籽饼、棉籽饼以及茶籽饼等。这些饼肥的营养成分十分全面，且有效成分含量较高。特别是氮素含量丰富，而碳氮比较低，使施用后养分的释放速度相对较快。因此，饼肥是茶园中一种重要的有机肥料来源。

（2）厩肥。厩肥主要有猪栏肥、牛栏肥、羊栏肥和兔栏肥等未经处理的粪肥。厩肥碳氮比高，适宜用作茶园底肥和基肥，特别适用于新辟茶园和幼龄茶园以及土壤有机质含量低、理化性质差的茶园，是较理想的改土肥料。

（3）粪肥。粪肥包括人粪尿、养殖场粪便。这类粪肥通常速效养分含量较高，可作为基肥和追肥施用。

（4）堆肥。现在通常是指是采用枯枝落叶、杂草、垃圾、绿肥、河泥、粪肥等物质混杂在一起经过堆腐而成。目前多数养殖场的粪便都经过堆肥化处理。市场上许多除饼肥外的有机肥都是这一类肥料。由于加工工艺不同，其有机肥的性质也有所不同。使用时请详看其肥料标示。沼液也归于这一类里。另外，目前一种新的人、畜粪便处理方式是生产液态有机肥。这类有机肥一方面可作叶面肥用，另一方面也可作为喷滴灌肥料。

（5）绿肥。绿肥主要指的是在幼龄茶园茶行间所种植的草本植物，尤其是以豆科植物为主。当这些植物生长到一定程度后，会直接被埋入茶行间，作为有机肥料使用。这些绿肥不仅能够有效地帮助茶苗抵抗干旱，还能够显著提升茶园土壤的有机质含量，并有助于减少水土流失的问题。然而，在成龄茶园中，一般不推荐种植绿肥。

对于地处偏远山地的茶园，由于交通不便，运输成本高昂，因此，施用有机肥存在一定的困难。在这种情况下，可以考虑因地制宜地采取一些替代措施。例如，可以直接在茶园中割草铺地，或者收集周边山林的枯枝落叶进行铺盖。这样不仅可以有效地增加茶园的有机质含量，还能降低运输成本，是一种既经济又实用的方法。

**2．无机肥料**

无机肥料又称化学肥料，按其所含养分分为氮肥、磷肥、钾肥、微量元素肥料等。

（1）氮肥。茶园常用的氮素化肥按其组成可分为以下三大类：

1）铵态氮肥。主要有硫酸铵、氯化铵、碳酸氢铵、氨水等；碳酸氢铵与氨水等肥料目前在国内很少使用。

2）硝态氮肥。主要有硝酸钙、硝酸钠、硝酸铵等。

3）酰胺态氮肥。最常用的有尿素、石灰等氮肥。

（2）磷肥。磷肥主要有过磷酸钙，钙镁磷肥、磷矿粉、钢渣磷肥、磷铵、骨粉等。由于原料关系，磷肥通常含有各种重金属。

（3）钾肥。钾肥主要有硫酸钾、氯化钾、草木灰等。

（4）微量元素肥料。微量元素肥料有硫酸锌、硫酸铜、硫酸锰、硫酸镁、硼酸、钼酸铵等，可用作基肥或追肥施入土中，生产上多采用叶面喷施。对茶园而言，微量元素肥料要根据土壤养分实际情况而决定是否使用。

**3．复混肥料**

复混肥料是含有氮、磷、钾三要素中的两种或两种以上元素的化学肥料，按其制造方法，分为复合肥料和混合肥料。

（1）复合肥料。复合肥料又称合成肥料，以化学方法合成，如磷酸二铵、硝酸磷肥、硝酸钾和磷酸二氢钾等。复合肥料养分含量较高，分布均匀，杂质少，但其成分和含量一般是固定不变的。

（2）混合肥料。混合肥料又称混配肥料，肥料的混合以物理方法为主，有时也伴有化学反应，养分分布较均匀。混合肥料的优点是灵活性大，可以根据需要更换肥料配方，增产效果好。

**4．微生物肥料**

目前对于微生物肥料的定义存在一些混淆。一种理解是，微生物肥料是指含有微生物的肥料；另一种理解则是，经过微生物发酵处理过的肥料。第二种定义与堆肥相似，因为当前大多数堆肥都会采用微生物处理来加速腐烂或消除臭味等。当然，这类肥料中确实也含有一定数量的微生物。

而第一类微生物肥料，通常被称为菌肥，它包含诸如根瘤菌、固氮菌、硅酸盐细菌、复合微生物、光合细菌以及发酵素菌等各种微生物种类。这些微生物在肥料中发挥着重要的作用。

**5．其他肥料**

随着社会对生态环境的关注以及对肥效提高的要求，市场上开发出一些新的肥料品种。根据茶树对养分的吸收特点和茶园土壤养分供应特性，各地陆续对适宜当地茶园土壤的茶树专用肥进行了研究。四川省农业科学院茶叶研究所试验表明，施用含有氮、磷、钾、硫、镁、锌等营养元素，且氮、磷、钾比例为 31 ∶ 5 ∶ 15 的茶树专用肥，能促进茶芽早发、多发，其处理的茶多酚、氨基酸和水浸出物等含量分别达到 29.53%、3.38% 和 42.50%，均显著高于不施肥的处理。国产复合肥经多年施用表明，施用氮、磷、钾比例为 2 ∶ 2 ∶ 1 所组成的铵态复合肥对促进幼龄茶树根系生长有良好效果，在施用 14 个月后，根的总重量要比施用硫铵增加 4 ～ 5 倍。采叶茶园施用铵态复合肥比单施硫铵，其第一年增产 4%，第二年增产 15%，第三年增产达 18%，并且对鲜叶中儿茶素、多酚类和水浸出物的含量亦有增加。

缓释肥又称包膜肥料、包衣肥料、薄膜肥料，是指用半透性或不透性薄膜物质包裹速效性化肥而制成的颗粒肥料。包膜肥料的包膜材料大多是用矿粉、蜡、聚合物、硫黄、高分子树脂进行包膜，也可以用沥青、硅酸盐水泥、磷酸镁铵、腐殖酸等包膜。包膜的目的是使包膜肥料在施入土壤后里面的速效养分缓慢地释放出来，以延长肥效。其释放速率决定于包膜种类、厚度、粒径、肥料溶解性、土壤温度、土壤含水量以及土壤微生物活性等，通常在特定的土壤与作物种类上，其释放速率只是一个时间函数。包膜肥料最多的是尿素，也有包膜复混肥料。我国北方也供应包膜碳铵，如长效碳铵。这些肥料目前在茶园上应用较少。

控释肥（智能肥）也是一种新型肥料。它是利用包膜技术将化肥包膜（简单一层就是常说的缓释肥，多层或者复合包膜就是控释肥），使其在不同时间或按作物需求适时释放出所含肥料营养。优点是一次施肥长期（半年以上）有效，减少肥料损失。

### （三）茶园施肥量的确定

对于施肥量的确定，常见的做法或依据是目标产量法。应用最多的测土配方施肥，其实也是以目标产量法为主的一种改良法。

#### 1. 目标产量法

目标产量法是 1960 年由美国土壤学家 E. Troug 提出，是指根据一定的产量要求计算养分需求量。其公式为

$$W = \frac{(U - M_S)}{R}$$

式中：

$W$——养分需求量，kg/hm²；

$U$——一季作物的养分总吸收量，kg/hm²；

$M_s$——土壤供肥量，kg/hm²；

$R$——肥料当季利用率，%。

在茶园中，可按下式计算养分需求量：

$$养分需求量 = \frac{目标产量 \times 单位茶叶产量养分吸收量 - 土壤养分供应量}{肥料利用率}$$

按照这一方法，根据土壤条件、茶树生长状况，结合气候条件和管理水平，确定目标产量，该目标产量大致相当于在前 3 年平均产量水平上加 10% ～ 15% 的增量。单位茶叶产量养分吸收量除了采摘新梢所含养分外，还包括茶树根、茎、叶（成熟叶）等新吸收的养分。土壤养分供应量可以根据土壤测定值和校正系数来计算：

土壤养分供应量（$kg/hm^2$）＝校正系数 × 测定值（mg/kg）×0.32

系数 0.32 是将土壤测定值由 mg/kg 换算为 $kg/hm^2$（假设茶园土壤容重平均为 $1.2g/cm^3$，有效土层 40 cm）而得；校正系数一般根据田间试验结果来求得：

$$校正系数=\frac{空白区产量 \times 单位茶叶产量养分吸收量}{土壤测定量}$$

茶叶与其他作物不同，茶叶只利用一部分叶子，其他部分仍需要吸收利用养分，因此通常所说的肥料利用率要指明是当季利用率，还是全年利用率，计算其目标产量时需要注明这些。在分开计算底肥与追肥时，要用不同的肥料利用率。

这里的目标产量法可应用到所有营养元素，但对施肥来说，更多的是要关注氮、磷、钾三要素。因此最常讨论的也主要是氮、磷、钾三要素的施肥量。

**2. 三要素在茶园中的使用**

在茶园施肥过程中，虽然无机氮肥是主导，但长期单一使用会导致土壤中氮、磷、钾的比例失衡。特别是当茶园经过多次重修剪或遭遇严重病虫害后，缺钾现象会尤为突出，引发大量落叶、枝条干枯甚至整株枯死。尽管氮肥在增产方面的作用最为显著，但要实现最大幅度的增产，仍需确保氮、磷、钾三要素的均衡施用。

对于幼龄茶园，由于其尚未进入采摘阶段，对氮的需求量相对较低。因此，施肥的主要目标是培养茶树具有健壮骨架和发达根系。在施肥过程中，应特别注重增加磷、钾的比例。印度、斯里兰卡和东非等地区的幼龄茶园，常用的氮、磷、钾比例为 1 ∶ 2 ∶ 2、1 ∶ 2 ∶ 3 和 1.3 ∶ 0.9 ∶ 1 等。而日本则更倾向于使用2.5 ∶ 1 ∶ 1 的比例。以印度为例，5 龄前的幼龄茶树，在采用1 ∶ 2 ∶ 2 比例时，每公顷全年的实际施肥量为硫酸铵 31 kg、过磷酸钙 29 kg 和硫酸钾 40 kg。由于幼龄茶树生长迅速，施肥水平必须随树龄增长而提高，以避免生长受到抑制。

三要素的配合比例，各地均进行了大量研究，同时随着产量的提高，各国成年茶园的配合比例也先后有些：变化，总的趋向是增加氮素的比重。安徽祁门茶叶研究所认为制红茶最好是 3∶1.5∶1，福建福安茶叶研究所以 3∶2∶1 为宜，台湾地区多用 3∶1∶1，红茶其他主产国分别推广的三要素配合比例是印度阿萨姆为 4.5∶1∶2，南印度为 2∶（0.3～1）∶1，斯里兰卡为 4∶1∶2，东非为 5∶1∶2。拟定三要素比例时应根据当地土壤分析资料来决定氮、磷、钾的比重。总的来看，当前采叶茶园氮、磷、钾的比例多在 2∶1∶1 到 4∶1∶1 的变幅内。丰产茶园氮的比重还要加大，绿茶产区氮的比例可适当增加。

一般而言，过多施用氮肥而不配合磷、钾肥，或是长期单施无机氮肥而不施有机肥料，有降低多酚类和水浸出物的倾向，但对氮肥和红茶品质的影响问题，应根据具体问题来全面衡量并以科学的态度进行分析。优质应以一定的产量水平为基础，目前，生产茶园的一般施氮水平不是偏高而往往是不足；另外，我国茶园一向有施用有机肥的习惯，无机肥作为追肥施用，同时多配合使用磷肥。特别值得注意的是，要了解增施氮肥对多酚类的影响，不应只从多酚类总含量方面来着眼，还应了解到施氮肥后多酚类中对品质起主要作用的儿茶素的含量变化不大，往往还促进了 L- 没食子儿茶素和 L- 表儿茶素没食子酸酯等对红茶品质特别有利的这类没食子酸酯儿茶素的合成。至于多酚类中对红茶品质不起主要作用的 L- 表没食子儿茶素、DL- 没食子儿茶素、L- 表儿茶素和 DL- 儿茶素等简单儿茶素则有明显的减少。

### （四）茶园施肥技术

茶园施肥技术即如何科学合理地施肥，涉及施肥的种类、时间等多个方面。该技术主要分为两大核心部分，即施肥的时机与具体的施用方法。根据茶树在整个生长周期以及年度生长周期中对肥料的需求特点，同时结合实际的施肥时机，茶园施肥被划分为底肥、基肥、追肥和叶面施肥四种类型。这四种施肥时期在肥料种类、施用时间以及施用要求上均有所差异。

#### 1. 底肥

底肥是指开辟新茶园或改种换植时施入的肥料，主要作用是增加茶园土壤有机质，改良土壤的理化性质，促进土壤熟化，提高土壤肥力，为以后茶树生长、优质高产创造良好的土壤条件。底肥施用的另一个好处是在苗期促使根系向下生长。尤其是对于扦插苗来说，无实生苗那样的主根系，如果没有底肥，根无向下生长的驱动力，根系就会基本集中在表层，尤其是在目前表面撒施肥料的情况下。

底肥施用时，如果底肥量充足，可以在茶园全面施用；如果底肥量不足，可集中在种植沟里施入，开沟时表土、深土分开，沟深 40 ～ 50 cm，沟底再松土 15 ～ 20 cm。肥料上面必须覆土后再植茶苗（或茶籽）。

**2. 基肥**

基肥是在茶树地上部分年生长结束后施用的肥料，旨在为茶树提供能够缓慢分解的丰富的营养物质。这些营养物质不仅支持茶树在秋冬季节的根系活动，还为次年春茶的生产奠定了物质基础，并有助于改良土壤。每年秋季，当茶树地上部分逐渐停止生长时，其地下根系则进入生长旺盛期。此时施加基肥，茶树能够大量吸收并积累各种养分，从而增强其越冬时的抗寒能力，并为次年春茶的生长提供充足的养分储备。

以杭州地区的同位素 15N 示踪实验为例，在 10 月下旬茶树地上部分基本停止生长后，直至次年 2 月春茶萌发前的越冬期间，茶树从基肥中吸收的氮素约有 78% 被储藏在根系中，仅有 22% 被输送到地上部分以满足枝叶的代谢需求。然而，从 2 月下旬开始，茶树根系所储藏的养分开始转化并输送到地上部分，以支持春茶的萌发生长。到 5 月下旬春茶结束时，根系从基肥中吸收的氮素约有 80% 被输送到地上部分，其中输送到春梢中的数量最多，约占 50%。此外，在春茶期间，茶树幼嫩组织中的基肥氮在全氮中的比例最大。由此可见，基肥对次年春茶的生产具有深远的影响。

基肥施用时间原则上是在茶树地上部分停止生长时即可进行，宜早不宜迟。因随气温不断下降，土温也越来越低，茶树根系的生长和吸收能力也逐渐减弱，适当早施可使根系吸收和积累更多的养分，促进树势恢复健壮，增加抗寒能力，同时可使茶树越冬芽在潜伏发育初期便得到充分的养分。长江中下游广大茶区，茶树地上部一般在 10 月中下旬才停止生长，9 月下旬至 11 月上旬地下部生长处于活跃状态，到 11 月下旬转为缓慢，因此，基肥应在 10 月上中旬施下。南部茶区因茶季长，基肥施用时间可适当推迟。基肥施用太迟，一则伤根难以愈合，易使茶树遭受冻害；二则缩短了根对养分的吸收时间，错过吸收高峰期，使越冬期内根系的养分储量减少，降低了基肥的作用。对于海南岛等茶区，“基肥”概念不再适合，可参照追肥进行。

基肥施用量要依树龄、茶园的生产力及肥料种类而定。数量足、质量好是提高基肥肥效的保证。基肥应既含有较高的有机质以改良土壤理化特性，提高土壤保肥能力，又要含有一定的速效营养成分供茶树吸收利用。因此，基肥以有机肥为主，适当配施磷、钾肥或低氮的三元复合肥，最好混合施用厩肥、饼肥和复合肥，这样，基肥具有速效性，有利于茶树越冬前吸收足够的养分；同时逐渐分解养分，以适应茶树在越冬期间缓慢吸收。幼龄茶园一般每公顷施 15 ～ 30 t 堆肥或厩肥，或 1.5~2.3 t 饼肥，加上 225 ～ 375 kg 过磷酸钙、112.5 ～ 150 kg 硫酸钾。生产茶园按计量施肥法，基肥中氮肥的用量占全年用量的 30% ～ 40%，而磷肥和微量元素肥料可全部作为基肥施用，钾、镁肥等在用量不大时可做基肥一次施用；配合厩肥、饼肥、复合肥和茶树专用肥等施入茶园。

茶园施基肥须根据茶树根系在土壤中分布的特点和肥料的性质来确定肥料施入的部位，以诱使茶树根系向更深、更广的方向伸展，增大吸收面，提高肥效。1 ～ 2 年生的茶苗在距根颈 10 ～ 15 crm 处开宽约 15 cm、深 15 ～ 20 cm、平行于茶行的施肥沟施入。3 ～ 4 年生的茶树在距根颈 35 ～ 40 cm 处开深 20 ～ 25 cm 的沟施入基肥。成龄茶园则沿树冠垂直投影下的位置开沟深施，沟深 20 ～ 30 cm。已封顶的茶园，则在两行茶树之间开沟。如隔行开沟的，应每年更换施肥位置，坡地或窄幅梯级茶园，基肥要施在茶行或茶丛的上坡位置和梯级内侧方位，以减少肥料的流失。

### 3. 追肥

追肥是指在茶树地上部生长期间，为其施用速效性肥料的过程。这种施肥方式的主要目的是持续为茶树补充营养，以促进当前季节的新梢生长，并提高茶叶的产量和品质。在我国的大部分茶区，茶树具有明显的休眠期和生长旺盛期。研究数据表明，茶树在生长旺盛期间所吸收的养分占其全年总吸收量的 65% ～ 70%，在这一阶段，茶树除了利用自身储存的养分，还需要从土壤中大量吸收营养元素，因此，追肥成为补充土壤养分的必要手段。为了满足茶树在不同生长季节对养分的集中需求，茶园追肥需要按照特定的时期和比例，及时地分批进行。追肥应以速效化肥为主，如尿素、碳酸氢铵、硫酸铵等，并在此基础上配合施用磷、钾肥以及微量元素肥料，或直接使用复混肥料。

第一次追肥的时间是在春茶采摘前。虽然秋季施入的基肥为春季新梢的形成和萌发提供了物质基础，但仅靠越冬期间的养分储备是无法满足春茶快速生长的需求的。因此，需要进行追肥以符合茶树此时吸收养分速度快、需求量大的生育特点。同位素示踪试验的结果显示，在长江中下游茶区，3 月下旬施入的春肥，其在春茶中的回收率仅为 12.3%，低于夏茶的回收率（24.3%）。因此，为了实现春芽的早发、旺发和快速生长，必须尽早施肥。根据茶树的生育物候期，当春梢处于鳞片至鱼叶初展的阶段时施肥较为适宜。在长江中下游茶区，最好在3月上旬完成施肥。对于气温较高、发芽较早的品种，应提前施肥；而气温较低、发芽较迟的品种则可以适当推迟施肥时间。

第二次追肥是在春茶采摘结束后或春梢生长基本停止时进行。这次追肥的目的是补充春茶期间的大量消耗，确保夏茶和秋茶的正常生长，以维持高产和优质的茶叶生产。在长江中下游茶区，一般建议在5月下旬前进行追肥。

第三次追肥是在夏季采摘后或夏梢基本停止生长后进行。考虑到每年7～8月，长江中下游广大茶区都会遭遇伏旱，气温高、土壤干旱，导致茶树生长缓慢，因此这段时间不宜进行追肥。对于伏旱来临较早的茶区，应在伏旱结束后施肥；而伏旱来临较迟的茶区，则可以在伏旱来临前施肥。至于秋茶的追肥时间，则需要根据当地的气候和土壤墒情来确定。

在气温高、雨水充沛、生长期长、萌芽轮次多的茶区以及高产茶园中，可能还需要进行第四次甚至更多的追肥。每轮新梢生长的间隙期间都是进行追肥的适宜时机。每次追肥的用量比例按茶园类型和茶区具体情况而定。单条幼龄茶园，一般在春茶前和春茶后，或夏茶后按5∶5或6∶4追施两次。密植幼龄茶园和生产茶园，一般按春茶前、春茶后和夏茶后按4∶3∶3或5∶2.5∶2.5的用量比施入3次。高产茶园和南部茶区，年追肥5次的则按2.5∶1.5∶2.5∶2∶1.5用量比于春茶前、春茶初采和旺采时、春茶后、夏茶后和秋茶后分别追肥。

追肥施用位置：幼龄茶园应离树冠外沿10 cm处开沟，成龄茶园可沿树冠垂直投影处开沟；丛栽茶园采取环施或弧施形式。沟深度视肥料种类而异，移动性小或挥发性强的肥料，如碳酸氢铵、氨水和复合肥等应深施，沟深10 cm左右。易流失而不易挥发的肥料如硝酸铵、硫酸铵和尿素等可浅施，沟深3～5 cm，施后及时盖土。

#### 4. 茶树叶面施肥

茶树叶片不仅能够依靠根部来吸收矿质元素，同样也能直接吸收附着在其表面的矿质营养。具体来说，茶树叶片吸收养分的途径主要有两种：一种是通过叶片的气孔进入其内部；另一种则是通过叶片表面角质层化合物分子的间隙，逐渐渗透进入叶片细胞。

同位素试验的数据证实，叶面追肥，尤其是微量元素的施加，能显著激活茶树体内的酶体系，从而大幅增强其对营养的吸收能力。一些综合性的营养液，它们融合了营养与化学调控的功能，具有清除茶树体内多余自由基、促进新陈代谢、强化吸收机能、活化多种酶促反应以及加速物质转化等多重效果。

叶面施肥的优势在于它不受土壤对养分的淋溶、固定和转化等因素的影响，因此使用的肥料量相对较少，但养分的利用率却非常高，施肥的效益也十分显著。这种施肥方式对于那些容易被土壤固定的微量元素肥料来说尤为适用。据斯里兰卡报道，当使用20%的尿素喷洒在茶叶的叶背时，仅仅需要4个小时，茶树就能完全吸收所喷洒的尿素。由此可见，叶面追肥能够迅速缓解茶树因缺乏某种元素而出现的问题，并且在茶树的生长季节中，这种施肥方式还能避免因施肥而对根系造成的损伤。

此外，在逆境条件下，如干旱或寒冷时期，喷施叶面肥还能有效地增强茶树的抗逆性。例如，在干旱期间进行叶面施肥，可以适当改善茶园的小气候环境，有助于提高茶树的抗旱能力；而在秋季喷施磷肥和钾肥，则能显著提升茶树的抗寒性，帮助其更好地度过冬季。

叶面追肥的施用浓度是至关重要的，因为浓度过低将无法达到预期效果，而浓度过高则容易对叶片造成伤害。此外，叶面追肥的操作可以与其他农业活动如虫害治理和喷灌等相结合，从而实现管理的机械化，既经济又节省劳动力。当需要混合使用多种叶面肥时，必须确保它们的化学性质相同（同为酸性或碱性），以避免产生不良反应。同样，当叶面肥与农药配合使用时，也需遵循酸肥配酸药、碱肥配碱药的原则，否则可能会影响肥料或农药的效果。

在确定叶面追肥的肥液量时，一般采摘茶园每公顷的推荐用量为750～1 500 kg。具体用量应根据茶园的覆盖度进行调整，覆盖度大的茶园可适当增加用量，而覆盖度小的茶园则应减少用量。喷施时应以茶丛叶片湿润为度。由于茶叶背面的气孔较多且蜡质层较薄，其吸收能力通常比正面高出5倍，因此喷施时应以叶片背面为主。

对于微量元素和植物生长调节剂的喷施，每季通常仅需进行1～2次，最佳喷施时机为芽初展时。而大量元素等营养物质则可每7～10天喷施一次。考虑到早上有露水和中午阳光强烈的情况，这些时段喷施容易导致浓度变化，因此建议在傍晚时进行喷施。在阴天的情况下，喷施时间则不受限制。但是，在雨天或大风天气下应避免进行喷施操作。

目前市场上可供茶树作为叶面肥追施的产品种类繁多，包括大量元素、微量元素、有机液肥、生物菌肥、生长调节剂以及专门型和广谱型叶面营养物等。这些产品各具特色和作用。值得注意的是，过去曾广泛推广使用的稀土微肥，由于近年来茶叶中稀土限量标准的实施，现已基本不再使用。

# 第四节　茶园土壤肥力培育与维护

茶园在茶园土壤管理的过程中，我们经常会面临一个核心问题：如何界定优质的，或者说管理得当的茶园土壤？显然，我们需要一套明确的标准来衡量。过去，我们常常提及“宜茶土壤”这一概念，这主要是在选择和开垦茶园用地时的一个参考。当时，我们主要关注的是土壤的 pH 值、土层种类以及土层的厚度。

然而，对于一个已经投入生产的茶园来说，其关注点可能会有所不同。生产力、肥力水平以及土壤的整体质量可能会成为更为重要的考量因素。因此，需要一个更为全面和细致的参考指标，来准确评估茶园土壤的性能状态。

这样的指标不仅能够帮助我们了解土壤的当前状况，还能指导我们如何进行更有效的土壤管理，从而提高茶园的生产效率和茶叶的质量。总的来说，确立一个科学、实用的茶园土壤性能评估标准，对于茶园的持续健康发展具有十分重要的意义。

## 一、土壤质量指标

根据最近土壤学方面的大量研究，土壤质量指标逐渐取代传统的土壤肥力指标来表征耕地等农业用地的质量状况。土壤肥力只是作为其中一个重要的指标而被保留。

### （一）土壤肥力指标

土壤肥力指标是最常用的参考指标，也是使用历史最久的指标，或者说相对最成熟的土壤指标。

近来，国家土壤质量研究重新定义了全国土壤分级指标，但关于茶叶基本没有相关的研究。随着对安全、环境的关注，茶叶生产同样强调生产安全、环境友好，因此茶园土壤的质量指标相应也要有所更新，关注的内容也会更多，而不是单纯、传统的肥力指标，即只有养分含量的多少。

### （二）生物学指标

生物学指标用来衡量土壤的生物生长适宜性，前面的肥力指标主要是指土壤能提供茶树或植物生长所需养分，但茶树是否健康生长没有考虑。生物学指标就是把土壤当作活体，看其自身是否健康的一个参考指标。土壤生物学指标已经有许多研究，但对茶园土壤的研究相对较少。目前常用的土壤生物学指标包括微生物生物量、土壤微生物种类及数量、土壤动物数量、土壤酶活性等。有研究认为茶园土壤的有益微生物总数（细菌 + 真菌 + 放线菌）每克不得小于 0.5 亿个，蚯蚓数量要多，每立方米不得少于 30 条。但在我国茶园土壤中，基本无蚯蚓。

### （三）健康指标

土壤的健康指标涵盖了土壤中的有害物质（如重金属、农药残留等）以及有益元素（如硒等）的含量。然而，在茶园土壤的评价中，目前主要关注的是有害重金属及农药残留的含量，这一点在各类有机农产品或无公害农产品的产地要求中得到了体现。

根据农业农村部发布的《无公害食品——茶叶产地环境条件》（NY5020—2001），茶园土壤中六种有害重金属的含量有了明确规定。在这些指标中，茶园土壤的环境质量标准被设定为强制性指标，意味着要实现可持续且优质高产的茶叶生产，土壤中的有害重金属含量必须严格控制在规定标准之内。

除此之外的其他指标，如物理、化学和生物学指标，则被视为参考性指标。在实际生产过程中，即使是一些优质高产的茶园，其土壤的理化性质也可能无法完全达到上述所有指标的要求。因此，在土壤管理过程中需要持续进行培育和改善。

为了实现茶园的可持续发展，我们必须定期对土壤的理化性质和生物学特征进行监测。根据监测结果，调整土壤管理技术，以提升土壤的各项肥力指标。通过这样的方式，我们可以不断改善茶叶的品质，提高产量，进而提升生产效益，实现茶园的可持续发展。

### （四）茶园土壤培育或维护措施

随着茶园的连续生产，茶园土壤的可持续能力会下降。如何防止茶园肥力或土壤质量的下降，是茶园管理中的一个重要内容。针对长期的生产茶园，可能出现的主要问题是土壤容重增大，pH 下降，有机质含量下降，生物多样性变差，一些有毒有害物可能累积。产生这些问题的原因大部分是由于管理不当所引起的：一是施肥不当，二是翻耕不当。主要是施肥不当。

针对这些问题，施肥时要掌握一些基本的原则：

（1）有机肥、无机肥配施，重施有机肥。

（2）追肥以氮肥为主，适当配合磷、钾肥。

（3）开沟施肥，提高肥效，保持土壤容重。

（4）注意各种肥料的选择，防止重金属积累。

## 二、茶园土壤改良

茶园土壤改良主要是指对不良茶园土壤的改良。对我国茶区而言，不良土壤主要是指过度酸化土壤、营养不良土壤、污染土壤、生态环境恶化土壤等。

### （一）过度酸化土壤

茶园酸化指的是长期过量施用化肥、缺少翻耕等引起的茶园土壤 pH 过低。茶园土壤最适宜 pH 为 4.0 ～ 5.5。当 pH 低于 4 时，通常会认为是茶园土壤酸化严重。目前我国茶园土壤酸化比较严重，据浙江大学茶学系及中国农业科学院茶叶研究所的调查，我国茶园土壤酸化比例达到 40% 以上。针对 pH 过低的茶园，可采取以下几项措施：

（1）适度施用石灰等快速改良土壤。

（2）施用一些碱性有机肥。这些碱性有机肥主要是一些养殖场粪便类有机肥，通过石灰消毒生产而成。这些有机肥对改良酸性土壤同样有效。

（3）多施用有机肥，提高茶园缓冲能力，减少茶园的酸化。有机肥能有效阻止土壤的酸化。

（4）施用石灰氮肥。在施用时要注意安全。

### （二）营养不良土壤

营养不良土壤指的是那些不适宜茶树生长的土壤，这类土壤往往随着近年来茶园的大规模扩张而出现。原本被认为不适合种植茶树的地方，如山地丘陵地区的梯田、水田，黄淮河地区的盐碱地，含砂量高的砂浆土，以及由沿海滩涂开发形成的滨海盐积土等，现在都被纳入了茶园的范围。除此之外，一些茶苗苗圃地和老茶园改造地也可能存在营养不良土壤的问题。

为了确保茶苗能在这些土壤中正常生长，种植前必须采取适当的土壤改良措施。这些措施可能包括调整土壤酸碱度、增加土壤有机质含量、改善土壤结构等，以提高土壤的肥力和保水能力，为茶树的健康生长提供良好的土壤环境。

#### 1. 碱性土壤

这类土壤通常 pH 高，盐分含量高，不适宜种茶。如一定要种，则种茶前需要进行土壤改良。这类土壤的改良，主要是以降低土壤 pH 和盐分为主要目的。因此，常见的办法是使用硫黄、石灰等来先降低其pH，同时要结合有机肥施用，或者是先种植牧草、绿地等，然后再考虑种茶。

2．水稻田改植

水稻田改植茶园，主要的障碍是淹水或者透水不畅。近来许多地方改水稻田种茶，尽管这是不提倡的，但如果种植，则种植前需要适当的改良。改良措施包括：

（1）深翻破隔，开沟排水。水稻土有一个不透水的犁底层，故改植茶前需要打破这一隔层，以防茶园积水。同时旱季也有利于地下水的上升。开沟是为了快速排出茶园水分，水稻田通常处于平地或在洼地，极容易积水。

（2）施肥改土。水稻土相对偏黏，pH偏中性。需要多施一些有机肥，以利于其结构改良。

（3）另外，如pH偏高，也可适当施点硫黄或者其他酸性肥料，快速降低其pH。

3．苗圃茶园和老茶园土壤

这两类茶园的土壤改良上有一些共同点。苗圃茶园，由于其扦插密度高，土壤酸化严重，多酚累积程度高，如果连作常导致其死亡率高，因此通常不适宜连作。而老茶园改造土壤，同样由于其长期植茶，多数存在pH下降的酸化现象，同时生物多样性指数偏低，微生物种群相对单一，因此直接植茶同样影响到其后续新植茶苗的健康生长。

传统的改良做法：

（1）采用药物灭菌处理，或者暴晒，或者种一季绿肥或其他作物，使其土壤特性发生一些有利改变。

（2）种植前施入一定的石灰及有机质改良土壤。

（3）对于扦插苗圃的土壤，也可采用客土法，直接铺上新土。另外也有人提出铺草火烧后整地、扦插，认为效果也佳。

## （三）污染土壤

茶园面临的土壤污染问题主要包括有机污染和重金属污染两大类。由于我国大部分茶区位于山区和坡地，远离工业区域，因此茶园土壤受到有机污染的可能性相对较小，这里我们主要关注茶园的重金属污染问题。

根据当前的研究结果，仅有少数位于城郊或公路附近的茶园，由于汽车尾气的影响，导致土壤中重金属铅的含量超标。针对这类茶园，种植多层次的树木隔离带是防治铅污染的有效手段。通过沿公路附近种植树木，可以阻挡汽车尾气向茶园的扩散，从而有效地避免茶叶受到铅污染。

在一些地区，由于土壤母质本身就富含重金属元素，导致土壤中重金属的本底含量偏高。对于这类土壤的治理，目前尚缺乏有效的解决方法。如果是局部小范围的土壤污染，可以考虑采用客土法，即将污染土壤移除。对于轻度污染的面状土壤，可以尝试种植一些具有超积累或富集重金属能力的植物，以降低土壤中重金属的含量。

### （四）生态环境恶化土壤

生态环境恶化土壤主要是指近年来一些在不适宜种茶地区新开垦的茶园，如在陡坡茶园（坡度＞25°）土壤上开垦种植，而且直接等高顺坡种植，造成严重的水土流失、肥料流失，影响周边环境。对这一类茶园，最好是退茶还林，或改造为梯田式茶园。另一类不适宜茶园是指北方寒冷地区的茶园，这一类茶园对茶叶生长的抗寒管理要求高、投入大。有些地方土壤 pH 不能满足茶树生长要求，水资源缺乏，这些地区引种茶树要充分论证，若要种茶，要想办法使生态环境满足茶树生长需求。

## 三、茶园间作

茶树在长期的系统发育过程中，形成了耐阴、喜温、喜湿、喜漫射光和喜酸性土壤的生物学特性，这为茶园间作提供了基础，加上旧时茶园多为丛栽稀植、行株距大、空隙多，因此逐渐形成了茶园间作的特点。早在唐代就有文献提到在幼茶期间种“雄麻黍稷”；到了宋代，在《北苑别录》中介绍有“桐木之性与茶相宜。而茶至冬则畏寒，桐木望秋而先落；茶至夏而畏日，桐木至春而渐茂”等记载，说明在宋时福建一带有茶园中种植桐木的习惯。中华人民共和国成立以后，茶园种植多为条栽密植，成园后行间空隙小，无法进行间作，形成了专业化的集约型茶园。但是，即使这种茶园在幼年期或者在茶树改造更新后的一二年间，由于树冠覆盖度小、地面空隙大，仍然可以间作。近几年来，随着对茶园生态环境的要求、提高土地资源的利用率、增加经济效益和实现可持续农业发展的要求，茶园间作又引起了人们的重视。

间作分两种，一种是茶行间套种一年生植物，如绿肥、大豆、玉米等；另一种间作是目前许多地方的套种果树、林树等多年生树种或经济林。为方便讨论起见，本章中将前一种间作称为茶园套种，以间作一年生植物或绿肥为主；后一种称为茶林果间作，间作多年生的经济果林、树木为主。

## （一）茶园间作的利弊

传统认为茶园合理间作或套种，不仅能提高效益，而且对改善茶树生长环境、促进茶树生长发育都有良好的作用。

### 1. 改良茶园土壤、增加土壤肥力

这主要是指幼龄茶园的绿肥套种。幼龄茶园间作白三叶草的试验表明能显著增加土壤有机质含量；土壤团聚体数量增多，总孔隙度提高了4.39%，容重下降了3.05%；茶园土壤结构和物理性状得到了明显改善。同时，白三叶草具有发达的根瘤菌，显著提高了土壤中全氮和水解氮的含量，增加了钾的活性，但三叶草在生长过程中，会消耗钾和磷等部分养分。

这里的效果主要是指茶园套种，尤其是绿肥套种为主，茶林间作起不到这个作用。

### 2. 改善生态环境

在茶园内间作树木或果林，首先可以遮挡太阳对茶树的直接辐射，同时，这些树木枝叶受风力作用不断地变换位置和方向，从而形成大量漫射光，使茶园内的光照度大幅度减弱。茶园间作还有利于调节茶园的温湿度。一定条件下测定表明，3月，间作茶园日平均气温比纯茶园高出1.1 ℃，相对湿度增大近7%；而在7～8月，间作茶园要低于纯茶园3.1 ℃，相对湿度增大近9%。在间作白三叶草的茶园中对地表温度测定也发现，夏季降低土壤温度，冬季增加土壤温度，能起到冬暖夏凉的作用。

间作也有利于生物多样性的改善。与纯茶园相比，间作茶园具有较大的生物多样性。

### 3. 防止水土冲刷

新开茶园中套种农作物，有利于减少或防止丘陵或坡地茶园的水土流失。土壤表面如有覆盖物，犹如盖上一层毛毯似的，能防止水土流失。由于选用的牧草地下根量大、分布广，地上生物量大、覆盖率高，可有效地防止地表水土流失，增加土层蓄水量。

### 4. 保蓄土壤水分

生草栽培实践中，与茶树争夺水分是经常发生的。对于幼龄茶园来说，行间大量裸露，表面蒸发严重，间作或套种能提高土壤的保水能力。通常来说这种保水能力是耕作、减少地表蒸发、截留雨水能力提高等的综合结果。

但是，生草（生物）栽培也有其短处，其中主要是与茶树争夺水分和养分，特别是5～9月，是生草耗水量最多的季节，同时也是茶树耗水的季

节。另外，茶树与草同在一块地上生长，生草是病虫害滋生的好场所，故应注意在旱季对生草进行刈割后铺入园中，注意生草病虫害防治，用增施用肥30% ～ 40% 等措施来补救。

生草栽培以幼龄茶园最为合适，更适宜于新开辟的茶园，可有计划地选择两三种草搭配种植，草种的适应性要强。常用的草种，豆科植物有白三叶草、红三叶草、苜蓿、圆叶决明、羽叶决明、黄花羽扇豆、新昌苕子等；禾本科植物有平托花生、百喜草、梯牧草、茹草等。由于草种在各地的适应性不同，因此，目前各地使用的草种也有所不同。

**5. 品质改良和增效**

茶园间作，特别是与绿肥植物的间作，在改善土壤的物理特性、增强养分供应、调节温湿度等方面都具有显著益处。例如，在茶园中间作白三叶草之后，可以明显观察到茶叶中的氨基酸和水浸出物含量有所提升，而茶多酚与酚氨比则相应降低。此外，茶芽的密度、百芽重以及整体产量也都有显著的提高。

近年来，随着茶区旅游的逐渐兴起，茶与果、茶与林的间作模式也变得愈发常见。以我国著名的苏州碧螺春产区为例，这里就是一个典型的茶果间作区域，其中茶树和果树的种植比例各占 50%。果园内种植的果树品种丰富，包括梅、枇杷、桃、梨等。茶树在这些果树下茁壮成长，周围云雾缭绕，满园弥漫着茶香和花果的香气，这样的景致无疑成了吸引游客前来观光的一大亮点。

间作也给茶园管理带来一些不利的因素，主要集中在以下几个方面：

（1）病虫害类型增加，导致农药使用可能增加。许多个体茶农喜欢种各式水果，一方面会增强病虫害类型，另一方面会加强防治难度，许多虫会到间作树上躲避，或增加病害的寄主。

（2）促进机械化作业的难度。不管间作在茶丛间还是茶行间，都会引起机采或机耕的障碍。从长远来看，会增加机械化作业难度。

因此，一般不提倡茶林间作，如果要增强生态效应，更合适的做法是茶园地块间的绿化，而不是茶行内间作。茶园套作，也只是在幼龄茶园间提倡，许多茶园间作效应可通过翻耕、施肥等技术解决。

### （二）茶园间作的种类及间作物选择原则

茶园间作的种类在生产实践中相当丰富。对于幼龄茶园和经过改造的茶园，适合的间作植物主要包括豆科的白三叶草、绿豆、赤豆、大叶猪屎草、田菁，以及紫云英、苜蓿等。此外，还有一些高光效的牧草，如苏丹草、墨西哥玉米、美洲狼尾草和美国饲用甜高粱等也是不错的选择。

在成龄的茶园中，间作物则主要为果树，如梨、板栗、桃、青梅、葡萄、李、柿、樱桃、大枣等。同时，还有一些经济树种如杉木、乌桕、相思树、合欢树、橡胶、泡桐、银杏、桑等也常被选用。然而，需要注意的是，芝麻、蓖麻等吸肥力强且高大的作物并不太适合作为茶园的间作物。同样，由于禾本科谷物具有强大的根系和较高的吸肥、吸水能力，因此也不宜作为茶园的间作物。另外，甘薯的种植需要起垄，这可能会严重损害茶树的根系，因此在茶园中应避免间作甘薯。所以，考虑间作物品种时应掌握以下原则：

（1）间作物不能与茶树急剧争夺水分、养分。

（2）能够在土壤中积累较多的营养物质，并对形成土壤团粒结构有利。

（3）能更好地抑制茶园杂草生长。

（4）作物较少或不与茶树发生共同的病虫害。

### （三）间作方法

间作方法应视茶树株行距、茶树年龄、间作物种类等来确定。常规种植的茶园，1 ～ 2 年生茶树可间作豆科作物、高光效牧草等品种；3 ～ 4 年生茶树，因根系和树冠分布较广，行间中央空隙较少，只能间作 1 行，不宜种高秆作物；成年茶园间作主要以果树和经济林为主，根据各地经验，间作物成年后把茶园遮阴度控制在 30% ～ 40%，如高大型树种，种植规格为 12.5 m×10.0 m，种植密度为 75 ～ 80 株 /hm$^2$；低型树种，种植规格为 6.0 m×6.0 m，种植密度为 300 株 /hm$^2$ 左右。

## 四、茶园地面覆盖

茶园地面覆盖是一项具有保水、保肥、保土、除草效果的综合性茶园管理措施。地面覆盖有生物覆盖和人工覆盖两种。

### （一）生物覆盖

生物覆盖是一种利用生草（植物）进行栽培的方法，即在特定作物的种植过程中，不进行中耕除草，而是让园地自然长草或特意种植草类。在草类的生长期间，会进行数次的刈割，将割下的草铺盖在作物的行间和根部。这些割下的草也可以用来制作堆肥、厩肥或作为饲料，如在园地中放牧。

在茶园栽培中，生物覆盖特指茶与绿肥（牧草）的间作方式，这是我国传统的栽培技术措施，已有几百年的历史，并且在世界范围内也得到了广泛的应用。对于幼龄茶园来说，生物覆盖是一种非常适合的栽培方法。然而，对于成龄茶园，由于受到各种生产因素的影响，生物覆盖可能并非最佳选择，此时采用人工覆盖的方式可能会更为合适。

### （二）人工覆盖

人工覆盖因采用的覆盖材料不同，常见的有铺草与覆地膜两种。

**1．铺草**

茶园行间铺草是我国的一项传统栽培技术措施，也是一项简单易行、功效显著的茶园土壤管理作业，而且不受气候、地域限制。

（1）茶行间铺草的作用。

1）减少水土流失、肥料流失，尤其可促进化肥撒施的利用率。杭州茶叶试验场测定，坡度大的幼龄茶园，土壤冲刷现象相当严重，进行铺草覆盖以后，土壤冲刷量比未铺草地大量减少。茶园铺草，大雨之际，雨滴打在草料上，降低了势能，成为缓慢的水流，有利于其渗入土中，并使地表径流减少。干旱时期，覆盖能使土壤水分的蒸发强度降低，保蓄土中水分，减轻干旱对茶树生育的影响。

2）在夏季能有效减少地表的蒸腾作用，提高土壤的持水能力。

3）通过草的腐熟转化，提高茶园土壤的肥力质量，改善土壤内部的水、肥、气、热状况，从而更能适合茶树生长的需要。铺草茶园的有机质、全氮、全磷、全钾含量以及土壤微生物数量明显增加。茶园铺草还可以调节茶园土壤温度，冬季具有保温作用，夏季则有降温作用，具有“冬暖夏凉”的效果，而且调节其“夏凉”比“冬暖”更明显，根据各地试验表明，冬季铺草比未铺草的土温提高 1.0 ℃～ 1.3 ℃；夏季降温则可达到 4.0 ℃～ 8.0 ℃。

（2）铺草技术。铺草技术是一种有效的土壤管理方法。在平地和梯式茶园中，草料可以随意散铺，并用土块稍加镇压，以确保草料不易被风吹走。而在坡地茶园中，铺草时应沿着等高线进行横铺，草料应像覆瓦一样层层搭盖，首尾相接，并用土块适当固定和镇压，以防止风吹和被雨水冲走。

除了人工将外来草料铺入茶园，还应特别重视保留茶树自身积累的有机物。这是增加茶园有机质含量、提高养分循环利用效率、减少元素损失的重要途径。通过将这些有机物保留在茶园中，可以进一步提升茶园的土壤肥力和茶叶品质。

**2．覆地膜**

茶园铺草对于维持土壤湿度、增强土壤肥力以及调节土壤温度等方面具有显著效果。然而，在缺乏草原的地区，实施这项技术可能会面临困难，因此，人们常常选择使用其他材料作为替代，其中包括各种地膜。

茶园采用地膜覆盖同样可以有效地调节土壤温度。在早春时节，这有助于春茶提前发芽；在冬季，则有助于预防冻害；在旱季，它有助于保持土壤水分，从而抗旱。此外，地膜还能有效防除杂草，防止雨滴直接冲击地面，进而避免土壤侵蚀和养分流失。

不过，需要注意的是，夏季铺设地膜可能会因高温而对茶树造成伤害。而在6月至9月覆盖地膜，则能显著提高土壤含水量，并且覆盖后的茶园土壤含水量受气候变化的影响较小。

冬春季节覆地膜对茶树的生长有促进作用，但夏季覆盖则可能会损害茶树。另外，覆地膜后无法进行除草和施肥等工作，因此在覆盖前应进行中耕除草，施足肥料并灌溉。这样，才能确保茶树的健康生长和茶叶的优质产量。

优质的树冠是普洱茶树持续优质、高产和高效的基础和前提。普洱茶树树冠培养是普洱茶茶园管理主要栽培技术措施之一。它是根据普洱茶树生长发育规律，外界环境条件变化和人们对普洱茶茶园栽培管理要求，通过合理修剪，辅以采摘，调节养分和水分的分配和运输，促进新梢生长密而壮，增强光合作用，提高有机物的生成量，将茶树培养成“壮、宽、齐、密、茂”的优化型树冠；同时及时防治病虫害，消除自然灾害，使树势免受损害，保证茶树新陈代谢正常进行。树冠培养就是围绕构建和保持高产优质树冠而进行。

修剪是指用工具或机械，依栽培技术要求适当剪去茶树部分枝叶或全部枝叶的技术，又称整枝。修剪是培养优质高产树冠的一项最重要措施，其作用是通过人为的定型修剪、轻修剪、深修剪、重修剪和台刈等修剪方法，迫使茶树改变原有自然生长状态，以控制和促进茶树个体发育，培养塑造理想的树型，复壮树冠，延长经济年限，从而达到茶叶持续高产优质、提高栽培效益的目的。

# 第六章　普洱茶高产优质的树冠培养

## 第一节　普洱茶高产优质的树冠培养

普洱茶树的树冠形态，包括其高度、宽度、形状和结构，对茶树的生长、产量及茶叶品质具有直接的影响。在自然状态下生长的乔木型、半乔木型以及多数灌木型茶树，其幼龄期的特点往往是主轴生长显著，超越侧枝的发展，从而导致侧枝相对细弱，整体树型高耸。这种生长模式下，芽叶在树冠中的分布呈现立体状，不仅数量相对较少，而且分布的范围也较窄。这种自然形成的树冠形态与理想的高产型树冠，即“壮、宽、密、齐”的标准存在显著差距。

鉴于此，从栽种幼年茶树开始，我们就需要按照栽培的目标，有意识地进行人工干预。通常采用的手段包括修剪等，旨在加速茶树的合轴分枝过程，进而促进其树冠的快速扩张。通过这样的管理措施，可以引导茶树从自然生长状态转变为更符合经济需求，既能高产又能保证品质的生长模式。

### 一、高产优质的树冠构成

高产优质型的茶树不仅应具备旺盛的新梢生长力，单位面积内新梢数量众多且粗壮，单个新梢的重量达到标准，同时正常芽叶的比例也要高。除此之外，这类茶树还需满足生产成本低廉、便于手工和机械采摘、茶树养分的利用率高等条件，尤其是要能对经济产量做出显著贡献。

具体到茶树树冠的形态特征，高产优质型茶树应展现出合理的分枝结构，树冠的高度要适中，既要宽广又要茂密。同时，采摘面需保持整齐，叶层的厚度和叶面积指数也要达到一定的标准。这些外在表现共同构成了高产优质型茶树树冠的典型特征。

### （一）分枝结构合理

茶树的分枝结构包括分枝级数、数量、粗细等，它们随着树龄和树冠的增大而发生有规律性的变化，接近地面的枝条较粗壮，数量较少，离地面向上生长；随着分枝级数的递增，枝条变细，数量增加，采摘面上的枝条最细，数量最多。茶树种植后，以根茎部为中心，枝叶和根系不断向远离根茎部的方向伸展，称为离心生长。离心生长是有一定限度的，长至一定时期，高度和幅度达一定范围，且基本稳定。自然生长的茶树到壮年期时一般有 7 ～ 8 级分枝，经修剪的茶树，到 8 ～ 9 年时可有 10 ～ 12 级分枝。1 级分枝从主干上抽发，它的粗度小于主干，2 级分枝是从 1 级分枝上抽发，其粗度小于 1 级分枝，依次类推。随着分枝级次的增加，分枝的粗度逐级减小，枝条再萌发新枝的能力逐步减退，达到一定程度时，枝条就会丧失再生能力。当茶树分枝到达一定级数后，一般不再增加，只在上层枝条进行更新，即当采摘面的小枝出现较多结节和干枯时，其上部枝梢育芽能力下降，下部抽生新枝。修剪措施可剪除衰老枝条，降低茶树的分枝级数，提高分枝的粗度，使生产枝得到更新。因此，采用人为修剪方法着力培育具有一定的分枝级数、骨干枝强壮而分布均匀、采摘面上的生产枝健壮而茂密、新梢萌发多而壮实的分枝结构合理的茶树树冠。

### （二）树冠高度适中

当茶树生长至一定高度时，其树冠应能够充分覆盖整个生长空间，形成理想的树冠覆盖度。若茶树树冠过高，枝条在空间中会显得过于拥挤，这不仅无助于提高茶树对光能的利用效率，反而会增加非经济产量的物质消耗。相反，如果树冠过低，则难以形成宽广且密集的采摘面，导致分枝稀疏，进而降低产量。

因此，将茶树控制在适当的高度具有三方面的重要意义：首先，这有助于保持顶端枝条的旺盛生长势，因为控制高度可以促进光合产物向根部运输以及土壤中吸收的矿质养分和水分向地上部分的运输。其次，通过降低茶树高度，可以减少枝干的比例，从而提高经济产量和经济系数。茶树的经济系数通常较低，仅为 0.2 左右，这主要是由于大量物质用于建造枝干和老叶所致。最后，控制茶树高度还有利于茶叶生产的管理，提高生产效益。例如，采摘和病虫害防治等工作都需要在一定的高度范围内进行。

综合考虑茶树生产枝的空间分布密度以及茶叶生产管理的实际需求，对于中小叶种茶树，建议将树冠培养高度控制在 70 ～ 80 cm；对于乔木型大叶种茶树，高度应不超过 90 cm；而在矮化密植园中，则以 50 ～ 70 cm 的高度为宜。这样的高度控制有助于实现茶树生长与茶叶生产之间的最佳平衡。

### （三）树冠覆盖度大

覆盖度是指树冠面积的水平投影与地面之比值。茶树覆盖度与茶叶产量呈显著正相关，相关系数高达 0.953。在适当控制茶树树冠高度的前提下，保持茶园有较高的覆盖度，是茶树高产优质的基本条件之一。但覆盖度过大，茶园密不透风，如某些密植茶园，往往细弱枝条过多，对病虫害和不良环境的抵抗力较低，影响茶叶的产量和品质。茶树高幅比一般要求在 1 ： 1.5 ～ 2.0，绿色面广阔，保持两行茶树树冠间保留 20 cm 左右宽度的行间距，用作采摘、修剪、施肥等生产管理的操作道，如图 6–1 所示，覆盖度达到 80% ～ 90% 为宜。要实现宽大的采摘面，除必须具有宽大的树幅外，还须有最佳的树冠形状。目前，树冠形状有水平形、弧形、三角形、斜形等。最佳的树冠形状必须从品种特性和环境条件的特点方面考虑。云南省主要种植大叶品种茶树，具有明显的顶端优势，新梢芽头粗、重，芽头密度相对较少，因此，选择水平形，可抑制顶端优势，发挥其芽头粗壮、均匀、整齐的特性。水平形覆盖度可达 100%。中小叶种则因发芽数多、芽细小、芽头密度大，可选用弧形，以增加采摘面，冠面为水平形的 120% ～ 130%，以提高产量；另外，还利于机采的推广。从环境条件考虑，水平形，易积霜雪，易受冻，适于南部茶区；弧形抗冻强，适于北部茶区；也可依山坡地，顺势修剪成单斜面形状的树冠式。另外，还有“厂字形”“三角形”等形状，主要是为提高光能利用率、扩大采摘面而设计，即因地制宜修剪树冠形状。

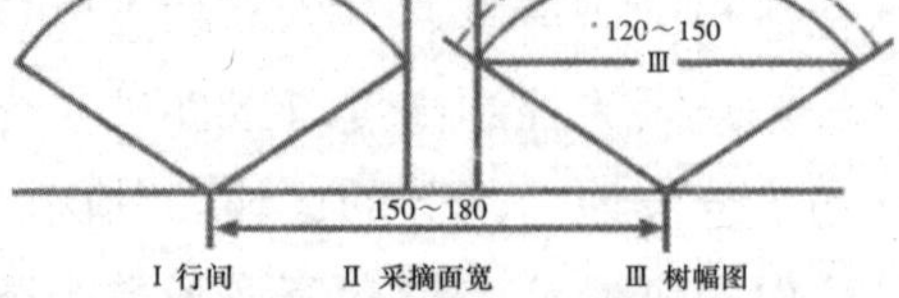


**图 6-1　高产优质茶树的树冠幅度与行间距示意图（单位：cm）**

### （四）适宜的叶层厚度和叶面积指数

叶层厚度系指茶棚面到茶棚下层叶片比较密集的地方的厚度。因叶片是光合作用的场所，茶叶产量的高低取决于能有效进行光合作用叶片的数量。可见，叶层厚度直接影响茶树个体和群体的光合作用效率，因此，必须适宜。叶层厚度过薄，光能利用率不高，物质积累少，往往容易引起茶树未老先衰，持续高产时间不长；而叶层过厚，叶片重叠，相互遮蔽，则一方面消耗养分和水分过多，另一方面影响通风透光条件，影响群体光合作用的能力，容易滋生病虫害，产量降低。高产茶园的叶层，一般大叶种要求 20 ～ 25 cm，中小叶种要求 15 cm 左右。叶面积指数（系数）是指一定土地面积上叶面积的总数与同单位土地面积之比。叶面积指数过小，有效叶片数过少，不利于光合作用。研究表明，当休眠期的茶树叶面积指数在 3 以下时，茶叶产量随叶面积指数的提高而增加；当叶面积指数在 3 ～ 4 时，茶叶产量较高，较稳定，品质较好；当叶面积指数超过 4 时，产量反而有下降的趋势。而处于培养阶段的幼年茶树，或重剪、台刈后重组树冠的茶树，由于叶片相互重叠不明显，较厚的叶层厚度、较大的叶面积指数有利于树冠的培养，因此，叶面积指数一般要求控制在 4 ～ 5 左右。

## 二、修剪对培养高产优质树冠的作用

修剪对高产优质茶树树冠的培养具有多方面的作用。

### （一）促使合轴式分枝提早发生，培育健壮的分层骨干枝

乔木型、半乔木型和大多数灌木型茶树幼苗，如任其自然生长，1 年生一般不出现分枝，其主枝生长势优于侧枝，表现为单轴式的分枝方式。人为地定型修剪剪去茶树的主枝，改变幼年茶树主轴旺盛向上生长趋势，可有效地促使侧枝发生，产生 2 ～ 3 根侧枝，取代主枝生长势，枝条的生长方向发生变化，侧枝与主枝具一定夹角，向行间空间伸展，使茶树提早过渡到合轴式生长。随着定型修剪的进行，分枝级数的逐级增加，经修剪的茶树分枝粗度增粗，逐渐成为起骨架作用的骨干枝。对灌木型茶树进行剪与不剪的比较研究结果见表 6-1。修剪改变了茶树分枝的质量，使分枝数量增加，分枝粗度提高，长枝数量增加。因此，茶树幼年期的修剪对塑造高产优质型树冠有着十分显著的作用。

表 6-1　茶树剪与不剪分枝情况比较

| 项目 | 分枝总数（个） | 短枝数（个） | 长枝数（个） | 一级分枝长（cm） | 二级分枝长（cm） | 一级分枝粗（cm） | 二级分枝粗（cm） |
|---|---|---|---|---|---|---|---|
| 3 年生未剪 | 32.3 | 23.4 | 8.8 | 12.7 | 6.1 | 0.23 | 0.13 |
| 3 年生修剪 | 26.9 | 16.1 | 10.0 | 22.5 | 8.3 | 0.45 | 0.29 |
| 4 年生未剪 | 105.9 | 78.6 | 27.3 | 52.9 | 10.3 | 0.77 | 0.26 |
| 4 年生修剪 | 126.1 | 79.6 | 46.3 | 40.7 | 16.2 | 0.79 | 0.31 |

### （二）调节生产枝密度和粗度，维持旺盛的生产能力

影响茶叶产量主要因子是采摘面上可采芽梢的数量和重量，芽梢是由顶芽、腋芽和不定芽萌发生育而形成。生产枝多，新梢生育能力强，形成可采芽叶数量多，产量亦高；当芽数达到一定量后，芽重对产量影响表现较为突出。中小叶种生产枝数用 1 000 $cm^2$ 达 360 个以上时，其生产枝直径细弱，所育成芽梢也较小。大叶种是芽重型品种，如 1 芽 3 叶芽重低于 0.8 g 时，说明其芽数已偏多。经修剪调节茶树分枝势和分枝位置，即通过修剪，调节生产枝的密度和粗度，以保证树冠面生产枝达到较高标准，并保持生产枝粗度在一定的范围内，改变采摘面上的芽叶数量和重量，进而影响茶叶的产量和质量。

### （三）控制树冠高度与树型，调节采摘面芽梢的分布

通过人为的修剪措施，可以有效地控制茶树的树冠高度和树型，进而调节采摘面上芽梢的分布情况。修剪不仅使树冠高度得以控制，在便于人们进行生产管理的高度范围内，还能促进茶树冠面的整齐和芽梢的均匀分布。

对于未经修剪的茶树来说，其树冠往往杂乱无章，育芽也不齐整。由于茶树芽梢在冠面上萌生的生产枝位置各异，因此，它们的生长势也存在明显的差异。通常情况下，冠面中心的芽梢具有生长优势，中间部位的生产枝萌芽较早且生长迅速，主枝突出；而边侧部位的生产枝则萌芽较迟，生长速度较慢，侧枝短小。这种不平衡的芽叶分布状况在未经修剪的茶树冠面上表现得尤为突出。

为了解决这个问题，我们需要根据茶树的自然生态条件和品种特性，采取适当的修剪措施来塑造树冠形状并平整冠面。通过调节生产枝的位置和抑制中间部位芽梢的生长优势，可以提高边侧芽梢的生长量，使茶树萌发更加整齐。这样一来，采摘面上的芽梢分布就会变得更加均匀，芽梢也会更加壮实。这些措施共同作用下，茶树的生长状态将得到有效改善，为茶叶的高产优质奠定坚实基础。

### （四）促使侧枝生长，形成合理的树冠覆盖度

通过修剪，可以促进茶树侧枝的生长，进而形成合理的树冠覆盖度，这是实现茶叶高产的重要措施。修剪能够消除茶树的顶端优势，抑制主枝的过度生长，并刺激侧枝的产生。对于幼龄茶树来说，修剪还可以促进其合轴式分枝的发生，从而加速形成宽广的树冠，减少土地裸露的时间，降低水土冲刷的风险，这在生态学上具有重要意义。

此外，修剪还能去除老化的“结节枝”，更新生产枝，使茶蓬面的叶片和枝条水分运转更加顺畅，提高育芽力。新梢生长旺盛，不仅增加了茶叶的产量，还有助于提升茶叶的品质。对于成年茶树来说，适时的修剪可以恢复其生长势，延长经济收益年限。

修剪控制茶树的生长高度，还可以调节其分枝部位和生长势，使茶树能够更快地形成并保持合理的树冠覆盖度。这样的树冠结构既有利于茶叶的高产，又方便了茶农的管理和采摘工作。因此，在茶叶生产过程中，科学合理地运用修剪技术，对实现茶叶的优质高产具有重要意义。

## 第二节　茶树修剪技术

目前，我国广大茶区推广应用最多的修剪方法主要有定型修剪、轻修剪、深修剪、重修剪和台刈五种。定型修剪主要起培养茶树骨架、促使分枝、扩大树冠的作用；轻修剪和深修剪主要起整理树冠、维持采摘面芽梢高效的生长势和利于生产管理的作用；重修剪和台刈则是树冠更新复壮的主要手段。由于茶树在不同的生长发育阶段有不同的生长习性，所以，根据茶树的生长发育特点、树势和相应的环境条件，合理应用不同的修剪方法及其配套技术措施，才能有效地促使高效、优质茶树树冠形成。

### 一、修剪时间的确定

不同时期对茶树进行修剪，会对其树冠的形成产生深远影响。如果修剪的时机选择不当，可能无法达到预期的效果，甚至可能导致茶树茎部干枯死亡。修剪本身是对茶树的一种伤害，茶树需要体内有足够的养分储备来恢复这一创伤。

茶树体内的养分含量在一年中会有很大的变化，这种变化主要表现为碳水化合物和含氮化合物的动态消长。具体来说，当茶树在秋季逐渐进入休眠状态时，地上部分的养分会开始向根部转移并在那里积累储藏。到了第二年春茶萌发的时

候，根部又会将这些储藏的养分输送到地上部分，以满足新梢生长的需要。

从9月下旬开始，茶树根部的淀粉和总糖量开始增加，这种增加趋势会持续到次年的1—2月，并达到最大值。8月前后，茶树体内的这些养分储藏量会达到最低点。

了解茶树体内养分的这种年度变化规律，对于我们选择合适的修剪时期至关重要。只有在茶树体内养分储备充足的时候进行修剪，才能确保茶树快速恢复创伤，进而形成良好的树冠结构。

根据茶树体内养分的年变化规律和各地的气候条件，我国长江中、下游茶区，修剪宜在春季茶芽萌发前的3月上旬（惊蛰前后）进行，这时根部养分储藏量大，气温正处于回升时期，雨水充足，有利于茶树修剪后恢复生机。长江上游的四川茶区，早春气温回升快，与同纬度的长江中、下游茶区相比，日均温高2 ℃～3 ℃，该地区修剪可提前半个月进行。从修剪对当年经济效益的影响角度来考虑，台刈、重修剪、深修剪可延至春茶后进行，春茶后茶树体内养分积累有一个小高峰，同时温度还未达到夏季最高时期，雨水充足。5～6月茶树生长量大，假若在修剪的同时重施肥料，加强管理，对根部物质储藏不足的问题予以补偿，也可获得好的效果，但幼年茶树定型修剪，是为培育健壮的骨干枝，不对生产造成影响，因此，修剪时期仍以早春为好。

在我国茶区，春茶前的修剪是一个重要的园艺操作。这一时期，茶树体内的养分储备较为丰富，为修剪后的恢复提供了良好的营养基础。同时，随着气温的逐渐回升，修剪后的伤口更容易愈合，新枝也能更快地再生。

然而，春茶前修剪也存在一些挑战。首先，修剪的时间窗口相对较短，如果大面积的茶园安排不当，很容易错过最佳的修剪时机。其次，过早进行修剪可能会使茶树受到冻害，而过迟修剪则会推迟春茶的萌发时间，对春茶的生产造成较大影响。

因此，在选择春茶前修剪时，需要仔细考虑各种因素，确保在最佳的时间进行修剪操作，以实现茶树的快速恢复和春茶的高产优质。

一些冬季无冻害和旱害发生的地区，常采用秋季修剪，秋剪处于根部养分渐渐积累时期，剪后的营养基础不及春剪，但修剪时间易于安排，有利于越冬芽的孕育，春季茶芽早发、冬季常有冻害发生的茶区，不宜采用秋季修剪。

在热带或毗邻热带茶区，茶树全年生长不息，无明显的生长期和休止期，糖的积累与分解都较快，茶树的最佳修剪期应该是茶树生长相对休止的中、后期，如海南省，基本上全年都生长，只是在12月至翌年1月生长量下降，这样的茶区，应严格把握修剪时期，在生长量下降的中后期进行修剪，否则，会由于茶树体内养分的积累少，新梢养分供应不足，加上修剪造成创伤，伤口愈合缺少营养，而影响茶树的生长。有些茶区雨季、旱季分明，如云南省，从12月起气候干燥，降雨量少，干旱严重，春季修剪对树势恢复不利，这种茶区，应考虑在春茶后雨量丰富的季节来临初期进行。

总之，茶树的修剪适期，应考虑在茶树体内养分储藏量大、修剪之后气候条件适宜、有较长的恢复生长时期时进行，此外，还要综合考虑各地的生产效益、生产茶类、茶树品种、劳动力安排等因素。

## 二、定型修剪

定型修剪是按照塑造茶树树冠要求，剪除部分枝叶以固定树型、加宽树幅的修剪，是奠定茶树树冠结构、塑造树型的修剪。茶树的定型修剪主要用于幼龄茶树的树冠培养，也用于重剪后或台刈改造后的树冠重塑。其主要根据茶树分枝习性抑制主枝生长，促进切剪口附近发生的强壮侧枝，使单轴分枝迅速转变为合轴分枝，使茶树的向上生长优势转变为侧向生长优势，增加有效分枝数，使分枝结构合理、骨干枝粗壮，调整树型，形成伸展的骨架，为培养宽阔的树冠和强壮的树势奠定坚实的基础。各地的气候条件不同，品种不同，在茶树定型修剪的具体操作上有一定的差别，方法有以下三种。

### （一）平剪法

幼年期茶树由于顶端生长优势强，若任其自然生长，则顶芽生长旺盛，分枝部位高，分枝稀少且细而短，不可能形成密集的树冠生产枝层。通过定型修剪，压低分枝部位，改变茶树自然生长型，加速合轴分枝发展，促使其迅速形成宽大的树冠面。一般来说，常规茶园定型修剪需要经过3～4次。当一年生茶苗生长良好，有75%～80%苗高达到30 cm，或有1～2个分枝（中小叶种），茎粗（离地表5 cm处测量）超过0.4 cm（中小叶种应超过0.3 cm），便可进行第一次定型修剪。用整枝剪，在离地15～20 cm处平剪上部枝条，如图6-2所示，剪去主枝，侧枝不剪。云南大叶种等乔木型品种分枝部位较高，应剪高一些；灌木型中小叶品种，分枝部位低，应剪低一些；高寒山区上，土壤瘠薄，茶苗生长较差的，应剪低一些。不符合第一次定型修剪标准的茶苗不剪，留待第二年，高度、粗度达标准后再剪。一般在第二年进行第二次修剪，此时树高应达40 cm以上，在上次剪口处提高10～15 cm，即离地25～30 cm处平剪，如图6-3所示。如果茶苗生长旺盛，只要苗高已达修剪标准，即可提前进行第二次定型修剪；若茶苗高度不够标准的，应推迟修剪。第一、二次定型修剪是关系到一、二级骨干枝的构建，因此，修剪时，应先按高度要求选好剪位，用整枝剪逐株逐枝细致修剪，剪口应向侧倾斜，尽量保留外侧的腋芽，使发出的新枝向四周伸展，形成披张的树型；剪后留桩不能过长，以减少小桩对养分的消耗；而且剪口要光滑，切忌剪裂，以免雨水浸渍伤口，难以愈合。第三次定型修剪在第二次定型修剪的次年进行。修剪高度在第二次剪口上提高 10 ～ 15 cm 处平剪，如图 6-4 所示。若进行第四次定型修剪，可再在第三次定型修剪后的一年进行，修剪高度在第三次剪口的基础上，提高 10 ～ 15 cm 左右进行。幼年茶树在进行 3 ～ 4 次定型修剪后，一般高度达 50 ～ 60 cm，连同主茎形成 4 ～ 5 层分枝，幅度达 70 ～ 80 cm，而后通过轻修剪，结合打顶轻采等，进一步扩大树冠，增加分枝密度，培养树冠和采面。

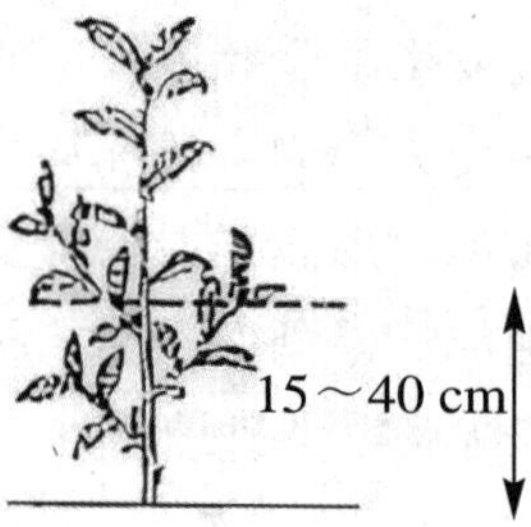


图 6-2　幼龄茶树第一次定型修剪示意图

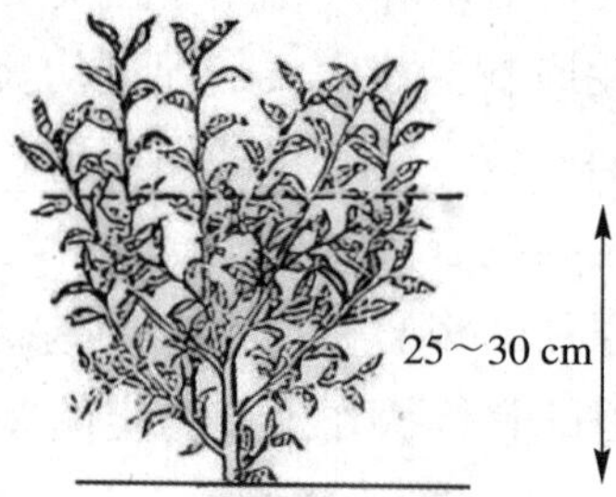


图 6-3　茶树第二次定型修剪示意图

图 6-4　茶树第三次定型修剪示意图

第三次和第四次定型修剪工具可用篱剪或修剪机进行，在确定的高度下剪平。定型修剪高度研究表明（见表 6-2），剪口以适当压低为好，分枝量少，但较粗壮；如果剪口偏高，分枝虽略多，但较细弱。

表 6-2　修剪高度对剪后分枝结构的影响（湖南省茶叶研究所）

| 修剪高度（cm） | 分枝数（个） | 分枝粗（cm） |
|---|---|---|
| 13 | 4.8 | 3.1 |
| 20 | 7.8 | 2.3 |

密植茶园由于种植密度通常为常规茶园的 3 ～ 5 倍，一般只需要进行 1 ～ 2 次定型修剪。第一次在茶苗 1 足龄时进行，当茎粗超过 0.4 cm（中小叶种应超过 0.3 cm），苗高达到 30 cm 以上，离地 15 cm 左右修剪；第二次定型修剪在 2 足龄时进行，当树高超过 45 cm，在离地 30 cm 处修剪。凡 1 足龄茶树未达修剪标准的，可推迟至 2 足龄时进行，在离地 25 cm 处进行一次定型修剪，树冠达到一定的幅度后，便可投产。

重修剪和台刈后的茶树也要进行定型修剪，以构建合理的分枝结构，重塑新树冠。重修剪的进行 1 次定型修剪即可，一般在重修剪的次年春前，距地 40 ～ 45 cm 处，即于重修剪剪口上提高 10 ～ 15 cm 处用篱剪或修剪机进行修剪。对于离地 3 ～ 20 cm 台刈的茶树，一般要通过 2 次定型修剪。第一次定型修剪在台刈后翌年春茶结束后进行，因台刈根颈部长出的枝条数量多，可在原剪口基础上提高 15 ～ 20 cm 剪平；第 3 年春茶结束后再在上次剪口上提高 15 cm 左右进行第 2 次定型修剪。以后与幼龄茶树一样，实行留养轻采、轻修剪，逐步培养树冠。

在进行茶树的定型修剪时，有几个关键问题需要特别注意：

首先，关于定型修剪的时间选择。虽然在茶树的茶芽生长休止期内都可以进行修剪，但考虑到幼苗的养分储存情况，必须谨慎选择修剪的时机。由于修剪后新生长需要消耗大量养分，因此最佳的修剪时期应当是在茶树基部和根部养分储藏最丰富的时候，这样能够确保茶树在修剪后有足够的养分支持其恢复和生长。同时，选择一个有较长生长时间的时期进行精剪，也是非常重要的，因为这可以为茶树提供更多的恢复和生长机会。

其次，定型修剪时需要同时关注茶树的高度和枝条的粗度。一方面，如果茶树的高度不足，就会影响到骨干枝的健壮度，使整个树冠的结构不够稳固。另一方面，如果枝条不够粗壮，也无法形成强壮的骨干枝，这同样会影响到茶树的生长和产量。因此，在定型修剪时，必须确保茶树的高度和枝条的粗度都达到一定的标准，这样才能培养出结构合理、生长健壮的茶树。

最后，需要注意的是，定型修剪不能简单地用采摘来代替修剪。虽然采摘和修剪都可以消除茶树的顶端优势，促进侧枝和腋芽的萌发，但它们的作用对象和效果是不同的。采摘主要是针对嫩梢进行，而修剪则是针对木质化程度较高的枝梢进行。如果用采摘来代替修剪，就会导致多个枝条同时萌发，使枝条过于密集、短小和纤细。这样一来，就会形成过于密集但不够粗壮的分枝层，无法达到培养数量合理、分布均衡、粗壮的骨干枝的目的。因此，在进行定型修剪时，必须明确区分采摘和修剪的作用，并根据实际情况进行合理的操作。

### （二）分段修剪法

我国南部茶区气候温暖，雨量充沛，栽培的乔木和小乔木型大叶种茶树，顶端优势强，年生长量大。为了充分利用这种生长优势，采用分批、多次、分段修剪的方法来控制树冠高度，加快树冠培养，即依据茶树新梢生长有迟早、快慢、强弱的特点，在一年中分期、分批、分段进行定型修剪。其按枝进行，能不断调整顶端优势。分段修剪第 1 次只剪主枝，凡茶苗近地面处茎粗达到 0.4 cm 以上，离地面 10 ～ 12 cm 处将主枝剪去。以后各次修剪只要在剪口以上的分枝茎粗达 0.35 cm，或枝条已展叶 7 ～ 8 片，或已半木质化和木质化，便于在上次剪口上提高 8 ～ 12 cm 处剪去。一株中的枝条有 1/3 符合修剪标准就逐枝修剪，剪强养弱，不达标准的枝条留待下批再剪，每次修剪要分二三批完成。掌握这种程度的修剪，可使每次剪后留下一定的叶片，只剪去枝条总长的 1/3 ～ 1/20，一年内同一枝条上可剪 2 ～ 3 次，每年可形成 2 ～ 3 级分枝；待分段剪实施 2 年后，树上养成 4 ～ 5 级分枝，树高可达 50 ～ 60 cm，再进行一次性剪平，即可实行留叶采摘。

分段修剪能不断地转移和调节顶端优势，控制各层次分枝的平衡，对于减少光合产物浪费、加快成园具有良好的作用。

### （三）弯枝法

弯枝法是指人为地将枝条弯曲，削弱顶端优势，使其下部侧芽萌发快长的一种与定型修剪配合使用的树冠培养方法。正常生长的茶树，由于顶端优势的作用，顶芽产生的生长素对下部腋芽有抑制作用，位于枝条下端的腋芽激素浓度较高，所受的抑制作用较强，不易萌发。弯枝法充分利用茶树生长的顶端优势原理，把生长旺盛的枝条，人为地向茶行两侧压弯，改变原来枝条上各腋芽所处的相对位置，改变了树体内激素、营养物的运输和分配，使顶芽产生的生长素水平移动，速度减慢。同时，由于重力的作用，生长素主要位于近地面的一侧，侧芽附近的生长素浓度较低，从而使原来被抑制生长的腋芽萌发，结合定型修剪措施来培育一定的分枝密度和高度的茶树树冠。

茶树弯枝的具体做法是：当幼龄茶树定植成活或第 1 次定型修剪后茶苗长到一定高度时，选取离地 10 ～ 20 cm、基部茎粗 0.5 cm 左右、长 40 cm 已木质化的枝条向茶行两边弯曲，用竹钩或铁丝钩等加以固定使其呈平卧状，保持被弯枝条与主枝的夹角为 90° ～ 110°，诱导主枝向外、侧枝向上生长，如图 6–5 所示，加速了树冠扩大进程。分生的侧枝可继续弯枝，或按定剪方法将弯枝上萌发出的分枝条提高 8 ～ 10 cm 剪平，促进茶树骨干枝的进一步萌发生长。第二次定型修剪后，进行打顶轻采，转入正常管理。弯枝法培育茶树树冠是在不产生创伤的情况下扩大树冠，更利于地上部与地下部的正常生长，冠层有较多的枝叶保持，光合产物的积累更利于扩大再生产。

**图 6–5　茶树弯枝方法示意图**

实践表明，弯枝茶树的分枝较多，骨干枝粗壮，蓬面覆盖度大，有利于提早成园。但不同品种茶树由于分枝习性不同，弯枝的效果也有一定的差异。弯枝修剪较单独水平修剪的骨干枝更粗壮、均匀，分枝数量多，树幅和生产枝密度显著提高，故弯枝法应用于南方的乔木和小乔木型茶树，效果更为明显。

弯枝法作为茶树管理的一项技术，虽然能够有效调整茶树生长形态，提高茶叶产量和品质，但同时也存在着一些操作上的难点和管理上的挑战。其一，弯枝法的实施需要投入大量的人力，这在茶园除草、施肥等日常管理工作中会带来一定的不便。其二，弯枝法对技术要求较高，操作和管理质量的高低直接关系到弯枝效果的好坏。

因此，在实际应用中，我们除了要考虑茶树弯枝的适宜区域、品种、季节等因素外，还需要特别关注以下几个方面的管理工作：

（1）加强弯枝前后的肥水管理。在弯枝前，应保证茶树有充足的养分供应，以使其更好地适应弯枝带来的生长压力。弯枝后，要及时调整肥水管理策略，促进茶树快速恢复生长。

（2）勤加检查，防止弯枝小桩松动和脱离。弯枝后的小桩是固定茶树枝条的关键部位，一旦出现松动或脱离，将直接影响弯枝效果。因此，管理人员需要定期巡查茶园，及时发现问题并加以处理。

（3）在幼龄茶树的早期进行弯枝，并与定型修剪相结合。这样可以更好地塑造茶树的生长形态，提高茶叶的产量和品质。同时，通过定型修剪可以控制茶树的高度和枝条分布，使其更加适应弯枝管理的需要。

（4）对于顶端优势明显的乔木和小乔木茶树，弯枝与分段修剪相结合也能取得理想的效果。通过分段修剪可以削弱顶端优势，促进侧枝生长，使茶树树冠更加丰满。而弯枝则可以在此基础上进一步调整枝条分布和生长方向，提高茶叶的采光和通风条件。

## 三、轻修剪和深修剪

### （一）轻修剪

轻修剪系指剪去树冠表层 3 ～ 10 cm 枝叶的修剪，是用于成年茶树、深修剪后以及重修剪和台刈改造定型修剪后的茶树修剪方法。

茶树定型修剪后，分枝层次和骨架基本形成。由于留养采摘，树冠不断提高，表层枝梢也呈越采越细的趋势，冠面的营养芽一年萌发多次，由于营养芽所处的部位、萌发能力和生长量各不相同，因此树冠表面的枝梢也参差不齐。轻修剪解除了顶芽对侧芽的抑制，刺激腋芽萌发生长，进一步提高了茶园的覆盖度和采摘面，培养和维持茶树树冠面整齐、平整，协调生产枝数量和粗壮度，使发芽整齐，保证鲜叶质量，树冠达到一定的高度和控制在一定的高度，提高采茶工效，同时可清除冻害或旱害等带来的树冠表层受害症状。轻修剪时期，对于多数茶园，特别是早春采制名优茶的茶园，以秋茶后或春茶后轻修剪为宜；海拔较高，冬季易发生冻害的山区茶园，只宜在春茶后修剪，若树冠表层枝叶明显受冻时，则应在早春修剪。轻修剪每年进行 1 次，如果树冠整齐，生长旺盛，在掌握恰当的情况下，也可隔年进行 1 次；机采茶园采摘强度大，树冠较平整，宜隔年剪。重修剪或深修剪周期较短的茶树，可隔 2 ～ 3 年轻修剪；相反，重修剪或深修剪周期较长的，宜年年轻修剪。轻修剪程度要把握好，修剪太浅，达不到刺激生长的目的；剪得太重，又会影响树冠面生产枝的结构和数量，叶面积骤减，发芽迟，不利于茶叶产量的提高。一般气候温暖、肥培管理好、叶层较厚、生长势强的茶园可适当剪重些；反之，气候较冷、肥培管理差、生产枝细弱、有较多的对夹叶发生、分枝过密、叶层较薄或采摘过重的茶树宜剪轻一些；一些冬季或早春受冻的茶树，轻剪应将受冻叶层、枯枝等剪去即可。因此，轻修剪措施的应用要根据生态条件、茶树品种和新梢生长势等灵活掌握。

### （二）深修剪

深修剪又称回剪，是剪去树冠上层 10 ～ 15 cm 的枝叶，使茶树上部树冠复壮的修剪方法。成年茶树经过多次的轻剪和采摘以后，树高增加，树冠面上的分枝越分越细，在其上形成许多浓密而细弱的“鸡爪枝”（又名结节枝），这种枝条会阻碍营养物质的输送，容易枯死。因鸡爪枝本身细小，由此处萌发出的芽叶育芽能力弱，新梢生长势减弱，发出的新梢瘦小，对夹叶量增加，致使产量和品质显著下降。树冠发生这种情况时，就必须运用深修剪，剪去鸡爪枝，降低树冠高度，促使上部枝复壮，提高育芽能力，使之重新形成具旺盛生产力的枝叶层，恢复、提高产量和品质，随后复用轻剪，使茶树持续高产、优质。

茶树深修剪一般于春茶结束后进行。修剪的深度应根据茶树的生长势、细弱枝及枯死枝层的厚度而定，按树冠形状以剪尽鸡爪枝为原则，如图 6-6 所示。深修剪后茶树叶面积锐减，甚至没有，发芽期会大大推迟，应留养一季夏茶。对于采摘大宗茶的茶园，秋茶可打顶轻采；对于采摘名优茶的茶园，留养夏茶和前期秋茶，7 月中、下旬轻修剪，秋末采制名优茶。深修剪后重新形成的生产枝层较之未剪前的粗壮、均匀，育芽能力增强，为控制树冠高度，应与轻修剪相配合。一般深修剪后应每年或隔年轻修剪 1 次，轻修剪数年后再次进行深修剪，修剪程度一次比一次重。轻修剪和深修剪这样交替进行，可使采摘面上较长时间保持旺盛的生长枝，延长茶树的高产优质年限。育芽势增强，仍需在此基础上进行轻修剪，隔几年后，茶树深修剪后，新形成的生产枝较未剪前略有增粗，茶树深修剪的周期具体应视茶园管理水平、茶树蓬面生产枝育芽能力的强弱和生产要求来掌握。管理水平高、生产枝育芽能力强的，可适当延长深修剪的周期；相反，则应缩短深修剪的周期。深修剪由于剪位深，对茶树的刺激较深和留养，对当年茶叶产量有一定的影响，有的甚至对次年产量也有影响。深修剪对茶叶品质的作用是十分显著，具体表现为新梢百芽重增加、持嫩性增强、正常芽叶比例提高，同时氨基酸含量上升，而茶多酚含量则有所降低。因此，对于采摘大宗茶，对茶叶产量有较高要求时，深修剪周期一般控制在 5 年左右；对茶叶品质要求较高的茶园，特别是采摘名优茶的茶园，深修剪周期应适当缩短，一般可控制在 2 ～ 3 年；夏、秋茶留养不采的名优茶园，甚至可以每年深修剪 1 次；对于量质并重的茶园，深修剪的周期以 4 年为宜。深修剪采用篱剪或修剪机，要求修剪器具锋利，剪口平滑，避免枝梢撕裂，否则会引起病虫侵

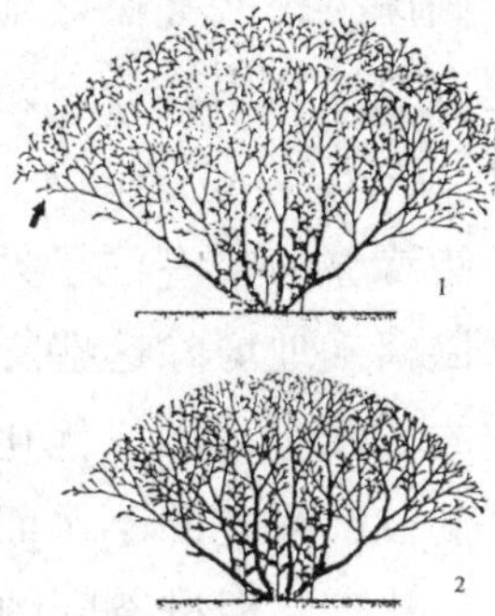


1．修剪前；2．修剪后

**图 6-6　茶树深修剪示意图**

袭和雨水浸入，枝梢枯死，影响发芽。

面对成年茶树树冠过于郁闭、行间空间不足的情况时，为了优化茶树的生长环境并提升茶叶的产量与品质，我们通常会结合深修剪来实施一些辅助性的修剪策略。其中，清蔸亮脚和边缘修剪就是两种非常实用的方法。

清蔸亮脚，即在深修剪的过程中，利用整枝剪精细地去除树冠内部和底部的病虫侵害枝条、细弱且过度生长的徒长枝以及枯老、无生命力的枝条。此外，还需要仔细地疏剪掉那些过于密集、丛生的枝条，以减少枝条间的相互遮挡，确保茶树能够更好地通风和透光。通过实施清蔸亮脚的修剪策略，茶树可以更有效地利用养分，避免不必要的消耗，从而有力地支撑茶叶产量和品质的提升。

边缘修剪是专注于处理两茶行间交叉的枝条。通过使用篱剪或修剪机，我们可以精确地剪除这些交叉的枝条，确保茶行间保持一个约 20 cm 宽的通道。这样的空间布局不仅优化了茶树行间的通风和透光条件，还有效地防止了茶树中下部枝叶因光照不足而过早脱落的问题。边缘修剪的实践对于维护茶树的健康生长状态、促进茶叶的优质高产具有重要意义。

## 四、重修剪和台刈

### （一）重修剪

重修剪是将茶树树冠剪去树冠的 1/3 ～ 1/2（通常离地 40 ～ 50 cm）的修剪，如图 6-7 所示。

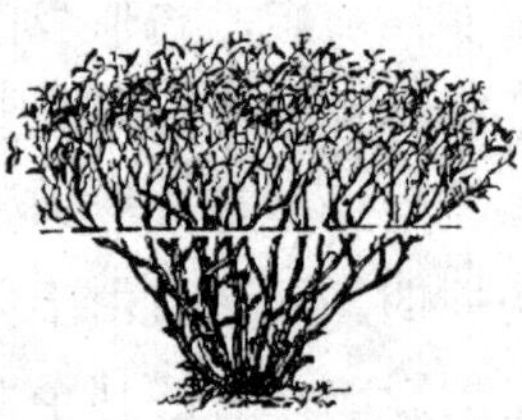

**图 6-7　茶树重修剪示意图**

茶树经过多年的采摘和多次轻、深修剪，中上部枝条的育芽能力逐步降低，表现为发芽力不强，芽叶瘦小，对夹叶比例显著增多，轮与轮的间歇期延长，开花结实量大，茶叶产量和品质明显下降，根颈处不断有徒长枝（地藤枝）发生，进入衰老期。重修剪主要用于这类茶树中衰老或未老先衰的茶树，即树体不十分衰老、骨干枝长势尚良好、具有较强的分枝能力，且有一定绿叶层的茶树，或因常年缺少管理、生长势尚强、树冠较高的茶树。采取深修剪已不能恢复树冠面生长势的茶树，经重修剪使其中上部树冠更新复壮、树冠再造。

重修剪宜在春茶后进行，并要配施重肥，才能取得好效果。重修剪程度要掌握恰当，过重过深，树冠恢复较慢，恢复生产期推迟；修剪程度过轻，则达不到改造目的，甚至改造后不久又重返衰老，失去改造意义。因此，要根据树势确定修剪深度。茶树重修剪的周期与茶树生长势，重修剪与轻、深修剪的配合，以及茶园肥培管理措施等有关。一般重修剪后 2 ～ 3 个月，当新梢长到 20 cm 以上、新梢基部 5 cm 左右已半木质化时，在重修剪剪口上提高 5 cm 进行 1 次定型修剪，秋末气温降低、新梢进入休眠期时进行 1 次轻修剪，第 2 年可正常采摘。茶树重修剪后，当年因留养较多，产量有所降低，但次年茶叶产量有所提高，特别是茶叶品质明显提高，第 3 年产量可比剪前提高 20% 左右，第 4 ～ 5 年茶叶产量仍然较高，但树冠表层生产枝变细，茶叶品质下降，应采用深修剪更新树冠。所以，一个重修剪的周期一般为 9 ～ 10 年；对于采摘大宗茶的茶园，重修剪中间进行 1 次深修剪为宜；对于采摘名优茶的茶园，周期内以进行 2 ～ 3 次深修剪为宜。修剪的剪口可略高或略低于上次的剪口，以保持剪口附近枝条有较强的育芽能力，采用修剪机或锋利的剪刀进行重修剪。

**（二）台刈**

台刈是修剪后只保留树桩 20 cm 以下，衰老茶树彻底改造树冠的修剪方法。因台刈后皆是从根颈、基部萌生新梢，其生理年龄幼，故具有旺盛的生命力，经培养而重新形成整齐的树冠和健壮的树势。台刈的茶树须是十分衰老，枝干枯秃、灰褐色，分枝稀疏、芽叶稀少，起骨架作用的枝干上布满地衣苔藓，根系也已大部分枯黑，吸收能力很差，产量和品质均处于最低水平，即使加强培肥管理，采用重修剪亦不能恢复树势的茶树。台刈后高度是关系到今后树势恢复和产量高低的重要因素，一般在根颈处或离地 5 ～ 20 cm 处剪去全部枝条，如图 6-8 所示，具体应视茶树品种和长势而定。一般来说，剪得高，剪后萌发新梢数多而略细；剪得低，剪后萌发新梢数少而壮。江西省修水茶叶试验站研究了台刈高度对茶叶产量的影响，结果如表 6-3 所示，台刈程度重，台刈当年产量受影响，但以后几年恢复快；台刈程度轻，剪后恢复效果差。小乔木型茶树和乔木型的茶树台刈留桩宜适当高些，可在离地 5 ～ 10 cm 处下剪，过低往往不易抽发新枝，甚至会逐渐枯死。灌木型茶树，台刈高度可稍低些，可离地小于 5 cm 或平地剪去。台刈时间以春茶前为好，台刈亦于春茶后进行，并且也要配施重肥。台刈后应配合定型修剪和轻修剪等重新塑造树冠。台刈后的茶树会抽发大量的新枝，为培养骨干枝，最好进行疏枝，留下粗壮的 5 ～ 8 枝，保留新枝当年留养；第 2 年春茶前或春茶后离地 30 ～ 35 cm 进行定型修剪，以后打顶轻采；第 3 年离地 45 ～ 50 cm 再定型修剪 1 次，春茶打顶轻采，夏、秋茶留叶采摘；第 4 年起轻修剪，开始正常采摘。台刈要求剪口光滑、倾斜，不撕裂茎干，切忌砍破桩头，以防止切口感染病虫或滞留雨水，影响不定芽的萌发。所以，台刈应选用锋利的弯刀斜劈或手锯锯割，或用圆盘式台刈机切割，以利于伤口愈合和抽发新枝。

图 6-8　茶树台刈示意图

表 6-3　茶树台刈高度对产量的影响

| 台刈高度（cm） | 台刈后当年产量（kg/cm²） | 台刈后第 2 年产量（kg/cm²） | 台刈后第 3 年产量（kg/cm²） |
|---|---|---|---|
| 0（平地面剪） | 1285.5 | 1666.5 | 5524.5 |
| 10 | 1350.0 | 2050.5 | 5841.0 |
| 17 | 1278.0 | 1935.0 | 5152.0 |
| 34 | 1752.0 | 1753.5 | 5167.5 |

在云南省的某些茶区，茶农们采用了“抽刈”和“环剥”这两种创新的方法来改造衰老的茶树，并成功地使它们恢复了生机。当茶树的根颈部自然萌生出几枝更新枝，且这些枝条相对粗壮，而茶树的其他枝条已明显衰老时，茶农们就会选择进行“抽刈”。抽刈的过程中，他们会剪掉大部分的衰老枝条，但在树冠上会保留少数健壮的枝条。这些保留的枝条可以继续进行光合作用，积累必要的养分，为台刈后新枝梢的抽生提供所需的营养。等到剪口处抽出的新枝生长得足够健壮后，再将这部分之前保留的枝条剪掉。

“环剥”是一种更为精细的技术。它的具体做法是在离地面约 20 cm 的位置（台刈的位置）用锋利的刀具环剥掉树皮圆周的 2/3，留下 1/3 的部分不剥，环剥的宽度约为 2 cm。这样做的目的是使营养物质在切口处积聚，从而刺激环剥位置新芽的抽生。大约 1 个月后，切口以下的不定芽就会陆续萌发。再过

2～3个月，当新梢长到60～80 cm高时，茶农们会剪掉环剥位置以上的老枝条。然后，他们会以这些新发的枝条为基础，进行定型修剪，帮助茶树重新形成一个健康、有活力的树冠。通过这些方法，云南省的茶农们成功地延长了茶树的生命周期，提高了茶叶的产量和品质。

## 第三节　茶树树冠 综合维护技术

### 一、茶树修剪后的培肥管理

茶树的修剪是一种必要的园艺操作，但同时也是一种对茶树的创伤。修剪后的茶树需要依靠树体内特别是根部储藏的营养物质来愈合伤口，并促进新梢的萌发生长。如果根部储藏的养分充足，茶树在修剪后的恢复速度会更快。

因此，合理的肥水管理是确保茶树修剪后能够快速恢复树势，进而实现高产优质的关键。如果在修剪过程中忽视了肥水管理，茶树的养分消耗会加速，反而可能导致树势的衰败，这不仅无法达到通过修剪来改善树形和复壮树势的目的，甚至可能对茶树的健康产生负面影响。

在实践中，茶农们深知“无肥不改树”的道理。这是因为在没有足够肥料支持的情况下进行修剪，无异于对茶树进行伤害。为了保证茶树根部能够持续、稳定地供应养分，修剪前应该施入充足的有机肥和复合肥。一般来说，农家有机肥的施用量应为30 000～45 000 $kg/hm^2$，复合肥的施用量则应为450～600 $kg/hm^2$。

修剪完成后，当新梢开始萌发时，还需要及时追肥。这是因为新梢的生长需要大量的养分支持，只有及时补充肥料，才能确保新梢的旺盛生长，从而充分发挥修剪的作用。通过这样精细的肥水管理，可以确保茶树在修剪后能够快速恢复生机，为后续的茶叶生产打下坚实的基础。

### 二、茶树冠面叶片的留养与采摘

幼龄茶树的定型修剪是构建骨干枝和塑造树冠骨架的关键步骤。为了确保茶树的健康生长和高产优质，我们在采摘技术上必须采用分批留叶采摘法。这种方法的核心思想是以养树为主，采摘为辅，即在采摘过程中要多留叶，少采茶，尤其要注意打顶轻采，避免过度采摘对茶树造成伤害。如果我们只顾眼前利益，过早或过度地采摘茶叶，就会导致枝条细弱，树势早衰，这不仅会限制树体的自然扩张，而且即使茶树进入壮年期，也会因为树冠狭小而导致产量低下，无法实现高产优质的目标。

对于经过深修剪的茶树，需要根据修剪的程度来决定留养的策略。通常情况下，这类茶树需要留养 1 ～ 2 个茶季，其间同样要进行打顶轻采，以确保茶树的健康恢复。只有当茶树重新培养出适合采摘的树冠面后，才能正式投入生产。

经过重修剪或台刈更新的茶树，其新梢生长旺盛，叶片大而肥厚，节间长，芽叶粗壮。这些特点都非常有利于再生树冠的培养，因此，在早期阶段，我们应以留养为主，同时结合定型修剪来塑造理想的树冠形态。同样，不能为了追求短期利益而进行过早或过度的采摘，否则会严重影响修剪的效果和茶树的长期健康。

## 三、修剪茶树后的保护

不同程度修剪后，茶树抽生的芽叶生长势强，生长量大，嫩度好，易受各种自然灾害的危害，此时，要尽可能避免或减轻各种灾害性因子对茶树的干扰、损伤或破坏，确保茶树的正常生育。比如面对灾害性天气的影响，不同时期和不同茶区的茶树保护工作的重点会有所不同，如江北茶区和江南的高山茶区应特别做好防御寒冻害工作，江南茶区春季和夏初要注意做好山地茶园的水土保持工作，夏季防高温干旱的伤害，秋防旱热害。

病虫害的防治对全国各茶区均很重要，是经常性的工作，修剪后的茶树，枝叶繁茂，芽梢持嫩性强，为病虫滋生提供了鲜嫩的食料，极易发生病虫危害，所以修剪后应十分重视病虫防治，一些被剪下的病虫危害枝叶应及时处理，修剪的同时应清除茶丛内外枯枝落叶和杂草。除去病虫害寄生和害虫越冬的场所，周围未改造的茶树亦应加强病虫害防治，以免蔓延感染改造后的茶树。原来病害较重的，此时，可对茶丛根茎部周围进行石硫合剂的喷施，以确保复壮树冠枝繁叶茂，老茶树往往有病虫和低等植物寄生，一些枝干上的病虫害很不容易清除，再进行修剪更新时应剪去被害严重的枝条。

茶园管理工作还有许多，除了上述施肥、留养、病虫防治等管理措施，其他茶园农业生产措施也应积极配合应用，如除草、灌溉、耕作等，只有将这些农业生产措施合理地加以运用，才能使茶园改造获最佳效果。

# 第七章　茶园灾害及安全生产

## 第一节　茶园灾害与防护

中国茶区地域辽阔，气候条件多变，茶树时常面临寒冻、旱热、水湿、冰雹及狂风等自然灾害的威胁。这些灾害轻则妨碍茶树的正常生长，重则直接导致茶树死亡。因此，在茶树栽培的过程中，我们必须高度重视对茶树受害情况的了解，深入分析其受害原因，并提出有效的防御策略。同时，灾后补救措施的实施也至关重要，以最大程度地减少自然灾害对茶叶生产造成的损失。这是茶树栽培中不可或缺的环节。

### 一、茶树病虫害以及防护

茶树病虫害具有种类多、危害期长的特点，每年因这些有害生物危害而使茶叶产量损失 10% ～ 15%，并使茶叶品质下降，严重时导致茶园毁灭。因此，防治病虫害是保证茶叶优质高产高效和无公害化的重要措施之一。

#### （一）茶园病虫区系的组成及其演替特点

茶园病虫区系的组成，是在茶园生态系中，围绕着以茶树为主体的结构，大量的昆虫和病原微生物种群在环境条件和其他生物种群的影响下，经过适应、竞争，经历量变到质变的发展过程，最后组成了一个相对稳定的茶园病虫区系。茶树原产于中国西南地区，经过几千年的栽培种植，植茶已遍及中国 20 多个省（区、市）。广袤茶区气候温暖多雨，适于有害生物滋生繁衍，因而茶园病虫区系复杂，种类繁多。在不同的地理分布区域、生态环境、茶树种植历史条件下，往往形成不同的病虫区系和优势病虫种类，表 7-1 和表 7-2 分别是中国不同茶区的主要害虫区系和主要病害区系。即使在同一地区，也会由于气候条件的变迁和人为因素的影响而发生病虫种群的演替。组成茶园病虫区系的种群除对茶树或其近缘种具转化性的主要病虫种群外，一般还有由其他植物上转移到茶树上的病虫种群，这些病虫种类，当茶树成为其他本身的生态环境中的成员时，便由其他植物转移到茶树上，成为新开辟茶区中的重要病虫种类。

**表 7-1　中国茶区的主要害虫区系**

| 茶区<br>种类 | 华南茶区 | 西南茶区 | 江南茶区 | 江北茶区 |
|---|---|---|---|---|
| 食叶类鳞翅目害虫 | 油桐尺蠖、茶小卷叶蛾、茶毛虫、茶蚕 | 茶毛虫、油桐尺蠖、云尺蠖、沁茸毒蛾 | 茶尺蠖、茶毛虫、茶黑毒蛾、油桐尺蠖、角尺蠖、甜菜夜蛾、茶蚕 | 蓑蛾类、扁刺蛾、茶尺蟆、黑毒蛾、长白蚧 |
| 卷叶类鳞翅目害虫 | 茶谷蛾、茶细蛾、茶卷叶蛾 | 茶细蛾、茶卷叶蛾、茶小卷叶蛾 | 茶卷叶蛾、茶小卷叶蛾、茶细蛾 | 茶小卷叶蛾 |
| 蚧类 | 角蜡蚧 | 茶牡蛎蚧、长白蚧 | 角蜡蚧、长白蚧 | 长白蚧、红蜡蚧 |
| 钻蛀类害虫 | 茶枝小蠹虫、茶类蝇、茶梢蛾、茶子象甲 | 茶牡蛎蚧、茶籽象甲 | 茶枝小蠹虫、茶枝木蠹蛾、茶吉丁虫、茶黑跗眼天牛 | 茶枝木蠹蛾、咖啡木蠹蛾 |
| 吸汁、锉吸型害虫 | 小绿叶蝉、茶黄蓟马、茶角盲蝽、茶芽瘿螨、黑刺粉虱 | 小绿叶蝉、茶脊冠网蝽、茶枝瘿蚊、黑刺粉虱 | 小绿叶蝉、黑刺粉虱 | 小绿叶蝉、黑刺粉虱、茶蚜、绿盲蝽 |
| 叶象甲类 | 绿鳞象甲 | 绿鳞象甲 | 茶丽纹象甲 | 茶丽纹象甲、茶芽粗腿象甲 |

**表 7-2　中国茶区的主要病害区系**

| 茶区<br>种类 | 华南茶区 | 西南茶区 | 江南茶区 | 江北茶区 |
|---|---|---|---|---|
| 芽叶病害 | 茶饼病、茶白星病 | 茶饼病、茶白星病 | 茶网饼病、茶芽枯病、茶炭疽病、茶轮斑病、茶云纹叶枯病 | 茶网饼病、茶白星病、茶云纹叶枯病 |
| 茎部病害 | 茶红锈藻病、茶黑腐病、茶线腐病 | 地衣、苔藓类、茶毛发病、茶红锈藻病 | 地衣苔部类，茶枝桃黑点病、茶红锈藻病 | 地衣苔藓 |
| 根部病害 | 茶红根腐病、茶苗根结线螨 | 茶红根腐病、茶苗根结线螨 | 茶苗根结线虫病、茶紫纹羽病 | 茶紫纹羽病 |

茶树是一种多年生木本常绿树种，成龄茶树生长茂密，树冠郁闭，茶园生态环境和营养条件的变幅远较其他作物区系小，构成了相对稳定的病虫区系和天敌资源。优势种在漫长的岁月中始终保持优势的地位，而一些次要的病虫种群则不容易上升为优势种群。但由于气候条件的变化和人为因素的影响，尤其是随着现代科学技术的发展，日益增多的人为因素介入自然界，而使茶园发生了明显的病虫区系的演替。栽培技术措施的变革使病虫区系的栖息环境发生变化，致使病虫区系中病虫种群的种类和数量也发生了变化，即导致了茶树病虫区系的“定性”和“定量”组成发生改变。种植方式由丛栽发展为条植以及密植，使茶园的空间明显减小，助长了病虫的传播蔓延，并提供了更隐蔽的藏匿场所。氮肥的大量使用，新梢生长柔嫩而密集，诱使其他植物上的病虫种群转移到了茶树上，并发展为茶园病虫区系中的优势种；而在施肥高氮化的情况下，改变了茶树新梢中的生化成分的组成数量，导致芽叶病害的种类增多；茶树体内氨基酸组成的改变，使得茶树叶病和蚧、螨类害虫有所上升。茶树留叶采摘，提供了茶细蛾的产卵场所，使这种原是山茶科植物上的罕见害虫，一度成为20世纪70年代中期的重要种群。茶园间作也会使病虫区系发生变化，如华南茶区推行胶茶间作后，导致红根腐病、褐根腐病等根腐病发展成为优势种。茶区推广营养繁殖后，加速了多寄主的根结线虫病、根癌病的传播，使根病的问题突出起来。由于不合理地使用农药，在杀死害虫的同时，也伤害了害虫的天敌，在蚧类害虫严重发生并成为当地茶园优势种的地区，往往是有机氯农药大量使用的标志；而茶叶螨类害虫严重发生并成为优势种的地区，往往是有机磷农药大量使用的标志；在黑刺粉虱严重发生的地区也往往是拟除虫菊酯类农药大量使用的标志。在大量使用化学农药前，茶园病虫区系变化不大的重要因素就是天敌的制约作用，而20世纪70年代以来，中国茶园病虫区系的显著变化就是由于化学农药的不合理使用破坏了天敌制约作用的缘故。茶园病原微生物区系的演替规律不如害虫区系变化明显，这可能和茶园中杀菌剂使用数量较少有关，其演替规律仍表现为：由加害成叶和老叶的病害向芽叶病害方向演替，由叶病向根、茎病害方向演替的趋势。

### （二）云南主要病虫害

云南省是一个古老茶区，茶域辽阔，气候多样，病虫种类和发生数量较多，对茶叶生产造成很大威胁。只有充分认识了解病虫害发生情况，才能采用适宜的防治方法，保证茶叶生产持续发展。

1. 云南主要病害的发生

茶树病害分叶部、茎部和根部病害，主要的病害有白绢病、茶饼病、茶白星病、茶云纹叶枯病、茶轮斑病、苔莽地衣、根结线虫病。

（1）茶饼病。茶饼病也被称为泡状叶枯病，是茶树叶片上的一种主要病害。它是由担子菌纲的真菌引起的，这种真菌主要侵袭茶树的嫩叶和嫩茎，对茶叶的产量和品质产生显著的不良影响。如果使用受病的叶片来制作茶叶，其口感会变得苦涩，且易破碎。

在叶片发病初期，其正面会出现淡黄色、半透明的小点，这些小点随后会逐渐扩大，形成直径在 2 ～ 10 mm 的病斑。这些病斑在叶片的背面会凸起，形状像饼，上面会长出灰白色至粉红色的粉末，而叶片的正面则会凹陷，变成淡黄褐色，病斑的边缘则呈深褐色。随着病情的进一步发展，受病的叶片最终会萎缩，病斑变成褐紫色的溃疡状，有时甚至会形成孔洞，严重的情况下，叶片会凋落。

当嫩叶柄或嫩茎受到感染时，一般会出现轻微的肿胀或形成瘤状，上面也会覆盖白色的粉末状物质，然后逐渐萎缩变成暗褐色。

茶饼病的流行与日照时长密切相关。如果连续 5 天的日照时间少于 4 小时，就会为病害的流行提供必要的条件。这种真菌以菌丝体的形式在茶树叶片中越冬。在云南省的普洱、西双版纳和德宏等茶区，茶饼病的发生情况特别严重。

（2）白星病。白星病又名白斑病，一般高山茶区发病较重，云南省滇西、滇南茶区发病普遍。白星病为叶部真菌病害，加害嫩叶和嫩茎。叶片受害后，初期产生淡褐色湿润状小点，后渐扩大成圆形灰白色小病斑，直径 0.5 ～ 1.5 mm，中央凹陷，其上生有小黑点，边缘有紫褐色至暗褐色。叶柄和嫩茎染病时，病斑呈暗褐色，后变为灰白色，叶柄发病会引起叶片脱落。不仅对产量有影响，而且有病叶混入的鲜叶加工成茶后，味苦带涩，使茶叶品质受很大影响。该病以菌丝体或分生孢子器在茶树病组织中越冬。

（3）云纹叶枯病。云纹叶枯病又称叶枯病，主要加害老叶、成叶，嫩叶、嫩茎和茶果亦可发病。其属于囊菌纲真菌病害，发病初期先在叶尖、叶缘或叶中部形成黄绿色小渍状斑点，后渐扩大为褐色近圆形、半圆形或不规则形斑，上生波浪般的轮纹，似云纹状，最后病斑中央部分组织枯死变为灰白色，上生灰黑色扁平小粒点，沿轮纹排列。在茎上则形成灰褐色斑块，上生黑色小粒点，果染病会形成黄褐色圆形病斑，以后变灰色，其上亦生有黑色小粒点。一般大叶种易感染云纹叶枯病，当温度 27 ℃～ 29 ℃，相对湿度在 80% 以上时最易发生。病菌以菌丝体在茶树病组织或土表落叶中越冬。

（4）轮斑病。轮斑病是云南省茶区中极普遍的叶部病害，且全年均可发生，严重时叶片大量脱落而使树势衰弱。轮斑病菌属于一种弱寄生菌，常在树势衰弱或在叶部有伤口的情况下发生。主要伤害成叶和老叶，也可侵害嫩叶和嫩茎。常由叶尖或叶缘开始，先产生黄褐色及边缘不明显的小点，后渐扩大形成圆形或不规则形的病斑，色泽由褐色渐变为灰白色，边缘有褐色隆起线，中央有同心轮纹，其上排列有浓黑色较粗的粒点。病菌以菌丝体或分生孢子盘在茶树病组织中越冬。

（5）苔藓地衣。苔藓地衣在老茶树上较常见，发生严重时可使茶树生机衰退，为茶树茎部主要病害之一。苔藓为一种绿色植物，有假茎和假叶，没有真正的根，丝状的假根附于茶树枝干，吸收水分和养分。苔藓的有性繁殖体为叶茎状的配子体，其中产生孢子，孢子随风传播而危害茶树。在茶树枝干上附生的有悬藓、蔓藓、耳叶苔等，其中悬藓分布广、危害较重。地衣分壳状、叶状和枝状地衣 3 种，是一种真菌和藻类的共生体，为灰色叶状附生植物。地衣主要以本身分裂成碎片的方式进行繁殖，经风雨传播危害茶树。

（6）根结线虫病。又称根瘤线虫病，主要危害茶苗根系，以一年生茶苗受害最重，普洱、版纳茶区皆有发现，会造成茶苗成片死亡，大量缺株。除危害茶树外，还可浸染多种植物。此病系由线虫引起，病原物在土壤中传播蔓延，线虫侵袭幼苗根部，受害根颜色变深，形成许多大大小小的瘤状物（虫瘿），主根膨大畸形，有的须根末端膨大形成瘤状物（将瘤状物挑开便可观察到线虫）。受害植株往往地上部发黄，生长不良，干旱季节叶片脱落，严重时根部腐烂，植株死亡。全年发生 8 代左右，以幼虫在土中或以成虫、卵在病根瘿中越冬。该病害在地势高燥、结构疏松的土中发生严重。

（7）白绢病。白绢病为一种根部病害，云南省幼苗期为一常见病害，造成茶苗成片死亡。病原菌属担子菌纲的真菌，除危害茶树外，还浸染多种植物。白绢病菌在干燥条件下可在土壤中长期存活，以菌核体在土壤中或附着在病株组织中越冬。该病害主要浸染茶苗接近地面的根茎部，发病部位开始呈褐色斑块，随即长出白色棉毛状菌丝体，并向上部和土表蔓延，形成网状分布的白色绢丝状膜层，发病后期，膜层上即产生白毛小颗粒（菌核），并渐变为黄色粟粒状。因病部皮层腐烂，致使叶片枯萎脱落，甚至整株死亡。在高温干旱季节发生严重；土质黏重、排水不良则茶树生长不健壮，也易于发病；该病在云南一般发生在 5 ～ 6 月。

**2. 云南主要害虫的发生**

（1）茶毛虫。又称毛辣虫、毒毛虫等，是在云南省各茶区均有发生的鳞翅目食叶类害虫。茶毛虫一生经历“卵→幼虫→蛹→成虫”四个发育阶段，主要以幼虫嚼食茶树芽叶而造成危害，而且其体表具毒毛，人体皮肤接触后会引起红肿痛痒，影响采茶和茶园管理工作的进行。茶毛虫发生世代因气候环境条件不同而不同，一般发生 2 代，亦有发生 3 ～ 4 代。卵块在茶树中下部老叶背面越冬，在气温 12 ℃以上，相对湿度大于 70% 时孵化，初孵化出的幼虫多群集于叶背，取食叶下表皮和叶肉，使叶形成半透明膜状斑块；2 龄幼虫有时将叶缘吃成缺刻状；3 龄以后食量大增，开始分散迁到茶丛的上部枝条继续为害；受惊即吐丝下落，也会举头左右摆动，口吐黄绿色汁液；白天阳光强时躲在茶丛下部荫蔽处，老熟后爬至茶树根际附近土中或落叶下结茧化蛹。成虫在黄昏时羽化，雌蛾交尾后 1 ～ 2 天产卵，产于叶背主脉附近，产卵后即将尾部的绒毛脱下覆盖在卵块上，每蛾产卵 50 ～ 200 粒，多者达 300 多粒。

（2）茶蚕。幼虫咬食茶叶，还会危害油茶等。一般 1 年发生 2 代，即 5 ～ 6 月、8 ～ 10 月是危害期。幼虫赤褐色，背有灰白色纵横纹，形成许多小方格花纹，体肥大，成熟后达 55 mm。卵产于茶丛上部嫩叶背面，1 ～ 2 龄幼虫群集在叶背，并吐丝附着，3 龄后群集在枝干上，互相缠结成团，受惊后常会下落，气候炎热时躲在茶丛近土面较荫蔽的枝干上，老熟幼虫沿枝干下爬，在基部枝干分叉处或枯枝落叶中吐丝结茧化蛹。

（3）卷叶蛾类。主要有茶小卷叶蛾、茶卷叶蛾、茶细蛾等，在各茶区均有发生。卷叶蛾以幼虫卷缀叶片为害茶树。茶小卷叶蛾和卷叶蛾可将几片嫩芽叶黏结在一起形成一个虫苞，内有一头幼虫。茶细蛾的虫苞由一张叶组成，先由叶缘向叶背卷边，后潜入叶为害，构成潜道，最后由叶尖向叶背卷成三角苞，内有一头虫。茶小卷蛾体鲜绿色，头小。卷叶蛾体黄褐色，密生白色短毛。茶细蛾最小，体乳白色，半透明。卷叶蛾类一般 1 年发生 4 ～ 7 代，在温暖潮湿的夏季发生较严重，以幼龄幼虫在卷苞或落叶中越冬。幼虫性活泼，受惊吐丝下垂转苞危害。

（4）假眼小绿叶蝉。又名浮尘子，是危害夏秋茶的重要害虫。成、若虫以针状口器刺入嫩梢皮层，吸取汁液，使芽叶萎缩、硬化，叶尖和叶缘枯焦，芽叶生长停滞，对茶叶产量影响很大。小绿叶蝉属完全变态，一生只经历卵、若虫和成虫 3 个阶段。成虫体小，黄绿色头顶有 2 个小白点。卵产于芽梢嫩茎皮层内，也可产在叶柄处，呈乳白色至淡绿色。若虫头大，体细长，由小至大，体色乳白、淡黄、淡绿。1 年发生 9 ～ 13 代，以成虫在茶树上或杂草上越冬。在滇西、滇南茶区无明显越冬现象，终年可危害茶树。成、若虫趋嫩畏光，晨露未干或阴雨天在叶丛间活动，多栖息在嫩叶背面，性活跃，受惊横行向下逃逸。时晴时雨的气候条件，留养或杂草丛生的茶园利于虫害发生。在干旱条件下，以春末夏茶季节（4 月下旬至 6 月下旬）危害最严重，另外，2 月底至 3 月底以及 9 月中旬前后也是该灾害发生的高峰期。

（5）茶黄蓟马。茶黄蓟马是各茶区的一种重要害虫。其成虫体微小、细长、末端渐尖，黄色，翅透明细长，翅缘密生长毛。卵肾形，淡黄色，散产于嫩叶背面，若虫初为乳白色后转淡黄色，4 龄若虫为金黄色，不取食，似“蛹期”存于土面及根颈处的枝干裂缝内。一年发生 10 ～ 11 代，以成虫在佗中越冬或无明显越冬现象。成、若虫危害茶嫩梢，集中在芽及 1 ～ 3 叶，使叶片卷缩畸形，易脱落，节间变短，叶片上产生褐色小点，叶背有两条平等红褐色条痕，严重时叶背呈一片褐纹，叶片正面失去光泽，后期芽梢萎缩，在大叶种上发生数量多。

（6）茶蚜。茶蚜又名茶二叉蚜、腻虫等，在新茶园和苗圃易发生。成虫和若虫群集茶树嫩梢上吸取汁液，被害芽叶萎缩、生长停滞，排泄物污染茶梢，严重时使新梢萎缩卷曲，直接引起减产和茶叶品质下降，且能引起霉病，影响生长。茶蚜成虫分为有翅和无翅二种，有翅胎生雌蚜体长 1.6 mm，黑褐色，翅透明，无翅胎生雌蚜体长 2.0 mm；若虫为浅棕色或浅黄色，与成虫外形相似。每年发生 20 多代，主要以无翅若蚜或老熟若虫在茶树叶背越冬，或无明显越冬现象，翌年 3 月开始活动取食，一般以 5 ～ 6 月发生较多。雨水过多或干旱时均不利于发生，当虫口密度较大或环境不适时，便会产生有翅雌蚜飞迁，到别处生胎若蚜，或无翅胎生雌蚜爬至邻近新梢继续繁殖。其趋嫩性强，多栖息于嫩叶背面。成虫有胎生（孤雌生殖）和卵生（有性生殖）两种繁殖方式，以无翅蚜为多。

（7）蚧类。蚧类在茶树上发生的种类多，已记载有 30 余种，主要有长白蚧、椰园蚧、蛇眼蚧、茶牡蛎蚧、角蜡蚧、龟甲蚧、红蜡蚧和茶长绵蚧等。若虫和雌成虫常年附着在茶树枝叶上，吸取汁液，使树势衰弱，叶片脱落，枝干枯死。蚧类虫体外均覆蜡质介壳，虫体外覆有一层盾壳和一层薄的蜡质介壳的是盾蚧；虫体外无盾壳，有很厚的蜡壳的为蜡蚧。雌、雄虫的卵和第一龄若虫无区别，从 2 龄起开始性分化，其雌虫属渐变态。雌虫一般经 2 ～ 3 龄若虫期进入成虫；雄虫经2龄期经前蛹、蛹至成虫期。一般蚧类的雌虫除若虫刚孵化时可有几小时短距离爬行外，便迅速固定并为害；蜡蚧科中的茶长绵蚧可有几个月的活动时间。盾蛾科中的蚧类在若虫蜕皮后即将蜕皮壳和所分泌的蜡质组合在一起构成盾壳，虫体藏匿在盾壳下方；而蜡蚧科的蚧类则能分泌很厚的蜡壳或蜡丝覆盖虫体。盾壳、蜡壳、蜡丝组成了一层难以渗入的障碍层。产卵时盾蚧科的蚧类即产在虫体后方，随着产卵量的增加，虫体向前收缩，而蜡蚧科的大多数蚧类则产卵于虫体的腹方，主体向上收缩，但茶长绵蚧则在虫体后方分泌出蜡质的卵囊分泌蜡质，随龄期增大而蜡质增厚。雄成虫飞翔力弱，寿命短。大多以雌成虫或老熟幼（若）虫在茶树枝干上蜡壳内越冬。

（8）螨类。茶叶害螨属蛛形纲，蜱螨目，它与昆虫区别在于无头胸腹之分，无触角和复眼，一般叶螨类的幼螨有足3对，若螨和成螨有足4对，但瘿螨科中的螨类，各螨态只有足2对。螨类螨体小，肉眼不易识别。在茶叶生产中，比较多发生的害螨有5种：茶橙瘿螨（茶刺叶瘿螨）、茶跗线螨（茶黄蜘蛛）、茶叶瘿螨、茶短须螨（卵形短须螨）和咖啡小爪螨，其中以茶橙瘿螨发生最为普遍和严重。螨类一生中有卵、幼螨、若螨和成螨4个阶段，除卵外，各虫态均为害叶片。茶橙瘿螨和茶跗线螨加害嫩叶，前者在叶背产生锈斑，后者使被害芽叶僵化，叶背粗糙，叶色暗绿，失去光泽，在主脉两侧有两条褐斑，虫体多分布在叶背。其他3种害螨加害成叶和老叶，使叶片失去光泽并变色。茶叶瘿螨使叶变成紫铜色，无光泽，虫体分布在叶面；茶短须螨使受害叶上常有紫色突起斑，叶柄生霉斑，虫体多分布叶背；咖啡小爪螨使叶变暗红色，被害叶枯竭、硬化，造成落叶，叶面有白色屑状物和细微蛛丝，虫体多分布在叶面。茶橙瘿螨和跗线螨在温度16 ℃～26 ℃、相对湿度80%以上利于发生，趋嫩性强，多集中在芽梢1～3叶吸取汁液。茶叶瘿螨和茶短须螨适宜于高温干旱条件下发生；而干旱凉爽的天气有利于咖啡小爪螨发生。

（9）茶梢蛾。茶梢蛾又称茶梢蛀蛾、钻心虫，在各茶区均有发生。其幼虫从叶背潜食叶肉，留下表皮，形成黄褐色圆斑，虫长大后，由叶转蛀食新梢，形成梢中空、枯死、易断或节间粗大。成虫夜间活动，卵产于中下部枝梢的第二叶以下叶柄与腋芽间，或腋芽与枝干间，每处产2～5粒卵，幼虫3龄以后，一条能为害1～3个茶梢，被蛀枝梢留有蛀孔，在蛀孔下方的叶上常有浅黄色粉状排泄物。茶梢蛾以幼虫在枝梢或叶片中越冬。

（10）金龟甲。常见的有铜绿金龟甲，其成虫咬食茶叶，幼虫又称蛴螬和白土蚕等，为害茶苗根部，咬断根颈，致使茶苗死亡，严重时造成缺株断行。

一般1年发生1代，以幼虫在土壤中越冬，到春季转暖后上升到表土为害茶苗，老熟后在土中化蛹，并羽化成虫，卵多产在土中，成虫有趋光和假死性。当土温过低（5 ℃以下）或过高（25 ℃以上）时，蛴螬便向土层深处迁移，故高温季节蛴螬很少出现危害，而一般生荒地或厩肥施量多的地块易于发生。

### （三）茶园病虫的综合防治

茶园生态系中的茶树、茶树病虫种群和天敌种群，各种生物彼此间通过食料（营养）、能源和空间的关系相互依存和制约，使各种种群间在数量上趋于相对平衡。但是这种处于相对平衡的种群关系往往由于一些外来因素的干扰而受到破坏。茶树病虫害防治最早是利用自然因子控制，如人工捕杀和土农药等方法进行防治。20世纪40年代，有机农药在生产上起作用以来，长期大量地使用化学防治的副作用日益显现，某些害虫抗药性出现而再猖獗、环境污染等。20世纪60年代起，在茶园中提倡以农业防治为基础、化学和生物防治相协调的综合防治法，在很大程度上仍是单项措施的简单组合。1974年我国提出了“预防为主，综合防治”的方针，并随着科技的进步，综合防治的观念亦不断更新。强调如何保持生态系中各个营养层之间以及同一营养层内种群间的相对平衡。它不只是一个单纯的针对防治对象的问题，而应从生态系的整体性考虑，同时还需考虑生物的资源和环境保护，既要考虑当地的病虫，也要考虑未来及更大空间的病虫害。即以生态学和经济学为依据，从茶园生态系统各组成部分的错综复杂关系中，利用自然条件，选用适当和必要的防治措施，把病虫种群数量控制在不足危害的水平上，使病虫综合防治提高到综合治理的水平。要在充分考虑所处的环境和病虫特性的条件下，尽可能协调地运用各种适用技术和方法，并把害虫种群密度控制在造成经济损失水平之下。

茶树有害生物的综合茶树病虫防治原理除直接杀灭病虫外，主要是控制茶园生态环境，改变茶园生物群落的组成相，改变生物群落中各种群的营养、发育和繁殖条件，使之不利于病原和害虫的生存、繁殖，而有利于天敌的生长和繁殖；使病虫种群数量减少，天敌的种类和数量增加；提高茶树对病虫害的抵抗力。茶树病虫害防治的方法，按其作用性质分为农业防治、物理机械防治、化学防治、生物防治和化学生态防治。由于这几类防治方法之间并没有非常明确的界限（如目前不少微生物制剂已成为商品生产，有的被列入化学防治），因此，防治方法绝不是相互隔绝的，而是相互交叉、渗透的。

#### 1．农业防治

在栽培过程中，从病虫、茶树、环境三者相互错综复杂的关系中，抓住主要关键，改进栽培技术，有目的地改变环境的某些因素，以消灭或恶化病虫发生的条件，加强或营造不利于病虫发生的条件，从而避免或减少其发生与危害。通过选用抗病虫的茶树品种，优化茶园生态环境（在茶园周边和茶园内种植林木和植被），创造生物多样性，合理密植，耕作松土，勤除杂草，合理施肥，抗旱保湿，注意排水，分批采摘，适时修剪等农业措施以达到防治目的。农业防治是综合防治的基础，是一种具有丰富内容的温和调控措施。

**2．生物防治和化学生态防治**

一般是利用食虫昆虫、寄生性昆虫、病原微生物或其他生物天敌、代谢产物进行病虫害防治的技术措施。生物防治对人畜无毒害，不污染环境，对作物及其他生物无不良影响，有比较长期的效果等优点。茶叶作为人类的健康饮料，对其色、香、味和农药残留的要求严格，因而目前其在茶园害虫综合治理中的地位提高，所显示的良好应用前景已日益受到重视。据统计，中国茶树害虫天敌有1100余种，其中包括捕食性昆虫、寄生性昆虫、蜘蛛、昆虫寄生性微生物、食虫益鸟和其他捕食性动物等。此外，茶树病原菌也有许多拮抗微生物。利用有益微生物防治茶园有害昆虫和螨类具有更加广泛的应用前途。在细菌性病原中，除了苏云金杆菌及其变种（青虫菌、杀螟杆菌）已在茶叶生产中广为应用，还有一些属于芽孢杆菌的种。病原细菌通过害虫取食进入虫体后，很快患败血症而死亡。1976年后我国已从茶树害虫病虫体上分离出虫生真菌35种，利用真菌来防治茶树害虫在中国已取得巨大成效，如白僵菌对防治各种鳞翅目害虫幼虫有较好效果，对小绿叶蝉也有一定抑制作用。病毒治虫是一个很有前途的微生物类群，目前中国从茶树害虫上已发现有昆虫病毒种类（核型多角体病毒、颗粒体病毒、质型多角体病毒等）81种，有的已进入小批量商品化生产。其中以核型多角体病毒为主，在茶叶生产中防治茶尺蠖、茶小卷叶蛾等已大面积使用，效果显著。

化学生态防治利用昆虫种群异性间的化学信息联系，应用害虫信息素进行诱杀，从而达到防治目的。

在茶树—有害生物—天敌食物链中，不同营养级间和同一营养级内的种群通过一些特殊的信息化合物进行化学通信联系，在浩瀚的空间进行种内不同性别的识别和种间的识别。不同性别的识别信息化合物称为性信息素。化学生态防治是在分析鉴定了一种昆虫雌虫性信息素成分及其配比组成基础上，进行人工合成，在田间释放，使该虫的雄虫向这种化合物聚集，而无法寻觅到真正的雌虫，使正常的种内不同性别的寻觅定位过程受到抑制和迷向。由于雄蛾无法寻觅到雌虫，因而不能交配繁衍，从而影响种群的繁衍，达到防治的目的。现茶树害虫中，已有茶小卷叶蛾、茶卷叶蛾、茶毛虫、茶细蛾、茶尺蠖、油桐尺蠖等几种已成功地合成性信息素进行靶向防治。

**3．化学防治**

化学防治是利用有毒的化学药物防治病虫害的措施，其作用迅速，见效快，使用方便、工效高，受环境条件的限制小，成本低，效果好。近50年来化学农药的使用保证了茶叶的丰收，但长期大量使用化学农药杀伤大量天敌，破坏生态系统中不同种群的平衡，造成害虫再次猖獗，使某些次要害虫上升为主要害虫；因长期使用某种农药，或提高用药浓度，使病虫产生抗药性而降低防治效果；大多数农药均具较强毒性，使用不当会造成环境污染和农药残留，影响生态环境和人体健康。因此，目前世界各产茶国都将化学防治有机地纳入有害生物综合治理系统内，只有在有害生物种群密度超过防治阈值时，才进行化学防治。化学防治的使用剂量已日益减少，每公顷有效成分的用量已达到10g以下，同时，对化学农药纯度的要求也越来越高，使化学农药的生产要求达到精细化工的范畴。

随着科学技术的发展和检测水平的不断提高，人们对食品的安全质量问题有越来越高的要求，这样就要求在农业生产上尽量减少化学农药的用量，使食品中残留的农药数量减至最低程度。国际市场农药残留标准要求的提高，成为当前我国茶叶出口和内销中遇到的最大的卫生质量问题。特别是20世纪90年代中期以来，欧盟在新颁布的农产品最大残留限量标准上，要求提得更高。具体表现为：一是农残的检验范围大幅度扩大，如欧盟的茶叶农残限量，2000年颁布的标准中共有106项，2007年，欧盟茶叶委员会2007第9期（茶叶农药残留操作性规范）发布的欧盟新农残标准，共计227个。227项以外的农药残留项目采用“默认标准”0.01 mg/kg。2006年5月日本实施的“肯定列表制度”对食品、农产品中所有农业化学品残留物都作了明确规定，只有符合“肯定列表制度”要求的食品、农产品才能进入日本市场。“肯定列表制度”与茶叶有关的有251种可用化学品残留限量标准值，其中：≤0.01 mg/kg有12个；0.01～0.1 mg/kg有127个；0.1～1 mg/kg有33个；1～10 mg/kg有38个；＞10 mg/kg有41个；最大的残留限量值为50 mg/kg。所以，应安全、合理地使用农药，即要根据茶叶生产特点、农药特性和病虫危害的情况，合理选用高效、低毒、低残留的药，要根据田间调查和预测预报了解病虫活动情况，做到适时用药，掌握适合的浓度和施药次数，提高农药使用技术；应经常轮换使用不同杀虫机理的农药或使用混合药剂，以延缓病虫产生抗药性和起到祛除增效的作用；严格按照安全间隔期采茶，以确保茶叶品质和人体健康。

**4．物理机械防治**

利用物理因子和各种机械器具防治病虫的方法。具体做法有人工捕杀和利用害虫的趋性（趋光性、对色泽的偏嗜性）和食性（糖、醋、酒等）进行诱集、诱杀或进行虫情预测。

### （四）茶园病虫害防治

防治茶树病虫害是保证茶叶优质高产高效的重要措施之一。通过生产管理办法进行控制，建立合理的茶树生长体系和良好的生态环境，提高茶园系统内的自然生态调控能力，从而抑制茶园病虫害的暴发，使生产的茶制品达到有机农业和有机食品的标准。

茶园病虫害防治的主要技术措施有以下几个方面。

**1．改善茶园生态环境，维持茶园生态平衡**

以茶树为中心的茶园生态系统中，茶树、病虫及其天敌等形成了一个复杂的生物群落，它们通过营养循环的形式同时存在，互为依存、互为制约，并在一定条件下互相转化。茶园环境的生态平衡以及茶园周围的良好生态环境有助于茶园生态系统的生物多样性，从而使茶园具有较强的自然调控能力。生物多样性对茶园有害生物的调控，一方面是生物多样性在为多食性害虫提供广泛的食物和补充寄主，丰富了食物链的结构，有利于天敌发挥自然控制作用。另一方面，植被复杂、结构多样的生态环境，有利于淡化或免除害虫寻找寄主集中产卵繁殖，甚至复杂的生态环境条件改变了害虫的运动行为，迁出率高而定殖率低，从而减轻害虫的种群数量。理想的茶园生态系统应该是以茶树为主体并包括周围植被、水源在内的复合的生态系统。植被丰富茶园的生态系，生物多样性指数高，稳定性和均匀度好，病虫和天敌种群的个体数量少；在这样的生态系中，病虫对茶树造成的危害也小。因此，新开辟茶园时，应考虑周围有比较丰富的植被（林木等）和水源，并要注意维持和保护生态环境。采用植树造林，种植防护林、行道树和遮阴树等，增加茶园周围的植被。

**2．做好植物检疫工作，防止病虫蔓延扩散**

植物检疫是国家通过检疫法令对植物及植物产品的调拨、运输和贸易进行管理，以防止危险性病虫草的传播和扩散，包括危险性病虫草的传入和传出。

带有病虫的苗木，必须采取措施，消灭病虫后才可调进，以防止新病虫在当地定居、蔓延和扩散。

**3．优先采用农业防治，加强茶园栽培管理**

根据茶园病虫害的发生规律，适时选择合适的农业生产措施，有目的地定向改变环境的某些因素，改变茶园生态系的栖息生境、以消除或恶化病虫发生的条件，加强或营造不利于病虫发生的条件，可有效地制约茶园病虫草害的发生与发展。

（1）茶树品种的选择和搭配。不同茶树品种对各种病虫害具有不同程度的抗性，如一般大叶种比中小叶种容易感染茶饼病、云纹叶枯病、炭疽病等叶部病害；云南大叶种则对椰园蚧和茶牡蛎蚧有较强的抗性。因此，换种改植或发展新茶园时，可根据当地的主要病虫种类选择具有抗性的茶树品种。

（2）合理种植。有些病虫害会随繁殖材料传播蔓延，在发展新茶园时除一定要选用无病虫害的种苗外，同时还要注意选地、合理密植和间作等。最好在生荒地上种茶，种前认真检测，以预防茶苗根结线虫病的发生；双行条植虫害一般较单行条植为重；小绿叶蝉发生严重的茶区，不宜在茶园间种花生、猪屎豆和蚕豆等作物。

（3）茶树修剪。茶树修剪有轻修剪、深修剪、重修剪和台刈，是分别剪去树冠不同部位的作业。随着修剪和剪除病虫枝，修剪的程度越深，被剪除的病虫种类和数量越多。疏枝清园是指将茶丛下部密而细弱的茶枝剪去，茶行间进行边缘修剪，将茶丛根际的枯枝落叶耙出烧毁，或结合深耕施基肥，将枯枝落叶耙入施肥沟深埋土中。这样，可使茶园通风透光，抑制黑刺粉虱和某些病害的发生。同时也可消灭在枯枝落叶间（上）结茧化蛹、产卵的害虫（如茶毛虫茧、茶黑毒蛾和卵等）和病叶上的病原。

（4）及时采摘。小绿叶蝉、绿盲蝽蟓等茶园害虫（如）不仅危害茶树嫩梢，而且在芽梢内部产卵；茶饼病、芽枯病、白星病、跗线蛾、茶橙瘿螨、茶黄蓟马等多种病虫都在嫩叶上为害，通过分批多次采茶，可不断地采除大量病虫。留叶采茶为细蛾提供了最适宜的产卵场所，引起优势害虫种群的变化；茶树新梢和叶片因机采而造成的伤口增多而导致轮斑病和梢枯症发生严重，但机采时因风力大吸进一些小绿叶蝉，可减少叶蝉的虫口数量。

（5）耕作除草。在茶树病虫中，有些害虫的某一虫态或几个虫态生活在土壤中，如多数尺蠖（茶尺蠖、油桐尺蠖、云尺蠖）在茶丛根际浅土中化蛹和越冬；部分刺蛾（茶刺蛾、扁刺蛾、褐刺蛾等）在根际枯枝落叶和土壤缝隙间结茧化蛹和越冬，茶丽纹象甲的卵、幼虫、蛹均生活在土中。有些病菌是在枯枝落叶上的病斑处成为再浸染的来源，通过深耕或结合根际培土，可将这些病虫翻入土壤深处，阻止其羽化出土或使其腐烂死亡，减少来年虫口。茶季浅耕和除草，可将表层的虫蛹、病叶翻出表面，增加与天敌的接触机会，或暴晒而死。

（6）合理施肥。正确施肥可以增加茶树营养，提高抗逆能力；反之，施肥不当，常可助长病虫危害的发生。偏施氮肥使茶芽中酸性氨基酸组分（如天门冬氨酸、天门冬酰胺、谷氨酸）与碱性氨基酸组分（如缬氨酸、亮氨酸、异亮氨酸、赖氨酸、精氨酸、组氨酸、甘氨酸）的比例变小，特别是精氨酸的含量增加，有利于刺吸式口器害虫的发生；而当施用鱼粕肥（一种有机肥）1～2年后，中碱性氨基酸，尤其是精氨酸含量则明显减少，使之不利于刺吸式口器（蚜、蚧、螨类）的发生，虫口密度下降至经济危害水平之下；大量施用氮肥，会加重茶饼病、茶炭疽病等的危害；而适当增施磷、钾肥，则可减轻茶饼病、茶炭疽病、赤星病、红锈病和茶叶螨类等的危害；茶园缺钾易使茶树感染头孢藻而引发红锈病，增施钾肥可提高茶树抗头孢藻的感染能力，显著降低茶园红锈病发病率。另外，也有研究报道，茶树缺乏营养，树势衰弱是引起螨类大发生的诱因。施氮过多螨类数量增长快，叶片含氮量超过3.5%，螨数量将随之上升。叶片中磷的浓度与蛾类种群密度呈负相关，增施有机肥，不利于蚧、螨类、叶蝉的发生与繁殖。

（7）适时排灌。云纹叶枯病、茶赤叶斑病、白绢病等常在干旱季节流行发生。因此，夏季灌溉抗旱，对防治上述几种病害的发生有明显效果。地下水位过高，茶树根病、红锈藻病和茶长绵蚧等病虫害发生较重。因此，排水对上述病害也有明显的抑制作用。

**4．提倡运用生物防治，增强茶园自控能力**

生物防治是利用有害生物的天敌对有害生物进行调节、控制，使农业生产的质量损失和经济损失减少到最低程度的一种方法。它具有对人畜无毒、不污染环境、不杀伤天敌、不污染茶叶和环境、有扩散作用和长期效果等优点，因此是有机茶园病虫防治的首要措施。

（1）保护天敌。茶园中的病虫种类繁多，但大多数病虫对茶树不造成经济危害。这主要靠天敌的自然控制作用。在茶园周围种植防护林，茶园中种植杉棕、苦楝等行道树和遮阴树，或采用茶林间作、茶果间作，在梯坎和梯壁上种植绿肥或护坡植物，茶园铺草覆盖等均可给天敌创造良好的栖息、繁殖场所，使天敌得到有效的保护。

（2）以虫治虫。一般是指人为利用捕食性和寄生性天敌昆虫（其中包括捕食性昆虫、寄生性昆虫、蜘蛛、昆虫寄生性微生物、食虫益鸟和其他捕食性动物等）或益螨防治害虫。

（3）病原微生物治虫。由于病原微生物容易大量繁殖和加工成生物农药，对害虫天敌影响小，具有可持续控制等优点，因此是茶园害虫生物防治中十分重要的手段。目前主要采用真菌治虫、细菌治虫和病毒治虫。

（4）化学生态防治。害虫种群通过性信息素这种特殊的信息化合物进行化学通信联系，以识别性别进行繁殖。化学生态防治使用人工合成害虫性信息素，采取直接诱杀和干扰交配两种方式进行害虫防治。诱捕法是在一定区域内使用足够数量的诱捕器，使诱得的雄虫多于雌虫，从而使田间雌虫保持不孕状态，降低下一代虫口数量。干扰交配即迷向法，其是在田间释放大量性外激素，破坏雌雄虫之间的正常信息联系，使雄虫失去寻找雌虫的定向能力，从而不能进行交尾。我国已经探明了茶毛虫、茶尺蠖两种茶树害虫的性信息素的组分，茶毛虫的性信息素在茶叶生产中已有应用，并取得较好的诱导效果。

生物调控的缺点是由于天敌本身也是一种生物，转化性强，防治种类不多，受环境（特别是湿度）影响较大，并且见效缓慢。

**5．推行适当物理防治，减少害虫种群数量**

物理防治是指采用各种物理因素、人工或器械来防治病虫害。迄今比较成熟，使用较多的主要是直接捕杀和诱杀法。

（1）直接捕杀。对茶园中某些目标明显和群集性强的害虫，可用人工或简单器械捕杀的方法直接消灭。如震落有假死习性的茶黑毒蛾、茶丽纹象甲；用铁丝钩杀天牛幼虫；对茶毛虫卵块、茶蚕、蓑蛾、卷叶蛾虫苞、茶蛀梗虫、茶堆沙蛀虫、茶木蠹蛾等目标大或危害症状明显的害虫也可采取人工捕杀的方法进行；对局部发生量大的介壳虫、苔藓等可采取人工刮除的方法防治。

（2）物化诱杀。利用多数昆虫的趋光性，在灯下放置水盆，水面上滴少量洗衣粉，使害虫趋光落水而死。黑光灯为紫外光灯的一种，波长365nm，诱虫效果比普通灯光强，能诱集多种昆虫。它除能诱杀雄蛾外，也能诱杀部分雌蛾；同时依灯诱蛾量的多少，还能较准确地掌握蛾的发生高峰。根据一年高峰出现的频率，基本上能了解害虫年发生代数，并能预测幼虫的发生期及下一代和翌年该虫的发生为害趋势。

利用某些害虫的趋化性，在诱蛾器皿内置糖、醋、酒液，可诱杀多种害虫。用牛、马粪可诱集蝼蛄。

有些颜色也可诱杀，如黄色对有翅茶蚜、小绿叶蝉、茶叶蓟马有一定的引诱力，可利用黏性黄皿、黄板诱杀作为测报和防治的措施。

**6. 慎用植物矿物农药，及时防治病虫危害**

植物源农药防治也称植物提取液防治，过去称土农药防治。在自然界中，有些植物含有毒性物质，将这些物质用水提取后可防治茶树害虫。植物的水提取液对人畜毒性低，因此，可用于有机茶园的病虫防治。植物源农药可以就地取材，制作方法简便易行，对有机茶园的病虫防治是十分有利的，但就一种植物而言，不能过分地采伐，以免对大生态系统造成不利影响。由于植物源农药毒性低，防治鳞翅目害虫时，应在抗药性弱的 1 ～ 2 龄幼虫期喷施。而矿物源农药是指有效成分来源于无机化合物（矿物）的农药，在有机茶园中限制使用。

## 二、茶树旱、热害及其防护

茶树因水分不足，生育受到抑制或死亡，称为旱害；当温度上升到茶树本身所能忍受的临界高温时，茶树不能正常生育，产量下降甚至死亡，谓之热害。由于降雨量的分布不均匀，在长江中下游茶区，每年的 7 ～ 8 月，气温较高，日照强，空气湿度小，往往发生夏旱、秋旱、伏旱和热害，严重地威胁着茶树生长。当日平均气温 30 ℃，最高气温 35 ℃以上，相对湿度 60% 以下，土壤水势为 -0.8MPa，土壤相对持水量 35% 以下时，茶树生育就受到抑制，如果这种条件持续 8 ～ 10 天，茶树就将受害。

### （一）旱、热害的症状

茶树遭受旱热危害，树冠丛面叶片首先受害。先是越冬老叶或春梢的成叶出现焦斑，直至整叶枯焦、叶片内卷直至自行脱落。嫩梢萎蔫，生育无力，幼芽嫩叶短小轻薄，卷缩弯曲，色枯黄，芽焦脆，幼叶易脱落，大量出现对夹叶，茶树发芽轮次减少。随着高温旱情的延续，植株受害程度不断加深、扩大，直至植株干枯死亡。

热害是旱害的一种特殊表现形式，危害时间短，一般只有几天，就能很快使植株枝叶产生不同程度的灼伤干枯。茶苗受害是自顶部向下干枯，茎脆，轻折易断，根部逐渐枯死，根表皮与木质部之间呈褐色，若根部还没死，遇降雨或灌溉又会从根茎处抽发新芽。

### （二）旱、热害的防护

防御茶树旱、热害的根本措施在于选育抗逆性强的茶树品种，加强茶园管理，改善和控制环境条件，密切注意干旱季节旱情的发生与发展。

**1．选育有较强抗旱性的茶树品种**

选育较强抗旱性的茶树品种是提高茶树抗旱能力的根本途径。茶树扎根深度影响无性系的抗旱性，根浅对干旱敏感，根深则较耐旱。耐旱品种的叶片上表皮蜡质含量高于易旱品种。

**2．合理密植**

合理密植，即能合理利用土地，协调茶树个体对土壤养分、光能的利用。密植园群体结构合理，能迅速形成覆盖度较大的蓬面，从而减少土壤水分蒸发，防止雨水直接淋溶、冲击表土，防止水土流失。对多条密茶园应加强土壤水分管理，更应注意旱季补水。

**3．建立灌溉系统**

茶园灌溉是防御旱热害最直接有效的措施，有条件的可以建立灌溉系统。旱象一露头就应进行灌溉浇水，并务必灌足浇透，倘若只是表面浇湿，不但收不到效果，反而会引起死苗。旱情严重时，还应连续浇灌，不可中断。各地根据自身条件，可采用喷灌、自流灌溉或滴灌等灌水方法，其中以喷灌效果较好。

**4．浅锄保水**

及时锄草松土，行间可用工具浅耕浅锄，茶苗周围杂草宜用手拔，做到除早除小，可直接减少水分蒸发，保持土壤含水量。但要注意旱季晴天浅耕除草会加重旱害，宜在雨后进行。

**5．遮阴培土**

铺草覆盖、插枝遮阴、根部培土，可降低热辐射，减少水分蒸腾与蒸发。培土的土应从茶苗 50 cm 以外的行间挖取，培厚 6 ～ 7 cm，宽 15 ～ 20 cm。据调查，对一年生幼龄茶园进行铺草覆盖，茶树受害率要比没有铺草的降低 23% ～ 40%。

**6．追施粪肥**

结合中耕除草，在幼年茶树旁边开 6 ～ 7 cm 深的沟浇施稀薄人畜粪尿，既可壮苗，增强茶苗抗旱能力，又可减轻土壤板结，促进还潮保湿作用。

**7．喷施维生素 C**

用适度的维生素 C 对茶树叶面喷射，可以诱导和提高茶树的抗旱性。

## 三、茶树湿害及其防护

茶树是喜湿怕淹的作物，在排水不良或地下水位过高的茶园中，常常可以看到茶园连片生育不良，产量很低，虽经多次树冠改造及提高施肥水平，均难以改变茶的低产面貌，甚至逐渐死亡，造成空缺，这是因为茶土壤的湿害。湿害会导致茶树根系分布浅，吸收根少，生存力差，到旱季，水一旦退去，反而加剧旱害。

### （一）湿害的症状

茶树湿害的主要症状是分枝少、芽叶稀，生长缓慢以至停止生长，枝条灰白，叶色转黄，树势矮小多病，有的逐渐枯死，茶叶产量极低。

湿害发生时，细根开始腐烂，粗根内部变黑、枯死。由于地下部的受害，丧失吸收能力，而渐渐影响地上部的生长，先是嫩叶失去光泽显黄。进而芽尖低垂萎缩。成叶的反应比嫩叶迟钝，表现于叶色失去光泽而枯萎脱落。湿害茶园，将茶树拔起检查，很少有细根，粗根表皮略呈黑色。由于受害的地下部症状不易被人们发现，等到地上部显出受害症状时，几乎不可挽救了。

### （二）湿害的排除

湿害多发生在土地平整时人为填平的池塘、洼地处，或耕作层下有不透水层、山麓或山坳的茶园积水地带。

在建园时土层 80 cm 内有不透水层，宜在开垦时予以破坏以保持 1 m 土层内无积水。完善排水沟系统是防止积水的重要手段，对于地形低洼的茶园，应多开横排水沟。具体方法是：每 5 ～ 8 行茶树开一条暗沟，沟底宽 10 ～ 20 cm，沟深 60 ～ 80 cm，并通达纵排水沟，沟底填块石，上铺碎石、沙砾。

## 四、茶树寒、冻害及其防护

寒害和冻害是茶园常见的两种由低温引起的自然灾害。寒害发生在茶树生育期间，当温度降至反常的低温但仍在零度以上时，如春季的寒潮或秋季的寒露风，会导致茶树萌芽期推迟，生长变得缓慢。而冻害更为严重，它发生在低空温度或土壤温度短时期内降至 0 ℃以下，对茶树造成直接伤害。茶树在受到冻害后，其生机往往受到严重影响，不仅产量会大幅下降，而且成叶的边缘会变为褐色，叶片整体出现紫褐色，嫩叶上还会出现“麻点”或“麻头”的现象。使用这样的受损鲜叶制作成的茶叶，在口感和香气上都会受到明显的影响。

### （一）茶园寒、冻害的类型

茶树常见的茶园寒、冻害有冰冻、风冻、雪冻及霜冻四种。长江以南产茶区以霜冻和雪冻为主，长江以北产茶区四种冻害均有发生。

**1．冰冻**

持续低温阴雨、大地结冰造成冰冻，茶农称为“小雨冻”。由于茶树处于零度以下的低温，组织内出现冰核而受害。开始时树冠上的嫩叶和新梢顶端容易发生危害，受害一两天后叶片变为赤褐色。

在晴天，发生土壤冻结时，冻土层的水形成柱状冰，体积膨大，将幼苗连根抬起。解冻后，茶苗倒伏地面，根部松动，细根被拉断而干枯死亡，对定植苗威胁很大，因此有发生冻土的茶区不宜在秋季移植。

**2．雪冻**

雪冻是一种严重的自然灾害，当大雪纷纷扬扬地下落，树冠上积雪逐渐增厚，过重的积雪会使茶树的枝条不堪重负而断裂。尤其是在雪后气温骤然回升时，积雪迅速融化，这个过程中会大量吸收茶树和土壤中的热量。若此时再遭遇低温天气，地表和茶叶表面就可能形成一层坚硬的冰壳。这种覆雪—融化—结冰—解冻—再结冰的循环过程构成了雪冻灾害的典型特征。

值得注意的是，雪冻灾害对茶树的影响并非一概而论。通常，树冠上部和向阳的叶片、枝梢受害程度会更为严重。然而，积雪也有其积极的一面，它能在一定程度上起到保温作用。因此，在更严重的冻害发生时，有积雪覆盖的茶树相比无积雪的茶树，其受害程度往往会相对较轻。这是因为积雪在一定程度上保护了茶树，减轻了深度冻害的发生。

**3．风冻**

风冻是在强大寒潮的袭击下，气温急剧下降而产生的冷。加上 4 ～ 5 级以上的干冷西北风，使茶树体内水分蒸发迅速，水分失去平衡，最初叶片呈青白色而干枯，继而变为黄褐色。寒风和干旱能加深冻害程度，故有“茶树不怕冻就怕风”之说。

**4．霜冻**

在日平均气温为零度时期内，夜间地面或茶树表面的温度突然急剧下降到零度以下，叶面上结霜，引起茶树受害或局部死亡，称为霜冻。霜冻有“白霜”和“黑霜”之分。气温降到 0 ℃左右，近地面空气层中的水汽在物体表面凝结成一种白色小冰晶，称为“白霜”，有时由于空气中水汽不足，未能形成“白霜”，这样的低温所造成的无“白霜”冷冻现象，叫作“暗霜”或“黑霜”。这种无形的黑霜会破坏茶树组织，其危害往往比“白霜”重。根据霜冻出现时期，可分为初霜与晚霜，一般晚霜危害比初霜严重。通常在长江中下游茶区一带，晚霜多出现在 3 月中下旬，这时，茶芽开始萌发。外界气温骤然降至低于茶芽生育阶段所需的最低限度，造成嫩芽细胞因冰核的挤压，生机停滞，有时还招致局部细胞萎缩，芽褐变死亡。轻者也产生所谓“麻点”现象，芽叶焦灼，造成少数腋芽或顶芽在短期内停止萌发，春茶芽瘦而稀。

### （二）寒、冻害症状

茶树不同器官的抗寒能力是不同的，就叶、茎、根各器官而言，其抗寒能力是依次递增的，受冻过程往往表现为顶部枝叶首先受害，幼叶受冻是自叶尖、叶缘开始蔓延至中部。成叶失去光泽、卷缩、焦枯，一碰就掉，一捻就碎，雨天吸水，由卷缩而伸展，叶片吸水成肿胀状。进而发展到茎部，枝梢干枯，幼苗主干基部树皮开裂，只有在极度严寒的情况下，根部才受害枯死。

### （三）寒害的影响因素

品种、树龄、种植密度和管理水平，以及地势、地形、坡向、海拔高度和气象条件等综合影响受冻程度。

#### 1. 不同茶树品种抗寒能力不同

萌芽期早的茶树品种往往易受冻。北部茶区的茶树品种，叶小，叶色深，叶肉厚，保护组织发达，抗冻能力较强，不易受冻；而南部茶区的茶树品种叶大，叶色浅，叶肉薄，易受低温危害。如云南大叶种通常在出现 −5 ℃低温时，即会受冻，中小叶种茶树的抗寒能力较强，在低温持续时间不长的情况下，能耐 −15 ℃左右的低温。

#### 2. 不同树龄茶树受寒冻程度的轻重有差异

随着树龄的增加，抗寒能力也逐步增强，而衰老茶树抗寒能力则下降。

#### 3. 与种植密度和管理水平有关

通常种植密度大的比种植密度小的受冻轻；管理水平高的茶园较管理水平低的茶园受冻轻。

#### 4. 寒冻害与地理条件有关

当寒流侵袭伴随大风时，茶树易受冻。而且迎风（北坡）茶树受冻最重；低洼盆地、洼地，冷空气易沉积，茶树受冻最重；山坡地中部，空气流动通畅，茶树受冻轻；山顶上茶树受冻较重。因此在选择园地时，应尽量避免上述不利地形。此外，冬季北坡茶园较南坡茶园受冻重；早春茶芽易受“倒春寒”的低温袭击；土壤干燥疏松的茶园比土壤潮湿的茶园受冻重；施肥管水平高的茶园，茶树生长健壮，抗逆性强，不易受冻。

**5．寒冻害与纬度、海拔有关**

随着纬度或海拔的增高，茶树越冬期的绝对低温、负积温总值、低温持续时间逐步增加，因此在高纬度、高海拔地区条件下的茶树容易受冻。

**6．气象条件对茶树寒冻害的影响**

持续低温，茶树易受害。进入越冬期，温度急剧下降，缺乏抗寒锻炼，青枝嫩叶易受冻害。早春气温回升，茶芽相继萌发，易遭受晚霜危害。干旱加重寒冻害的发生。

### （四）茶树寒、冻害的防护

经常性的寒冻害对茶叶的产量、品质有很大的影响，因此，新建茶园应充分考虑这一因素对茶叶生产的影响。已建茶园则在原来的基础上改善环境、运用合理的防护技术，降低寒冻害影响所造成的损失。

**1．新建茶园寒、冻害的防护**

（1）地形选择。寒、冻害严重的地方，茶园选地时要充分考虑到有利于茶树越冬。园地应设置在朝南、背风、向阳的山腰上。山地茶园最好就坡而建，因为坡地温度一般比平地高 2 ℃左右，而谷地温度比平地要低 2 ℃左右，谷地茶园两旁尽量保留原有林木植被。在易受冻害的地带，最好布置成宽幅带状茶园，使茶园与原有林带或人工防风林带相间而植，林带方向应垂直于冬季寒风方向，以减少寒风的危害。

（2）选用抗寒良种。这是解决茶树受冻的根本途径。我国南部茶区栽培的大叶种茶树抗寒力较弱，而北部茶区栽培的中小叶种茶树抗寒力较强，即使同是中小叶种，品种间抗寒能力也不尽一致。一般来说，高寒地区引种应选择从纬度较北或海拔较高的地方引入。

（3）深垦施肥。种植前深垦施基肥，能提高土壤肥力，改良土壤，提高地温，培育健壮树势。

（4）营造防护林带。保留生态茶园附近原有部分林木，绿化道路，营造防护林带，以便阻挡寒流袭击并扩大背风面，改善茶园小气候。

**2．现有茶园、冻害的防御措施**

合理运用各项茶园培育管理技术，促进茶树健壮成长，提高茶树抗寒能力。

（1）茶园寒冻害防护培管措施。

1）深耕培土。合理深耕，排除湿害，以增强抗寒力。培土可以保温，也有利于减少土壤蒸发，保存根部的土壤水分，因而有防冻作用。

2）冬季覆盖。覆盖有防风、保温和遮光三个功效。在常年冻害来临之前，用稻草或野草覆盖茶丛，但要防止覆盖过厚，开春后要及时掀除。茶园铺草或蓬面盖草的防冻效果是极其显著的，此法在我国各茶区应用较为普遍。

3）茶园施肥。茶园施肥做到"早施重施基肥，前促后控分次追肥"。基肥应以有机肥为主，适当配用磷钾肥，做到早施、重施、深施。"前促后控"是指春夏茶前追肥可在茶芽萌动时施，促进茶树生长，秋季追肥应控制在"立秋"前后结束，不能过迟，否则秋梢生长期长，起不到后控作用，对茶树越冬不利。

4）茶园灌溉。灌足越冬水、行间铺草，是有效的抗冬旱防冻技术。在晚间或霜冻发生前的夜间进行灌溉，其防霜作用连续保持 2 ～ 3 晚。

5）修剪和采摘。在高山或严寒茶园的树型以培养低矮茶蓬为宜，采用低位修剪，并适当控制修剪程度，增厚树冠绿叶层，这样可减轻寒风的袭击。一般茶区，修剪时间应于茶树接近休眠期的初霜前进行。过早，剪后若再遇气温回暖，引起新芽萌动，随后骤寒受冻；过迟，则受低温影响，修剪后剪口愈合、新芽孕育不利。茶叶采摘，做到"合理采摘，适时封园"，可以减轻茶树冻害。如果秋茶采摘过迟，消耗养分量多，树体易受冻害。幼年茶树采摘要注意最后一次打顶轻采的时期，使之采后至越冬前不再抽发新芽为宜。

（2）防寒、防冻的其他方法。各地都有许多不同的寒冻害防护经验，因地制宜地利用物理方法采取不同的措施，有的也在探讨利用外源药物的方法对寒冻害的发生加以防护。茶寒冻害发生时采用的物理方法主要有熏烟法、屏障法、喷水法、防霜风扇法等。生产实际中，茶园寒、冻害发生时较少运用外源药物的方法进行防护。

### （五）冻害后的补救措施

茶树一旦遭受冻害，必须采取相应的救护和复壮措施，使冻害造成的经济损失降低到最低限度，并及时恢复茶树生机。

#### 1．及时修剪茶树

受冻后，部分枝叶失去生命力，必须进行修剪，使之发新枝，培养骨架和采摘面。按茶树受害程度分别对待，原则上将受冻部分剪去即可，为使切口处芽（或潜伏芽）能较好地萌发，修剪部位在分枝的 1 ～ 2 cm 处较好。修剪时期以早春气温稳定回升后为妥，过早修剪，易遭"倒寒"袭击而再次受冻。

2．浅耕施肥

解冻后，进行早春浅耕施肥，对于提高地温、培养地力起着重大作用。除追施速效氮肥外，促进茶芽萌发和新梢生育，也可施用一些矿质磷、钾肥，增强枝条生长能力，促进夏茶生长。

3．培养树冠

受冻害后，导致枝叶焦枯脱落，叶面积显著减小，故在采摘方法上必须加强留叶养梢，多批多次采摘。过轻修剪的茶树，春茶采摘时应留一片大叶，夏、秋茶则按常规采；经过重修剪或台刈的茶树，则以养为主。

总之，茶园所面临的气象灾害多种多样，除了常见的寒害、冻害、旱害、热害和湿害等主要危害外，还存在风害、雹害等其他自然灾害。针对这些灾害的防控工作，各地都积累了丰富的经验。为了有效地保护茶园土壤和茶树，并改善茶园局部的小气候环境，可以采取一系列措施。例如，通过合理规划和布局，设置风障来降低风力，从而防止风害的发生；营造防护林带也是一项治本的措施，它能够显著减少寒害、冻害、水害、风害和雹害等自然灾害的发生；林木的种植不仅可以涵养水源、保持水土，还能有效地调节气温，减少垂直气流的形成，从而避免大风和冰雹等灾害的发生。这些措施对于保障茶园的安全生产和茶叶的品质都至关重要。

## 第二节　茶园的安全生产

### 一、茶园安全生产的影响因素

茶园安全生产面临的主要威胁源自多方面污染，包括大气污染、土壤污染、农药污染、水质污染以及化肥污染等。在茶叶生产过程中，若对这些污染源缺乏足够的防范意识，茶叶的质量将不可避免地受到损害。因此，为了保障茶叶的品质和安全性，我们必须深入了解这些污染源对茶叶生产的具体影响，并据此采取有针对性的措施，以有效地消除这些污染带来的风险。

#### （一）大气污染产生的原因

大气中常见的污染物包括二氧化硫、氟化氢、氮氧化物、氯气、硫化氢、臭氧以及碳氢化合物等。这些污染物的来源非常广泛，主要可以分为生活污染源、交通运输污染源、农业生产污染源和工业污染源等几类。

1. 生活污染源

人类在日常生活中不可避免地会产生大量污染物，如烟尘、二氧化碳、一氧化碳、二氧化硫等有害气体。这些污染物持续不断地排放到大气中，构成了生活污染源，对大气环境造成严重影响。

2. 交通运输污染源

随着汽车、火车、飞机、轮船等现代化交通工具的广泛使用，燃油（如汽油、柴油）的燃烧也带来了大量的污染物。虽然单个交通工具的污染量较小，但由于其数量庞大、流动性强，因此对大气的污染影响不容忽视。其中，汽车尾气排放是大气污染的重要来源之一，其成分复杂，包含大量的一氧化碳、碳氢化合物、氮氧化物等有害化合物。此外，发动机燃油中的抗爆剂四乙基铅在燃烧过程中会氧化并随尾气排入大气，成为茶园铅污染的主要来源之一。研究表明，城区和公路两侧的土壤铅含量明显高于远离路边的土壤。

3. 农业生产污染源

随着农业生产的不断发展，农药和化肥等化学物质的使用量急剧增加，种类也日益繁多。这些化学物质在喷洒和施用过程中可能会飘散到大气中，或者在施用后从土壤、地表以及作物叶面蒸发，扩散进入大气，从而造成大气污染。因此，农业生产过程中使用的农药和化肥等化学物质也是大气污染的重要来源之一。

4. 工业污染源

主要来自煤炭、石油、天然气等化石燃料的燃烧过程中排放出的大量烟尘、二氧化硫、氮氧化物、一氧化碳、氟化物以及各种有机化合物气体，对大气环境造成严重污染。

### （二）土壤污染产生的原因

茶园土壤遭受污染的原因众多，主要包括水体污染、大气污染、农业生产污染、生物污染以及固体废弃物污染等多个方面。以下详细阐述这些污染源及其对茶园土壤的具体影响。

1. 水体污染

在茶园灌溉过程中，如果不慎使用工业废水或其他污水进行灌溉、喷洒或任其渗入茶园，这些水体中的污染物便会随水流进入土壤，从而导致土壤污染。这种污染方式往往具有隐蔽性和长期性，对茶园土壤的危害不容忽视。

2. 大气污染

大气中的各种颗粒沉降物（如镉、铅、砷等重金属元素）在沉降到地面的过程中，会溶于土壤。同时，二氧化硫、氮氧化物及氟化氢等有害气体也会以硫酸、硝酸、氟氢酸等形式随雨水进入土壤，从而造成茶园土壤的污染。这种污染方式具有广泛性和复杂性，对茶园土壤的影响难以估量。

3．农业生产污染

在茶园管理中，如果不恰当地大量施用化学肥料和化学农药，这些化学物质便会残留在土壤中，导致土壤污染。这种污染方式直接影响茶叶的品质和安全性，对茶园的可持续发展构成威胁。

4．生物污染

当茶园中施用未经无害化处理的垃圾、污泥、粪便和生活污水时，这些物质中的病原微生物和寄生虫卵便会进入土壤，造成生物污染。这种污染方式不仅影响茶叶的卫生质量，还可能引发人畜共患疾病，对茶园生态环境和人类健康构成潜在威胁。

5．固体废弃物污染

茶园中如果存在垃圾、矿渣、粉煤灰等固体废弃物，这些物质在风化、淋溶过程中会释放出有害物质，进入土壤污染并造成污染。这种污染方式具有持久性和累积性，对茶园土壤的长期影响不容忽视。

这些因不同原因引起对茶园土壤污染的污染物主要为：①无机物。包括重金属，如汞、镉、砷、铅、铬等以及盐碱类。②有机农药。包括杀虫剂、杀菌剂和除草剂等。③有机废弃物。④化学肥料。⑤污泥、矿渣和粉煤灰。⑥放射性物质。⑦寄生虫、病原菌及病毒等。

## （三）农药污染产生的原因

农药的环境污染问题，主要是指化学农药。一般是指用于防治农、林、牧业的病、虫、草、鼠害和其他有害生物（含卫生害虫）以及调节植物生长的药物及加工制剂。给茶叶带来农药残留的原因，一是喷药带来的，二是其他间接途径造成的。

农药喷施在茶树芽叶上后，其中部分农药沉积在茶树芽叶表面，部分农药渐渐渗入茶树组织内部，如果农药被茶树的茎、叶等器官吸收，可以随植物液流输导到其他部位。这些农药在日光、雨露、温度等外界因素和茶树体内等因素作用下，逐渐分解和转变为其他无毒物质，使农药残留逐渐降低。在这些农药还没有完全降解时便采收下来，经加工后制成的成茶中便会含有农药残留。采摘日期距喷药日期愈远，茶叶中残留的农药数量就愈低。因此，为了控制和降低茶叶中的农药残留，选用降解速率快的农药品种，并严格按规定的安全间隔期（等待期）进行采摘，是最重要和最有效的控制农药残留的技术措施。

间接途径影响茶叶内的农药残留，主要有 3 个渠道。

1．茶树从土壤中吸收农药

喷药过程中，有 70% ～ 90% 的农药会流失到土壤中，这些农药一部分在土壤中蓄积，而一些内吸性的农药（如乐果），还可以通过根系在吸取水分和营养物质的同时，将农药输送到枝梢。此外，被土壤吸收的农药会从土壤中挥发到空气中而被茶树芽叶吸收。因此，在一块茶园中，即使近期或本生产季节中没有施用某种农药，但如果在一两年前施用过，也可能在茶芽叶中检测到该农药残留。

2．在茶园中使用了受污染水源的水

在茶树叶面施肥、喷药和喷灌时，如所利用的水源已受周边农作或其他原因污染，便有可能将这些污染物随着水转移到茶树芽梢上。因此在发展无公害茶和绿色食品茶的过程中，要注意茶园周围的稻田、果园、菜地等作物的用药情况。

3．空气漂移

农药喷施在叶片表面或土壤表面后可以通过挥发进入大气中，或是吸附在大气中的尘粒上，或是呈气态随风转移。这些被吸附或直接随气流转移的农药会在一定距离外直接沉降或由雨水淋降，造成茶叶芽梢中的农药残留。因此对农药在空气中的漂移必须重视，尤其是对有机茶等生产基地，必须在茶园周围有一安全隔离带，以防农药的空气漂移。

### （四）化肥污染产生的原因

随着化肥工业的发展和人们对作物产量提高的要求，化肥的使用量日益增大，由此对环境带来了影响，这些影响表现在以下方面：

（1）在肥料中混杂的有害成分，被茶树吸收而储存在茶叶中，通过饮用影响人的身体健康。

（2）长期施用化肥，茶园有机质减少使地力下降，土壤物理化学性质和生物学性质变坏，从而影响茶叶的产量和质量。

（3）肥料成分，特别是氮肥自土壤中渗入地下水或流入池塘、江河、湖海造成水体污染。化学肥料污染主要有重金属污染、氟污染和肥料的过量施用。据调查，部分磷肥中含有多种重金属。如磷矿石中常含有 100 mg/kg 的微量镉，大量施用富含镉的磷肥，则有可能发生镉的土壤污染。虽然在磷肥中镉超过 20 mg/kg 的产品并不多，在短期内尚不至于污染土壤或累积到危害程度。磷肥中的铅含量范围为 41.5 ～ 379.8 mg/kg，尤其是以磷矿石为原料的磷肥，有的含铅量竟高达 800 mg/kg 以上。有报道。各种有机肥中铅含量为 10 ～ 37 mg/kg。汞在化肥中的含量一般在 1 mg/kg 以下，但使用富含汞的废硫酸为原料，生产的化肥中常含较多的汞。铬在磷肥中的含量一般是每千克几十毫克，但有的高达几百毫克。因此，在进行无公害茶叶（尤其是绿色食品和有机茶）生产时，在施用肥料前应对其进行检测，防止重金属污染茶园的土壤和茶叶。

各种类型的磷矿，含氟量基本上与全磷量成正比，即磷矿中含磷量高的，含氟量亦高，基本在 0.40% ～ 3.68% 范围内，平均为 2.20%，因此长期施用磷肥，会导致土壤中氟含量的增高。对某些原土壤中含氟较高的地区，更可能增加其氟污染的严重程度。

长期过量施用化肥将造成土壤板结，破坏土壤团粒结构，使土壤肥力和土壤酸度下降，并污染空气和水质，据调查，我国低丘红壤茶园土壤 pH 在 5.0 以下的达 70% 以上，而且发现不少 pH 在 3.0 以下的茶园。茶园土壤酸化除与自然酸化、大气污染及酸雨增多有关外，长期大量偏施化学氮肥是加剧茶园土壤酸化的首要因素。过量的施氮引起土壤盐基元素的吸收和淋失也是茶园酸化的另一方面原因。

#### （五）有害微生物和夹杂物的污染

茶叶中有害微生物污染主要是指有害微生物在茶叶的采摘、摊放、加工、包装和储运过程中对茶叶造成的污染。这取决于茶叶生产、加工和包装过程中的卫生条件。常见的有害微生物包括大肠杆菌、沙门氏杆菌等。目前一些发达国家对进口茶叶已经或即将进行有害微生物检验，因此，应重视对有害微生物污染的控制与治理工作。

另外，在茶叶生产过程中，含毒塑料薄膜的使用也会构成对茶叶的污染。茶园覆盖所用的塑料薄膜以及包装所用的聚氯乙烯薄膜等都含有易挥发的增塑剂成分，这些挥发出的气体会被茶叶所吸附，构成污染。

茶叶中的夹杂物主要是因不良习惯而带入茶园、茶厂的非茶类物，落在鲜叶中混入干茶，非茶类夹杂物的污染，只要强化管理，能得到有效控制。

### 二、茶产品安全标准与安全生产技术

无公害茶的基本要求是安全、卫生，对消费者的身心健康无危害。无公害

茶叶生产的中心内容是不用或减少使用化学农药、肥料，从源头上减少茶叶中的农药残留，以及减少生产对环境带来的污染。因产品不同，无公害茶、绿色食品茶和有机茶的产品质量与生产技术要求有所差异。

### （一）茶产品安全标准

为了保证茶产品的质量安全，国家有关部门相继发布、实施了有关茶产品的标准。农业农村部于2000年起组织实施了“无公害食品行动计划”，并于2001年发布了《无公害食品茶叶》（NY5017—2001）等一系列无公害茶相关的国家农业行业标准，并于2004年进行了修订，发布了新的无公害茶产品标准《无公害食品茶叶》（NY5244—2004）（2013年此标准被废除）。同时，为了进一步提高无公害产品的层次，农业农村部专门成立了绿色食品办公室，也制定了《绿色食品，茶叶》（NY/T288—2002）等标准，随着对农药残留的要求日趋严格，又于2012年发布了新的《绿色食品茶叶》（NY/T288—2012）标准。为了进一步整合有关标准，从国家食品安全的角度出发，国家卫健委于2005年发布了国家食品安全标准GB 2762—2005和GB 2763—2005，由于这些年来有关部门出台了许多标准，这些标准之间出现了重复甚至冲突。因此，国家卫健委联合农业农村部于2012年发布了新的食品安全国家标准《食品中污染物限量》（GB 2762—2012）和《食品中农药最大残留限量》（GB 2763—2012），并将茶叶纳入到饮料类食品中，明确了茶叶是饮料类食品中的一类。GB/T 18766—2017茶叶饮用茶分类与定级，该标准主要是对我国茶叶的饮用茶分类和等级方法进行了规范。《食品安全国家标准 茶叶》（GB 31608—2023），这是专门针对茶叶食品安全的标准。国家标准是强制标准，任何茶产品都必须达到这一标准的要求。

### （二）茶园安全生产技术

要进行无公害茶生产，必须严格按生产技术要求进行规范，只有在各环节都做好了才能使茶叶的产品质量符合这类茶的标准要求。无公害茶在生产过程中有许多具体的技术要求，包括产地环境要求和生产措施合理运用要求。

#### 1. 茶的产地环境要求

农产品的质量与环境是密切相关的。茶叶也是如此，产地的环境优劣直接关系着茶叶的质量及其卫生安全性。无公害茶的产地要求生态条件良好，远离污染源，土壤、空气、灌溉水的质量都应符合标准《无公害食品：茶叶产地环境条件》（NY5020—2001）中规定的要求。

（1）土壤。土壤中的重金属元素毒性大，可以在人体中蓄积，引起急性或慢性中毒，有的还会致癌或致畸，目前已被世界卫生组织列为公害之一。因此在 3 个不同的标准中对 6 种土壤中的重金属元素含量作了规定（见表 7–3）。

**表 7–3　无公害、绿色食品与有机茶园土壤中重金属的浓度限值** 单位：mg/kg

| 项目 | 无公害茶园 | 绿色食品茶园 | 有机茶园 |
| --- | --- | --- | --- |
| 镉 | ≤ 0.30 | ≤ 0.30 | ≤ 0.20 |
| 汞 | ≤ 0.30 | ≤ 0.25 | ≤ 0.15 |
| 砷 | ≤ 40.00 | ≤ 25.00 | ≤ 15.00 |
| 铅 | ≤ 250.00 | ≤ 50.00 | ≤ 35.00 |
| 铬 | ≤ 150.00 | ≤ 120.00 | ≤ 90.00 |
| 铜 | ≤ 150.00 | ≤ 50.00 | ≤ 50.00 |

我国广大茶区的土壤，一般都能达到无公害茶的生产标准，但一些离城市较近的近郊茶园、公路主干道附近的茶园及离矿区较近的矿区茶园，存在部分指标超标的可能，因此在建设无公害茶园时更应注意园地的选择和茶园保护。

（2）大气。茶叶是采后不加清洗立即加工。加工后的成茶也是不加清洗直接冲泡而饮用的，因此，作为无公害的茶叶，要求无公害茶园上空和周边的空气要清洁、无污染，没有异味，在不同的标准中对总的悬浮颗粒物、二氧化硫、过氧化氢及氟化物气体含量提出了一定的要求。茶园选择在远离城市、工厂、居民点、公路主干道的山区或半山区，可有效地防止城市垃圾、废气、尘土、汽车尾气及过多人群活动给茶园带来污染。

（3）灌溉水源。茶树年耗水量大，适宜生长在年降水量达 1 500 mm 左右的地区，生长季节耗水量占年总耗水量的 70% 以上，许多山区和半山区茶园无灌溉条件，只依靠天然降水维持茶树生长，对茶叶产量和质量都有一定影响。随着农业设施的发展，采用不同形式的灌溉是无公害茶叶生产的发展方向。无公害茶园对灌溉用水有严格的要求，水质要清洁卫生，没有污染，无论是来自溪、塘、库或泉，其水中有害重金属含量必须达到规定要求。

**2．生产措施合理运用**

茶园的土壤管理，病、虫、草害防治等生产措施的合理与否，对茶叶生产的安全性会带来较大影响。

土壤管理的中心工作有茶园的水土保持和地力常新的维持。茶园水土保持从茶园建设开始就应十分重视。茶园基地规划与建设及茶园开垦应根据不同坡度和地形，选择适宜的时期、方法和施工技术。如不要选择在雨季进行，耕作横向作业，防治水土流失等。采用地面覆盖等措施提高茶园的保土蓄水能力，所用的覆盖材料应未受有害和有毒物质污染。平地和坡度15°以下的缓坡地等高开垦；坡度在15°以上时，建筑内倾等高梯级园地。茶园与四周荒山陡坡、林地和农田交界处应设置隔离沟等。

无公害茶园的土壤管理具体应定期监测土壤肥力水平和重金属元素含量，一般要求每2年检测一次，并有针对性地采取土壤改良措施。肥料的施用，宜多施有机肥料，化肥与有机肥料配合使用，避免单纯使用化学肥料。施用量和施用种类应根据土壤理化性质、茶树长势、预计产量、制茶类型和气候等条件，确定合理的肥料种类、数量和施肥时间。每年必须施基肥和追肥，保持有足够数量的有机肥返回土壤，不断补充茶树所需要的营养元素，以保证生产的可持续性，实施茶园平衡施肥，防止茶园缺肥和过量施肥。农家有机肥应尽量就地生产、就地使用。有机肥必须经过堆制腐熟、高温发酵，达到无害化处理要求。适时种植绿肥是无公害茶园的主要肥料来源之一，尤其是对幼龄茶园、改造茶园，更要做好此项工作。绿肥除了较多资料中介绍的豆科作物，还可考虑选用1年生的高光效可多次刈割的牧草，如美洲狼尾草、美国饲用甜高粱、墨西哥玉米、苏丹草等，这种类型的草，年生长量大，可以产出较多的绿肥。茶季喷施无机叶面肥需10天后才能采茶；喷施有机叶面肥需20天后才能采茶。无公害茶园的病、虫、草害控制就是要本着保护环境，应用生态学原理，以农业措施为主，辅之适当的生物、物理防治技术，合理地利用允许使用的植物源农药和矿物源农药，达到控制茶园病、虫、草害对生产带来的影响的目的。原则上掌握以下几点：

（1）保护茶园生物群落结构，维持茶园生态平衡。要营造良好的茶园生物群落，在茶园周围与茶园中种植些防风林、行道树、遮阴树，合理调整茶园结构和布局，避免过度集中，防止病害、虫害滋生，同时创造有利于各类天敌繁衍的环境条件。保持茶园生态系统的平衡和生物群落的多样性，增强茶园自然生态调控能力。

（2）优先采用农业技术措施，加强茶园栽培管理。茶园栽培管理既是茶叶生产的主要技术措施，也是对病、虫、草害可起有效控制的重要方法。具体可以通过选育抗病虫品种、茶园耕作、铺草、排灌、修剪、施肥、采摘等多种措施的合理运用，达到控制病、虫、草害发生的目的。如换种改植或发展新茶园时，应选用对当地主要病虫抗性较强的品种。分批、多次、及时采摘，抑制假眼小绿叶蝉、茶橙瘿螨、茶白星病等危害芽叶的病虫。通过修剪控制茶树高度，减轻毒蛾类、蚧类、黑刺粉虱等害虫的危害，控制螨类的越冬基数。秋末宜结合施基肥，进行茶园深耕，减少翌年在土壤中越冬的鳞翅目和象甲类害虫的种群密度。将茶园根际附近的落叶及表土清理至行间深埋，有效地防治叶病类和在表土中越冬的害虫等。

（3）采用物理、生物防治方法，减少化学药剂使用。物理防治是指采用物理机械原理来防治病虫害，目前在茶园中应用较多的有频振式诱虫灯的使用，它是利用昆虫的趋性（趋光性和趋化性）或害虫种群自身间的化学信息联系引诱并杀死害虫的方法。生物防治是指用食虫昆虫、寄生昆虫、病原微生物或其他生物天敌来控制病、虫、草害的发生。其中有的是自然存在的，需要加以保护和利用，有的可人为饲养释放。

（4）合理使用植物源和矿物源农药，有限制地使用高效、低毒、低残留农药。植物源农药是来源于植物或植物提取物对病虫有生物活性的物质，目前常见的植物源农药有苦参碱、鱼藤酮、除虫菊、印楝素等。植物源农药在茶园中主要对鳞翅目害虫和部分同翅目害虫有效，使用时应掌握在抗药性弱的 1 ～ 2 龄幼虫期喷药。矿物源农药是指有效成分来源于无机矿物或石油提炼物的农药，主要有石硫合剂、波尔多液、硫悬浮剂、矿物油等，但矿物源农药不得在采茶季节使用，其中波尔多液使用后，茶叶的铜含量不得超过 30g/kg。这些药剂对茶园病害、螨类有较好的防治效果，主要用于非采茶季节（如冬季封园）。

在无公害茶园中，有时病虫发生严重，一些物理、生物、农业的措施难以达到控制效果，可选择化学防治的方法加以控制，但必须严格选择使用的农药种类是生产中允许的、使用量和使用间隔期符合安全生产要求的化学农药。关于这一点必须经常注意国内外市场对农药安全使用要求的变化，不然，生产产品将难达安全生产要求。农药使用过程中要注意轮换用药，合理混配，保护天敌，提高喷施技术。

## 三、茶园污染源的控制

要实现茶叶生产的无公害化，关键在于全面控制茶园污染源。茶叶中的污染物不仅来源于茶园土壤、水体和大气等自然环境，还与农药、肥料、机械等生产资料的投入密切相关。因此，我们必须采取综合治理的措施，从源头上减少污染物的产生和投入，从而确保茶叶的质量和安全性。通过科学管理和合理使用生产资料，我们可以有效地降低茶叶中的污染物质含量，为消费者提供健康、安全的茶叶产品。

### （一）大气污染的防治与控制

茶区大气污染主要源于固体颗粒和汽车尾气。为了净化空气，可以通过种植防护林和行道树的方式，将茶园与工厂、公路等污染源进行有效隔离。对于茶园周边的工厂，采取加高烟囱排烟的措施是有效的。因为烟囱高度增加，有利于烟气在大气中的扩散和稀释，从而降低地面污染物的浓度。事实上，地面污染物的浓度与烟囱高度的平方成反比，因此，提高烟囱高度可以显著减轻工厂排烟对地面大气环境造成的污染，这也是保护茶园免受大气污染影响的有效措施之一。

### （二）茶园土壤污染的治理

土壤污染的治理方法有生物、物理或化学等不同方法：①通过改变重金属存在形态，降低其活性。各种重金属存在形态非常复杂，不同形态有效性差异很大。各种重金属在土壤中赋存形态，一般分为残留态、有机结合态、铁锰氧化物态、碳酸盐结合态、交换态和水溶态，其稳定性依次降低。水溶态、交换态对植物最有效，活性最大，毒性最强，称为可给态，将这两种形态转变为稳定性更强的形态是降低其毒性的有效途径之一。②从土壤中去除重金属。利用特殊植物吸收重金属后再连根拔起，或用工程技术方法将重金属转变为可溶态、游离态，再经淋洗，收集淋洗液中的重金属，从而达到减少土壤中重金属含量的目的。具体的措施有以下几种。

**1. 生物措施**

利用土壤生物和微生物对重金属的吸收、沉淀、氧化和还原作用，降低或消除重金属的污染。

受重金属污染的土壤上，生存有很大数量能适应重金属污染环境并能氧化或还原重金属的微生物种群。这种微生物对重金属具有吸收、氧化、沉淀和氧化作用。

（1）吸收作用。由于专性微生物区系能促进重金属参与微生物体组成，从而促进重金属被微生物吸收，减少植物摄取。因此，向污染土壤中接种专一性强的微生物可降低重金属毒性。

（2）氧化作用。微生物可使还原态重金属氧化，如五色杆菌、假单胞菌能使亚砷酸盐氧化为砷酸盐，从而降低 As 的毒性。

（3）沉淀作用。在厌氧条件下，利用产 H2S 细菌产生的 H2S 与 $Cd^{2+}$结合生成 CdS 沉淀，可以降低 $Cd^{2+}$ 的毒性。

（4）还原作用。某些细菌产生的特殊酶能还原重金属。有研究学者发现，Citrobacter sp. 产生的酶能使 Pb 和 Cd 形成难溶性磷酸盐；从含 Pb、$Cr^{6+}$、Zn 的土壤中分离的菌种假单胞菌属能将二价铅还原为不具备毒性的胶态铅；菌种大肠杆菌品系还能将高毒性的 $Cr^{6+}$ 还原为低毒性的 $Cr^{3+}$；抗 Hg 细菌如假单胞菌、大肠杆菌体内存在特殊的 mmR 酶系，能将土壤中的甲基汞、乙基汞、硝基汞还原为元素汞，日本有人利用此原理将富汞细菌收集起来，经蒸发、活性炭吸附等方法除去 Hg。

运用遗传基因工程等高科技生物技术，培育对重金属具有降毒能力的微生物，并运用于污染治理是目前环境科学研究中活跃的领域。

植物对污染物有一定的耐性，有些植物能使污染物在植物体内外局部富集，如使重金属在植株根部细胞壁沉淀而束缚其跨膜吸收，或与某些蛋白质、有机酸结合生成具生物活性的解毒形式，从而提高了对重金属伤害的忍耐度。对于重金属污染土壤，可种植抗污染且能富集重金属的植物加以去除，但过程较缓慢，这种形式可使土壤中重金属逐年递减。在 Cd 污染较重的土壤，可种植柳属的某些植物、羊齿类铁角蕨属植物、野生苋、十字花科遏蓝菜属。其中遏蓝菜属的天蓝遏蓝菜可使体内的 Cd 高达 5 000 ～ 7 000 mg/kg；对于 Cd 污染不重的土壤，可种植对 Cd 有一定耐性的经济作物，如苎麻。对 Ni 污染土壤可种植耐 Ni 的十字花科植物。植物对重金属吸收与电渗滤有关，磷营养与土壤中的金属化合物有关。向根系通直流电能加强植株对重金属的吸收，增施硫酸盐和磷酸盐化肥能使植株枝干部重金属富集大增。由于重金属在植物体内分布是根大于茎叶，故收获植物时应连根拔起。另外，生物聚合物如淀粉、藻类、纤维类物质等与植物吸收重金属都有一定的关系。

**2．农业工程措施**

这主要是利用改良剂对土壤重金属的沉淀作用、吸附抑制作用和颉颃作用，以降低重金属的扩散性和生物有效性。

（1）增施促还原的有机肥。胡敏酸、堆肥、鸡粪等有促进还原作用，使重金属生成硫化物沉淀；可增加土壤胶体，从而促进重金属吸附、整合、络合能力，也能使 $Cr^{6+}$ 还原为低毒性的 $Cr^{3+}$；有机肥还可增大阳离子代换量（CEC），有利于改善土壤物理性质。

（2）合理施用磷酸盐化肥。磷酸盐使重金属 Cd、Hg 等生成磷酸盐沉淀。酸性土壤施碱性的钙、镁、磷肥优于其他磷肥；石灰性土壤有效磷易被固定，

以使用 $KH_2PO_4$ 较好。

（3）适当施用石灰性物质。包括石灰、硅酸钙炉渣、钢渣、粉煤灰等碱性物质或配施钙镁磷肥、硅肥等碱性肥料。重金属的最大特性是易受土壤 pH 控制，提高土壤 pH，使重金属生成硅酸盐、碳酸盐、氢氧化物沉淀。施用石灰也可降低茶树对氟的吸收。但要注意的是：

①在一定 pH 范围内，砷酸盐会随 pH 升高而使活性也升高，对于 As 污染土壤，最好改用磷酸盐，特别是在 As 复合污染中施磷酸盐尤为重要。

②不同的重金属其沉淀时的 pH 各异，Hg 在 pH $>$ 6.5 时沉淀，Cd 要在土壤 pH $\geqslant$ 10 时才沉淀。

③要考虑茶树的耐碱能力。

（4）施用石灰硫黄合剂、硫化钠等含硫物质。使土壤重金属生成硫化物沉淀。

（5）加抑制剂、吸附剂。膨润土、合成沸石等硅铝酸盐能钝化重金属。国外有人用此法沉淀 Cd 污染土壤，有一定成效。

（6）利用无毒阳离子颉颃重金属。$Ca^{2+}$、$Mg^{2+}$、$Zn^{2+}$、$Si^{2+}$是植物必需元素。$Zn^{2+}$对重金属有颉颃作用，过量才致毒；$Ca^{2+}$是属于平衡性的无害离子，利用$Ca^{2+}$对 Cu、Pb，Cd、Zn、Ni 的颉颃作用可减少作物对重金属的吸收；利用 Zn 对 Cd 的颉颃在缺 Zn 土壤上施 Zn 肥，还可降低 Cd 的毒性；利用 Si 对 Mn 的颉颃，在水稻田中施适量 Si 肥，不仅增加水稻的 Si 营养，还能降低 Mn 毒；对于 Hg 污染土壤，研究表明，用腐殖酸复合硒肥施于 Hg 污染土生产富硒粮，能对抗 Hg 在心、肝、肾、肺、脑组织的蓄积。

（7）翻耕或客土、换土。翻耕是将污染重的表层翻至下层；客土是在污染土壤上加入净土；换土是将已污染土壤移去，换上新土。

### （三）茶叶中农药残留的控制

病、虫、草害的化学防治是茶叶农残的主要来源，但它又是当前茶树植保上运用的主要手段。因此降低农残的关键在于控制污染源，即合理科学地进行病虫害防治，尤其是病、虫、草害的化学防治。对已受农药污染的土壤和茶树，采取的办法主要有四种：

（1）用微生物降解。在厌氧条件下 DDT 能迅速分解，把土壤漫灌作为消除 DDT 残留物污染的一种手段。

（2）利用添加剂减少土壤中农药残留。如用液态 $NH^3$ 和金属 Na 混合剂处理 19 种农药，可解除 315 种化合物的毒性。

（3）种植吸附性强的植物。将土壤中农药残留吸收富集，再对植物进行处理。

（4）应用紫外线的光解作用。

土壤是农药在环境中的储藏库与集散地，施入茶园的农药大部分残留于土壤环境介质中。研究表明，使用的农药，80% ～ 90% 的量将最终进入土壤。农药对土壤的污染，与使用农药的基本理化性质、施药地区的自然环境条件以及农药使用的历史等密切相关。不同农药，由于基本理化特性的不同，其在土壤中的降解速率不一样，从而决定了其在土壤中的残留时间也不一样。如有机氯杀虫剂的半衰期为 2 ～ 4 年，有机氯农药（如 DDT、HCH、三氯杀螨醇）和拟除虫菊酯类农药（如溴氰菊酯、氯氰菊酯、氰戊菊酯）的降解速度很慢，喷药后 1 天内降解率低于 40%。有机磷杀虫剂半衰期为 0.02 ～ 0.20 年，如辛硫磷、敌敌畏、马拉硫磷的降解速度很快，在茶园常用的农药中，降解最快的有辛硫磷、二溴磷、敌敌畏、杀螟硫磷、马拉硫磷等品种，喷药后 1 天内可降解 80% ～ 90%。乐果、喹硫磷、乙硫磷、亚胺硫磷等农药次之，喷药后 1 天内可降解 40% ～ 80%。氨基甲酸酯类杀虫剂为 0.02 ～ 0.10 年，三嗪类除草剂为 1 ～ 2 年，苯酸类除草剂为 0.2 ～ 2.0 年。所谓农药的半衰期（t1/2）是指农药降解 50% 所需要的时间，用它来表示某种农药的降解速度。数字越小，表示降解速度越快；数字越大，表示该农药性质越稳定。一般而言，农药在土壤中的降解速率越慢，残留期就越长，就越容易导致对土壤的污染。农药选用时，充分考虑这些因素，可有效控制农药在土壤中的残留。

近年来，农药残留降解研究包括微生物降解、臭氧降解、降解剂方法等，其中微生物的降解作用得到了较多的关注。通过微生物的富集培养、分离筛选等技术已经发现了很多能够降解农药的微生物。茶树叶面降残剂对茶树中残留的农药降解的研究也不少，应用稀土、$NaHCO_3$、腐殖酸钠、增产菌等单一的生物及化学制剂喷施茶树叶片，都表现出一定的降解效果。这方面的研究工作还在进一步的开展过程之中。

### （四）化肥和有害微生物等污染的控制

为了避免化肥使用带来的污染，我们需要严格筛选并选用适宜的肥料种类，确保不将有潜在污染风险的化学肥料施用于茶园。同时，我们强调无机肥与有机肥的配合使用，遵循平衡施肥的原则，合理确定无机肥的施用量，并掌握最佳的施肥时机，以最小化无机肥料可能对当地环境产生的不良影响。

在茶叶生产的各个环节中，我们必须确保所使用的材料、器具等都符合食品生产场所的卫生标准。为此，我们需要不断改善茶叶生产场所的基础环境卫生条件和机具的卫生质量。同时，建立并完善对从业人员的健康管理、厂房与机具的清洁制度，以及严格的茶厂卫生管理制度，从而有效预防和杜绝有害微生物对茶叶的污染风险。通过这些措施，可以确保茶叶的安全性和卫生质量，为消费者提供健康、高品质的茶叶产品。

## 第三节　有机茶园的生产与管理

### 一、有机茶生产的发展与意义

#### （一）有机茶的概念与特点

有机茶是在无污染的环境下生长、采摘、制作的茶叶，其生产过程严格控制农药、肥料、化学物质的使用，遵循“无公害、高品质、绿色环保”的原则。有机茶以其无农药、无化肥的特点，满足了人们对健康食品的追求。

#### （二）有机茶生产的发展趋势

**1．市场需求持续增长**

随着健康、环保理念的深入人心，以及食品安全问题的日益突出，有机茶的市场需求将持续增长。预计未来几年，有机茶的市场规模将进一步扩大。

**2．生产技术不断提升**

随着有机农业技术的不断发展，有机茶的生产技术也在不断提升。例如，通过选择合适的土壤改良剂和有机农药，有效地防治茶叶病虫害的发生；利用有机肥料提高茶叶的品质和抗病能力等。这些技术的应用使有机茶的生产变得更加高效和可行。

**3．产业链条的延伸**

有机茶产业的发展不仅局限于茶叶的生产和销售，还将向相关产业链条延伸。例如，开发有机茶深加工产品，如有机茶饮料、有机茶保健品等，以满足市场的多样化需求。同时，有机茶的种植、加工、销售等环节也将形成紧密的产业链，推动整个产业的协同发展。

### （三）有机茶生产的意义

1．维护生态环境

有机茶生产强调遵循自然法则和可持续发展的理念，注重生态环境保护、生物多样性发展。在生产过程中，严格控制农药、化肥等有害物质的使用，减轻了对环境的污染和破坏，有助于维护生态平衡和生物多样性。

2．保障食品安全

有机茶生产不使用化学合成的农药和肥料，降低了茶叶中农药残留和重金属等有害物质的含量，提高了茶叶的安全性和品质。这对于保障消费者的身体健康和生命安全具有重要意义。

3．促进农业可持续发展

有机茶生产是一种资源节约型、环境友好型的农业生产方式。通过有机种植方式，可以改善土壤质量，提高土地利用率，促进农业生态系统的良性循环。同时，有机茶产业的发展还可以带动相关产业的协同发展，推动农村经济的繁荣和农民收入的增加。

4．弘扬茶文化

茶文化是我国传统文化的重要组成部分。有机茶的生产和发展不仅满足了人们对健康、环保的需求，也传承和弘扬了我国悠久的茶文化和茶道精神。通过品尝有机茶，人们可以更好地感受到茶文化的魅力和内涵。

### （四）有机茶生产面临的挑战与机遇

1．挑战

有机茶生产面临着生产成本较高、消费者认知度不高、市场竞争激烈等挑战。此外，一些企业存在虚假宣传和以次充好的现象，影响了消费者的信任度和产业的健康发展。

2．机遇

有机茶生产面临着巨大的机遇。随着国内外市场的不断扩大和消费者需求的持续增长，有机茶产业的发展空间广阔。同时，政府对于绿色、环保产业的扶持政策也将为有机茶产业的发展提供有力支持。

## 二、有机茶产品质量要求与基地选择

鉴于有机茶对产品质量有着极高的要求，其对生产基地的选择标准亦相应提升。一个环境条件上乘的茶叶生产基地，是确保产出高品质有机茶的基石。

特别是在当前阶段，部分有机茶生产过程中的调控难题尚未得到根本解决，因此，对基地的精心选择显得尤为关键。

### （一）有机茶产品质量要求

2002 年 7 月，农业农村部发布了有机茶的农业行业标准（NY5196—2002），并于 2002 年 9 月开始实施。在这一标准中对有机茶产品质量的基本要求、感官品质、理化品质、卫生指标等都作了具体的规定。

#### 1. 基本要求

产品具有各类茶叶的自然品质特征。品质纯正，无劣变、无异味，产品洁净，且在包装、储藏、运输和销售过程中不受污染。不着色，不添加人工合成的化学物质和香味物质。

#### 2. 感官品质

各类有机茶的感官品质应符合本级实物标准样品品质特征或产品实际执行的相应常规产品的国家标准、行业标准、地方标准、企业标准规定的品质要求。

#### 3. 理化品质

各类有机茶的理化品质应符合产品实际执行的相应常规产品的国家标准、行业标准、地方标准或企业标准的规定。

#### 4. 卫生指标

有机茶的卫生指标应符合中华人民共和国农业农村部标准《有机茶》（NY5916—2002）中规定的要求。

### （二）有机茶基地选择

有机茶基地的选址至关重要，必须确保空气清新、水质纯净，同时土壤未受到任何污染且肥沃度高，茶树的品种也需经过精选，具备优良特质。基地四周的环境亦需林木葱郁，以维持良好的生态平衡。此外，为避免交通污染，有机茶基地应与交通干线保持至少 1 000 m 的距离。茶园的水土保持工作应做得尽善尽美，生物多样性丰富，以确保可持续的生产能力。

在有机茶基地的周围，绝对不能存在任何大气污染源，无论是地表水还是地下水，都必须保持清洁无污染。基地的上游亦不能有污染源存在，所有的生产和生活用水都必须达到有机食品的水质标准。同时，周围环境不能受到金属或非金属矿山以及农药的污染，土壤的肥力和质地都需达到较高标准。

对于有机食品生产中所使用的种子和苗木，必须严格来源于有机农业生产系统，任何利用基因工程繁育的种子或苗木都是禁止使用的。若将已建成的非有机茶园转换为有机茶生产，应选择那些抗逆力强、生长势好的茶树品种，这将为后续的生产管理带来极大的便利。

## 三、有机茶园的土壤管理与施肥

有机茶的土壤管理和施肥，必须符合有机农业生产的要求，它与其他无公害茶园相比管理要求高。即在不施用化学肥料的情况下，仍能满足茶树生长的需要，使生产得以可持续发展，这是人们努力解决的问题。

### （一）有机茶园的土壤管理

生产有机茶不仅要选择自然肥力高的土壤，而且在生产过程中尽可能依靠加强土壤管理来保持和提高土壤肥力，保证茶树生长营养的需要。

**1. 茶园行间铺草覆盖**

茶园行间铺草可以减缓地表径流的速度，促使雨水向土层深处渗透，防止地表水流失，增加土层蓄水量，抑制杂草生长，有利于土壤生物繁殖，增加土壤的有机质含量，提高土壤肥力。幼龄茶园提倡间种绿肥；生产茶园实行行间用秸秆、草料、厩肥等有机物覆盖或埋入土中，以增强土地有机质和生物活性。

**2. 精耕细作，勤除杂草**

一般，春茶开采前要进行一次浅耕除草（约 10 cm），清除越冬杂草。春茶结束后浅耕除草，可疏松被采茶踏实的表土，同时可推迟夏草生长。6 月，长江中下游广大地区正是梅雨季节，杂草生长快，因此一般在梅雨结束，要进行一次浅耕除草。8 ～ 9 月是秋草生长、开花结籽时期，这时除草对防止第二年杂草生长有重要意义，要抓紧进行。除草要选择晴朗的天气进行，把杂草晒干，使它失去再生能力，同时也可起到杀虫消毒作用。经过暴晒后的杂草翻作肥料，以提高土壤肥力。

**3. 茶园蚯蚓饲养**

蚯蚓能吞食茶园枯枝烂叶和未腐解的有机肥料变成粪便，促进土壤有机物的腐化分解，加速有效养分的释放，提高土壤肥力。蚯蚓在土壤中的活动，可疏松土壤，增加土壤的孔隙度，有利于茶根的生长。蚯蚓躯体还是含氮很高的动物性蛋白，在土壤中死亡腐烂，是很好的有机肥料。茶园饲养蚯蚓优点很多，如能克服茶园土壤贫瘠、干燥等不利影响因素，实现生产应用性养殖，则对有机茶生产的土壤管理是十分有效的措施。

### （二）有机茶园的施肥

一般的施肥方法与非有机茶相同，由于在有机茶生产中肥料种类有很大的限制。为了确保有机茶生产的高产优质，有机茶园的肥料施用要特别重视绿肥的种植利用与有机肥的无害化处理。

1．有机茶园的绿肥

种植如间作豆科植物，一方面可防止茶园水土流失，改善生态条件；另一方面可生产一定量的有机肥。一二年生幼龄茶园和改造茶园可选择种植的绿肥品种较多，可以是高大的牧草，也可以是豆科作物，通过管理好绿肥，同时管理好茶园，既不妨碍茶树生长，又有利于水土保持。可充分利用茶园周边地块进行有机肥的生产，通过经常性的刈割，获得较高产量的有机物，还可通过增加新的循环，延伸产业链。

2．有机肥料的无害化处理

有机肥要经过无害化处理，商品有机肥要经有机认证机构认证。微量元素肥料在确认茶树有潜在因素危险时作叶面肥喷施。微生物肥料应是非基因工程产物。禁止使用化学肥料和含有毒、有害物质的城市垃圾、污泥和其他物质等。严禁使用未经腐熟的新鲜的人粪尿、家禽粪便，这类肥料的使用必须经过无害化处理，以杀灭各种寄生虫卵、病原菌、杂草种子，使之符合有机茶生产规定的卫生标准。外来农家有机肥以及一些商品化有机肥、活性生物有机肥、有机叶面肥、微生物制剂肥料，必须得到有机食品认证机构颁证才可使用。施用天然矿物肥料，必须查明成分及含量、原产地、贮运、包装等有关情况，确认属无污染、纯天然的物质后方可施用。

## 四、有机茶园病虫草害的调控

以茶树为中心的茶园生态系统中，茶树、病虫及其天敌等形成了一个复杂的生物群落，它们通过营养循环的形式同时存在，互为依存、互为制约，并在一定条件下互相转化，保护好茶园环境的生态平衡以及重视茶园周围的生态环境有助于茶园生态系的生物多样性，从而发挥茶园的自然调控能力。

### （一）有机茶园病虫草害的农业调控

1．品种选择

换种改植或发展新茶园时，选用对当地主要病虫害抗性较强的品种。

2．合理间作

小绿叶蝉发生严重地区，茶园不宜间作花生、猪屎豆、蚕豆等。不少果树、林木上的多种害虫，如蚧虫、粉虱、刺蛾、蓑蛾、卷叶蛾等也会为害茶树，故应注意邻作和遮阴树的选择。对于茶园恶性杂草可采取人工除草。至于一般杂草不必除净，保留一定数量杂草有利于天敌栖息，可调节茶园小气候，改善生态环境。

3．正确施肥

正确施肥可以增进茶树营养，提高抗逆能力；反之，施肥不当，常可助长病虫为害。例如，偏化学氮肥，可使茶树枝叶徒长，抵抗力减弱，增加叶蝉、蚧、螨类吸汁型有害种群数量。

4．适时排灌

云纹叶枯病、茶赤叶斑病、白绢病等常在干旱季节流行发生。因此，夏季灌溉抗旱。对防治上述两种病害的发生有明显效果。

5．修剪调控

在长白蚧、黑刺粉虱、地衣苔藓等病虫为害严重的茶园，台刈是行之有效的防治方法。此外，轻修剪对钻蛀性害虫、茶树茎病和茶树上的卷叶蛾具有明显的防治作用。成龄茶如过于郁闭，需进行疏枝，使蓬脚通风，对抑制蚧类、粉虱类害虫发生有相当作用。茶园修剪、汰刈下来的茶树枝叶，先集中堆放在茶园中或附近，待天敌飞回茶园后再处理。

6．及时采摘

茶中的某些害虫（如小绿叶蝉、绿盲蝽象等）不仅危害茶树嫩梢，而且在芽梢内部产卵，茶饼病、芽枯病、白星病、跗线螨、茶橙瘿螨、茶黄蓟马等多种病虫都在嫩叶上为害，通过分批多次采摘可以将大量上述病虫采下，起着直接去除病虫的作用。

7．杂草防除

有机农业生产中，禁止使用化学除草剂。有机茶园的杂草防除应采用农业技术措施、生物防治、机械除草等综合的方式来防控茶园杂草的生长。如结合耕作施肥除草，在杂草结籽前消除，减少来年杂草的发生量；各种茶园覆盖，如地膜覆盖、铺草覆盖、修剪枝叶覆盖。同时，研制有机茶园中可用的生物制剂进行杂草的防控。

### （二）有机茶园病虫草害的物理调控

物理调控即物理机械防治，即利用各种物理因子、人工或器械防治害虫的方法。包括最简单的人工捕杀，直接或间接捕灭害虫，破坏害虫的正常生理活动，以及改变环境条件使害虫不能接受和容忍。物理机械防治既可用于预防虫害，也可在已经发生虫害时作为应急措施。

1．直接捕杀

利用人工或简单器械杀灭害虫。如震落有假死习性的茶黑毒蛾、茶丽纹象甲，用铁丝钩杀天牛幼虫，对杀毛虫卵块、茶蚕、蓑蛾、卷叶蛾虫苞、茶蛀梗虫、茶堆沙蛀虫、茶木蠹蛾等目标大或危害症状明显的害虫也可采取人工捕杀的方法进行，对局部发生量大的介壳虫、苔藓等可采取人工刮除的方法防治。

2．物化诱杀

物化诱杀是一种结合了物理和化学方法的害虫防治技术。利用昆虫普遍具有的趋光性，在光源下放置水盆，并在水面上添加少量洗衣粉，当害虫被光源吸引并接触到水时，它们就会因为无法挣脱而溺亡。黑光灯，作为紫外线灯的一种，其诱虫效果显著优于普通灯光，能够吸引并杀死多种昆虫，包括雄蛾和部分雌蛾。同时，通过观察黑光灯下诱捕到的蛾类数量，可以较为准确地判断出蛾类害虫的发生高峰期，进而预测幼虫的发生时期以及下一代和次年害虫的发生和危害趋势。但需要注意的是，灯光诱杀也可能会对一些具有趋光性的有益昆虫产生一定的误杀作用。

在实际应用中，我们还可以采用性诱杀的方法。例如，将未交配的活体雌虫（如茶尺蠖、黑毒蛾等）固定在一个小笼子中，笼子下方放置水盆。这些雌虫会释放出性外激素，吸引并诱杀寻求交配的雄虫。此外，也可以收集一定数量的未交配雌蛾，剪下其腹部末端几节，并使用二氯甲烷、二氯乙烷、二甲苯或丙酮等溶剂进行浸泡、捣碎和过滤。然后将滤液稀释后喷洒在由过滤纸制成的诱芯上。对于茶毛虫、茶小卷叶蛾等害虫，目前已经成功合成了人工性诱剂，能够高效地吸引并聚集大量雄蛾，从而达到防治目的。

3．生物调控

生物调控，即生物防治，是一种利用有害生物的自然天敌来对其进行调节和控制的方法，旨在将农业生产中的质量损失和经济损失降至最低。通过改善茶园的生态环境，增加茶园内的生物多样性，例如种植杉棕、苦楝等行道树和遮阴树，或者采用茶树与其他林木、果树的间作方式，都可以有效地促进生物调控。同时，保护和利用茶园中已有的天敌昆虫，如草蛉、瓢虫和寄生蜂等，以及蜘蛛、捕食蚁、蛙类、蜥蜴和鸟类等有益生物，也是至关重要的。这些措施有助于减少人为因素对天敌的干扰和伤害，从而更好地发挥它们在生物调控中的作用。

茶叶采摘不仅是茶叶生产的收获环节，更是关乎增产和提升品质的重要树冠管理手段。茶树栽培的合理性以及采摘的技巧性，直接决定了茶树新梢的生长状况，进而对芽叶的数量和原料品质产生深远影响，最终反映在茶园单位面积的产量和茶叶品质上。在进行采摘操作时，必须兼顾茶树的生长需求，以确保其能够维持长期且高效的生产能力。

# 第八章　普洱茶的采摘技术和管理

## 第一节　茶叶的采摘标准

采摘标准是指在茶树生长过程中，根据不同茶类所需的新梢芽叶大小来确定的采摘规范。由于我国茶区分布广泛，茶类繁多，各地的采摘标准存在差异，这取决于多种因素的综合考量。为了科学制定采摘标准，需要综合考虑茶类生产对原料的需求、市场供求关系、芽叶所含的化学成分、茶树的生长状况以及新梢的生长特点等因素。通过合理制定采摘标准，可以实现持续的高产、优质的茶叶生产，并获得良好的经济效益。

### 一、茶叶的合理采摘

茶叶采摘的对象是茶树新梢上的芽叶，芽叶征状随着外界环境条件的变化、茶树品种的不同和栽培技术的差异而变化。在新梢上采收芽叶，依不同条件可迟可早，可长可短，可大可小，没有固定的标准。因采期不同、采法不同，获得的芽叶征状和性质也不同，并影响到当时茶树或后期茶树的产量和品质，所以合理采摘尤为重要。我国茶区辽阔，茶类繁多，形成了与各自相适应的各种采摘制度。如何才算合理采摘，难以形成统一的衡量标准。但从目前国内外茶叶生产的发展和对于多数茶类而论，合理采摘是指通过人为的采摘，协调茶叶产量和品质之间的矛盾，协调茶树生育各方面的矛盾，协调长期利益和短期利益的矛盾，取得持续高产优质的制茶原料，实现茶园长期良好的综合效益。在生产实践中，合理采摘需处理好采摘与留养、采摘质量与数量、采摘与管理等相互间的关系。

### （一）茶叶采摘与留养

茶叶采摘与留养，与茶树生育生存有着十分密切的关系。芽叶既是采摘对象，又是茶树的营养器官，采摘新生的芽叶，必然会减少茶树光合叶面积，如果强采，留叶过少，会增加茶园的漏光率，从而降低茶树的光合作用，减少有机物质的形成和积累，影响整株营养芽的萌发和生育。如幼年茶树过早过强采摘，易造成茶树生育不良，茶树早衰，有效经济年限缩短等问题。如果成龄茶园留叶过多，或不及时采去顶芽和嫩叶，不但因采得少降低茶叶产量，而且会多消耗水分和养料。又由于树体叶片过多，树冠郁闭，中、下层着生的叶片见光少，对光合作用不利，营养生长也差，容易造成分枝少，发芽稀疏，生殖生长增强，花果增多，从而影响茶叶产量和品质。

从茶树树体自养考虑，茶树的采收应有一定的留叶制度，否则难以实现持续高产优质。但留叶过多，又会影响茶叶生产。新留下的叶片，光合能力弱，呼吸强度大，只有当叶片定型、生长至少 30 天左右，光合强度才达到较高水平，有较多物质积累。有对茶树留养叶的光合特性研究表明，留 2 叶采与留 1 叶采的光合能力相近，即多留 1 叶在同一枝梢上，光合积累并非呈累加关系，因生育前后的时间差及上下叶片的相互遮蔽，留养 2 叶不但产量受影响，同时也不能发挥留养叶最大的光合效能；留养鱼叶，其光合功能与正常叶相近。因此，采摘上强调留鱼叶采，可以减少干茶中的黄片，同时又能发挥其光合潜能。

因各季采摘方法不同，留叶数量也不同，对茶树生育、产量和品质都有不同的影响。根据不同茶类对鲜叶原料的要求，运用合理的采摘制度，因地、因时、因茶类制宜进行合理采摘，茶树既可维持长期健壮，又可获得高产、优质的原料和较长的经济年限。通过合理采摘，使全年产量分布较均匀，有效调节全年劳动力的安排，达到增产增收。

采与留是矛盾的对立统一体。要协调这一矛盾，在生产上要做到既要采又要留，留叶是为了多采，采叶必须考虑留叶。茶树新梢上开展的叶片，因迟早、展叶多少、叶片大小和老嫩都有不同，光合作用的强度也不同。试验结果表明，合理采摘就是在新梢生长到一定程度时，适当采去顶芽（或驻芽）以及若干张细嫩叶片，留下鱼叶或 1 ～ 2 片真叶在新梢上。生产上具体应留多少叶为适度，什么季节留，没有固定不变的标准，这要根据制茶原料的要求及品种、叶片寿命、树龄和树势、茶园管理水平等因素而定。

### （二）茶叶采摘的数量与质量

茶树是一种商品性极高的经济作物。因此，在生产中不但要求产量高，同时更要求质量好。茶叶采大采小、采嫩采老、采迟采早，都与茶叶的数量与质量密切相关。只有在采摘上强调量质兼顾，才能取得优质、高产、高效的效果。

生长势强的正常芽梢，在萌发生育过程中，从芽、一芽一叶到一芽多叶，每增加一叶，重量成倍增加，特别是从芽生育到一芽三叶增长的比例最大。除一些名优茶、特种茶对鲜叶有特别要求外，过嫩采摘会对产量带来很大的影响，少采一叶，意味减产近 1 倍。另外，一般采叶茶园的芽梢，相对一部分叶在展 2 ～ 3 张叶后便形成对夹，所以也不能都养到展叶 3 ～ 4 张后才开始采摘。这样不仅影响鲜叶质量，而且由于顶芽的存在，会抑制侧芽的萌发，进而减少芽叶萌发的数量，同样不能获得高产。

茶叶的品质，是人们通过对茶叶色、香、味、形等几个方面的感官审评来确定的。鲜叶采摘质量对成品茶质量影响很大，若采摘不合理，即使是精工制作，也不能获得优质的成品茶。如果养大采小，对夹叶增多，叶片老化速度快，鲜叶所含对茶叶品质影响大的生化成分含量显著下降。一般而言，幼嫩的一芽二、第三叶内含物质比较丰富，制得的茶叶品质也好，鲜叶老化后，品质成分下降，成茶品质较差。鲜叶品质成分是随着叶片的老化而逐渐减少的，而粗纤维含量则逐渐增加。所以，采摘时不但要掌握一定的嫩度，同时还必须区分好不同鲜叶原料的等级，实行分级复制，否则，老嫩混杂不可能获得高质量的茶叶。

### （三）茶叶采摘与管理

我国大部分茶区，春季到秋季是茶树生长活动时期，也是茶叶采收时期。到了冬季，茶树大部分处于相对休眠状态（地上部）。要保持长期的优质、高产和旺盛生长势的茶树，必须抓好采摘茶园的管理工作。

合理采摘必须建立在良好的管理工作基础之上，只有茶园水肥充足，茶树根系发育健壮，生长势旺盛，茶树才能生长出量多质优的正常新梢，才有利于处理采与留的关系，才能做到标准采和合理留，达到合理采摘的目的。

合理采摘与修剪技术的协同应用至关重要。从茶树幼年阶段起，就应重视树冠的培育，以塑造出理想的树形；对于成年的茶树，通过适度的轻修剪和深修剪，可以保持采摘面的生产枝条健壮且平整，从而有利于新梢的萌发并提高其质量；对于衰老的茶树，则需要进行更新修剪，并结合适当的肥培管理，以恢复树势并提升新梢的生长质量。综上所述，通过合理的结合修剪和采摘技术，并辅以恰当的肥培管理，可以确保新梢生长得健壮、整齐且密集，从而为合理采摘奠定坚实的物质基础。

因此，采与管相辅相成，关系密切。只有建立在茶树各项技术措施密切配合的基础上，才能发挥出茶叶采摘的增产提质作用。采摘茶叶是栽培茶树的目的所在，只有加强茶树树冠管理和茶园肥培管理才能多采数多质优的鲜叶原料。

## 二、采摘标准的确定及掌握采摘的方法

茶叶采摘标准涵盖了采摘与留养两个方面的规范，这些标准是根据茶类生产的实际情况、茶树的生长状况、茶叶市场的供求关系以及芽叶的化学成分等客观因素来制定的。这些标准不仅是对前人经验的总结，而且会随着茶叶市场和生产条件的变化而不断进行调整和优化。这种灵活性和适应性确保了茶叶采摘标准始终与市场需求和生产实际保持紧密的联系，从而有效地指导茶叶生产，提高茶叶产量和品质。

### （一）采摘标准确定的依据

确定采摘标准的因素很多，目前生产上采用的标准基本上依据茶类、茶树树势和气候特点等因素综合确定。

#### 1．依据茶类要求的采摘标准

我国茶类丰富多彩，形成了不同的采摘标准，依茶类不同可分为高档名茶的细嫩采，大宗茶类的适中采，乌龙茶的开面采，边销茶类（黑茶、砖茶）的成熟采等。

#### 2．依树龄树势强弱的采摘标准

茶树的树龄和树势不同，掌握不同的采摘标准，才能协调好采养矛盾，培养好树体，实现茶叶生产可持续发展。

幼年茶树是树冠培养阶段，1～3 龄的茶树基本不采，留有较多的叶片，保持较大的叶面积，以利于进行光合作用，积累有机物质，培养粗壮的骨干枝；3～5 龄的茶树为扩大茶树冠面，结合修剪，实行“打顶养蓬”，从生长量较大的成熟新梢上采下顶芽，促进分枝；5 龄以后的茶树视其生长势不同，采取不同的采摘标准，树势良好、树冠面宽的可多采，树势较弱的应注意留养。

树龄正值壮年，树势生长良好，树冠高、幅度已达到一定程度，则可按生

产茶类要求采摘。若生长势衰弱、树龄大、正常新梢少、对夹叶多的，应注意留养，使树势得以恢复后，再按生产要求进行采摘。

经过改造的老茶树，经集中培养 1 年或 1 ～ 2 季不采，或者采用轻采，培养树冠，待其行间有一定覆盖度后，才进行适度采摘。

3. 依新梢生育和气候特点的采摘标准

各茶区、各季节气候特点不同，新梢生育的强度和适制性也不同。为了平衡全年的产量和质量，发挥最佳的经济效益，在同一茶园一年中可以有不同的采摘标准，制成不同茶类或同一茶类不同等级的茶。

“茶过立夏一夜粗”，充分说明茶芽生育与季节的密切关系，这一关系是各季节的温度、湿度、光照等气象因子的影响和茶树新梢在特定环境条件下生育特点所形成的。春季气温回升慢，波动又大，茶芽生育缓慢，这是采制高档名优茶的有利时机，以细嫩的标准采为主，到气温回升已平稳、新梢生育快速时，以大宗红、绿茶的适中采为主，最后在季末采用成熟采，为特种茶提供原料。有的生产同一茶类，依据新梢生育和气候情况，采制不同等级的鲜叶原料。如龙井茶，在清明前后均以采制特级和一二级龙井为主，谷雨后则多采制三至五级的龙井茶；夏茶时气温高，雨水多，新梢生长快，叶片易粗老，只能按五级左右的龙井茶标准采摘鲜叶原料；秋茶时气温逐渐下降，雨水较多，新梢生育较正常，则又可按二三级的标准采摘。

一些生产单位根据气象变化和新梢生长特性，结合对茶叶品质等级的要求，采用多种茶类组合生产的方式进行采摘。这种方式能够确保不同地区、不同品种的茶树、不同嫩度的鲜叶以及不同采摘季节的鲜叶原料都能得到最佳利用，从而生产出适销对路的茶类。以湖南大部分茶区为例，春季主要采摘名优绿茶所需的鲜叶，而夏秋季则主要生产红茶和黑茶所需的鲜叶，以实现鲜叶原料经济价值的最大化。

### （二）采摘标准的掌握方法

确定采摘标准，虽因条件而异，但除一些特种茶类外，大多数的茶类有着共同的客观指标和依据。这些客观指标，一是表现在芽叶的有效化学成分上；二是表现在新梢的特征上，包括茶叶机械组成、新梢的长度和嫩度。

茶叶的有效成分和水浸出物含量由新梢顶芽到下部叶片是逐渐下降的，不论新梢伸长程度如何，近顶芽的一芽一二片嫩叶所含的儿茶素和水浸出物都比新梢下部的叶片多。所以大多数红、绿茶的采摘标准是一芽二叶或一芽二叶为主兼采一芽三叶。

采摘标准的另一个重要指标表现在芽叶的机械组成上。有效化学物质成分含量的高低与芽叶的机械组成关系密切，凡正常芽叶的数量和重量所占比例大的，其芽梢内所含的有效成分高，品质就好；反之，对夹叶及单片的比重大，品质就差。因此，许多茶厂常以芽叶不同的机械组成作为鲜叶分级定价的标准。需要指出的是，有时正常芽叶比例虽然很高，但叶片较大较粗，仍难以符合所要求的等级，而幼嫩对夹叶如能及时采下，品质也并不差，故在采摘时还应参照新梢的长度和芽叶的嫩度等。茶叶嫩度能够从芽叶外部症状变化和有效化学物质成分变化反映鲜叶质量的级别。

茶叶嫩度的判别方法有化学分析法和芽叶外部症状判断法两种。

芽叶嫩度化学分析法主要测定内容包括：

（1）总灰分与咖啡碱的比率。指数小的表示嫩度高，反之则为粗老。

（2）水溶性果胶与全果胶量的比率。其指数大者表示嫩度高。

（3）碱不溶物与茶多酚的比率。指数大的表示粗老。

（4）乌龙茶的化学指标以醚浸出物与水溶性茶多酚之比为 1 ∶ 2 较合适。

用化学方法测定芽叶嫩度虽较准确，但费时费事，故在实际应用上往往以芽叶外部的征状作为判断芽叶嫩度的指标。芽叶的叶片征状包括叶片大小、色泽和形状等。可用目测法，简单易行。《茶经》中“叶卷上，叶舒次”，意指嫩叶卷曲的可制上等茶，叶片已展平的茶叶品质次之。根据生产实际经验，一般达标准采的叶片有三个征状：

（1）芽叶色泽由黄绿色开始转青时。

（2）近芽的第一叶片向叶背翻卷。

（3）第二、第三叶片已开始展平。

此外，可用新梢成熟度来判断采摘适期。以大宗茶为例，以新梢成驻芽时成熟度作为 100%，工夫红茶则以成熟度 50% ～ 60% 为采摘标准，一般绿茶以 60% ～ 80% 为采摘标准，红碎茶和乌龙茶以成熟度 80% 左右为适度。

总之，我国茶区辽阔，生态、生产条件各异，加上茶类繁多，形成了各种各样的采摘制度，因而有不同的采摘标准。总结历史经验，合理采摘的标准应掌握以下几个原则：

（1）采摘应因地、因时、因树制宜，从新梢上采下的芽叶，必须符合某一茶类加工原料的基本要求。

（2）采茶要量质兼顾，发挥最佳的经济效益。

（3）在采摘的同时，注意适当留叶养树，确保茶树在年生育周期内留有适量的新生叶片，维持茶树正常而旺盛的生长势，促使茶树生长健壮，延长经济年限，确保茶叶可持续发展。

（4）能较适当兼顾同一茶类不同等级或不同茶类的加工原料。借以调节当地采制劳力的安排，提高生产效率。

（5）采茶必须与各项栽培技术措施密切配合，充分满足茶树对水肥的需要，运用科学的修剪制度，保证茶树萌发出数多质优的新梢，满足茶叶采收的需要。

综上所述，采摘标准的掌握，必须是在一定的农业技术条件下，通过科学的栽培管理和人为的采摘，能够显示出比较长期的良好综合作用。

## 三、不同茶类的采摘标准

不同茶类有各自不同的采摘要求与标准，即便是相同茶类，因市场需求的多样化形成各自适销对路的产品原料不一样，采摘标准也会不同，以下介绍在生产中较多采用的几种原料采摘标准。

### （一）名优茶的细嫩采标准

细嫩采摘通常指的是选取单芽、一芽一叶或一芽二叶初展的新梢，这也是很多著名优质茶叶所遵循的采摘规范。古代茶人所描述的“雀舌”“莲心”“拣芽”“旗枪”等，正是对这一采摘标准的生动描绘。龙井特级、碧螺春、君山银针、黄山毛峰、石门银峰以及一些著名的芽茶类品种，都是采用这一规范进行采摘的。尽管这种采摘方式费工费时、产量相对较少，且主要集中在春季茶叶生长的前期，但其产出的茶叶品质卓越，因此经济效益也相当可观。

### （二）大宗茶类的适中采标准

适中采是指当新梢伸长到一定程度时，采下一芽二、三叶和细嫩对夹叶。这是我国目前内外销的大宗红、绿茶普遍的采摘标准，如眉茶、珠茶、工夫红茶等，它们均要求鲜叶嫩度适中。这种采摘标准能够兼顾茶叶的产量与品质，经济效益较高。如过于细嫩采，品质虽提高，但产量相对降低，采工的劳动效率也不高。但如果采得太粗老，芽叶中所含的有效化学成分显著减少，成茶的色、香、味、形均受到影响。

### （三）乌龙茶类的开面采标准

我国一些传统的乌龙茶类别，因其追求独特的风味和特殊的加工工艺，对采摘标准有着特别的要求。这种标准通常是在新梢生长至 3 ～ 5 片叶子，且顶芽的最后一叶刚刚展开时，采摘下 2 ～ 4 片叶子的新梢，这种采摘方式在业内被称为“开面采”。如果鲜叶采摘得过于嫩小并带有芽尖，那么在加工过程中，芽尖和嫩叶容易破碎成末，这样制作出的乌龙茶往往色泽红褐且暗淡，香气不足，口感也不浓厚。相反，如果采摘的鲜叶过于老熟，那么制成的茶叶外形会显得粗大，色泽干枯，口感淡薄。因此，一般建议在新梢顶芽的最后一叶展开一半时进行采摘。与大宗的红茶和绿茶相比，这种采摘标准所采的鲜叶更为成熟和粗大。研究表明，乌龙茶中的醚浸出物和非酯型儿茶素的含量以及单糖的高低，对其香气和滋味起着决定性的作用。含量越高，乌龙茶的品质就越好。但这种“开面采”的采摘方式使全年能够采摘的批次相对减少。

近年来，随着消费者口味的变化，越来越多的人开始喜欢汤色绿亮、芽叶细嫩的乌龙茶。因此，在生产乌龙茶时，也出现了采用更细嫩的芽叶进行加工的趋势。

#### （四）边销茶类的成熟采标准

传统用于黑茶和砖茶生产的原料，采摘标准的成熟度比乌龙茶还要高，其标准是待新梢一芽五叶充分成熟，新梢基部已木质化、呈红棕色时，才进行采摘。这种新梢有的经过 1 次生长，有的已经过 2 次生长；有的一年只采 1 次，有的一年采摘 2 次。这种成熟度较高原料采摘的原因，一是适应消费者的消费习惯；二是饮用时要经过煎煮，能够把这种原料的茶叶和叶梗中所含成分煎煮而出。随着生活习惯的变化和生活水平的提高，边销茶也在发生变化，目前边销茶产区，也进行不同成熟度兼采的方法，生产不同级别的黑茶和砖茶，以适应不同消费群体的需求。

## 第二节　手采技术

茶叶的采摘有手采（包括工具采）和机采。手工采茶能适应获取名优茶细嫩原料的要求，其采摘效率低，但精细，对各类茶叶的采摘标准及对茶叶的采留结合比较容易掌握，现名优茶生产基本还用人工手采。

### 一、采摘时期

茶叶采摘季节性强，及时采收鲜叶是茶叶生产的基本要求。不同时期采收的鲜叶原料，加工的茶叶品质有较大的区别。适时采收应因地、因茶类确定适合当地的开采时节。

### （一）采摘季节

我国大部分产茶地区，茶叶生长有明显的季节性。如江北茶区（山东日照）新梢生长期为 5 月上旬至 9 月下旬；江南茶区（浙江杭州）新梢生长期为 3 月下旬至 10 月中旬；西南茶区（云南勐海）新梢生长期为 2 月上旬至 12 月中旬；华南茶区（海南岛）新梢生长期为 1 月下旬至 12 月下旬。一般而言，地处亚热带的茶区，大部分春、夏、秋季采茶。但茶季没有统一的划分标准，有的以时令分：清明至小满为春茶，小满至小暑为夏茶，小暑至寒露为秋茶；有的以时间分：5 月底以前采收的为春茶，6 月初至 7 月上旬采收的为夏茶，7 月中旬开始采收的为秋茶。地处热带的我国华南茶区，除了分春、夏、秋茶，还有以新梢轮次分的，依次称头轮茶、二轮茶、三轮茶……江北茶区，冬季茶园搭棚，棚内温度条件改变，使茶树在冬季萌芽、采收。

### （二）开采期

因气候、品种以及栽培条件的差异，茶树每年每季新梢发芽的迟早、生长速度是不同的。即便是处于同一茶区，甚至同一茶园，年与年之间开采期可以相差 5 ～ 20 天。就茶树品种而言，根据其萌发的迟早可划分为特早型、早芽型、中芽型和迟芽型等 4 种类型。

一般认为，在手工采摘条件下，茶树开采期宜早不宜迟，以略早为好。特别是春茶开采期，更是如此。提早开采，可延长采期，降低生产原料进厂的峰值，原料细嫩，加工成的茶叶品质高，售价也高。茶树营养芽经过越冬期休眠以后，积累了比较多的养分，加上我国广大茶区春季气候温和，雨量充沛，茶树春梢萌发力强，生长整齐旺盛，如不适当提早开采，采期掌握不当，采摘洪峰期就特别明显，遇上春季升温较快时，芽叶生长快，往往会因不能及时采摘，影响茶叶品质。总结各地的经验，采用手工采摘的大宗红、绿茶区，春茶以树冠面上 10% ～ 15% 的新梢达到采摘标准就应开采，夏、秋茶以 5% ～ 10% 的新梢达到采摘标准则应开采。名优茶生产，在茶冠面每平方米有 10 ～ 15 个符合要求的芽叶时开采为合适。

## 二、手采技术

为了同时确保茶叶的质量和茶树的健康生长，在采摘过程中必须严格遵守采摘标准，并采取分批多次的采摘方式。此外，还需根据茶树的树势和树龄来决定留叶的数量，以确保采摘和养护之间的平衡。通过这样的做法，不仅可以长期保持茶叶的高品质和稳定产量，还能最大限度地提高生产效率和经济效益。

### （一）适时手采的原则

茶叶产品对原料嫩度要求高，不同嫩度的原料适制不同的产品，掌握生产目标，适时采摘，对产品质量和茶树生育影响很大。

#### 1. 按标准及时采摘

“不违农时”是农业生产中重要的原则，茶叶生产的季节性尤为强烈，抓住季节及时采是采好茶的关键。若一批一季采摘不及时，会影响全年甚至多年的产量和质量。

新梢萌芽后，随着时间的推移逐渐成熟，如不及时采摘，茶叶品质就会下降。农谚道“茶叶是个时辰草，早采三天是个宝，迟采三天是棵草”，说明采茶的时间性极强。因此，当茶芽长至所加工产品原料标准要求时，就应及时采下。这样做带来的另一个效应是茶树早采可以促使下轮芽早发。从茶树年发育周期的特性来看，在茶树生长季节，具有连续不断地形成可采摘新梢的能力。按标准及时合理地采下芽叶，就加强了腋芽和潜伏芽的萌发，从而促进新梢轮次增加，缩短采摘间隔时间，有效地提高全年芽叶的质量和产量。

按标准及时采应随时观察气候的变化，一看气温的变化，二看降雨的情况，三看茶树新梢受气温和雨水影响后的生长情况。达到标准的先采，未达标准的后采。开采后 10 天左右便可进入旺采时期。在旺采时期内，要尽量争取时间，把采摘面上可采的新梢采下，每隔 2 ～ 3 天采一批。从开采次序上来说，先采低山后高山；先采阳坡后阴坡；先采沙土后黏土；先采早芽种后迟芽种；先采老丛后新蓬。

#### 2. 分批多次采摘

茶树树冠上的每个枝条都着生有顶芽和侧芽，这些营养芽在一定的气候条件下都会先后萌发成为一个可供采摘的新梢。如不及时采下新梢上的芽叶，新梢就会形成木质化的枝条；但如及时采下芽叶，新梢失去顶芽，打破顶端优势，养分就多向新梢侧芽输送，加快了侧芽萌发和伸长。因此，在分批多次采的作用下，刺激了各枝条的营养芽的积极活动，使营养芽不断分化，不断萌发和伸展叶片，促使新叶更好地利用光能，在水分和养料的协同配合下，茶树新陈代谢更为旺盛，可采收更多的芽叶。所以采去新梢上的一个芽叶，便可换取更多新梢的形成。

茶树的品种不同、个体不同，发芽有迟早之分；即使同一品种、同一茶树，因枝条强弱的不同，发芽也有前后快慢之别；同一枝条由于营养芽所处的部位不同，发芽迟早也不一致。一般是主枝先发，侧枝后发；强枝先发，细弱枝后发；顶芽先发，侧芽后发；蓬面先发，蓬心后发。所以，根据茶树发芽不一致的特点，通过分批多次采，可做到先发先采，先达标准的先采，未达标准的留后采，这对于促进茶树生育和提高鲜叶产量和质量都十分有利。

茶树在同一采摘面积上的芽叶数多而重，是构成高产的主要因素。采次多，就增加芽叶数；按标准及时采，可保证芽叶质量。但如何分批、应隔几天分一批，受制约因素很多，没有固定的模式。如杭州茶叶试验场在生产中应用分批勤采，在分批下强调“勤”，以防失采，在勤的基础上，依茶树新梢生长情况分批，采大养小，批次分清，春茶隔 2 ～ 3 天采一批，夏茶隔 3 ～ 4 天采一批，秋茶隔 6 ～ 7 天采一批。对于嫩度要求高的高档名茶，采摘周期应缩短为 1 ～ 3 天。如西湖龙井茶区，几乎每天采摘。

茶叶采摘分批的确定，应视品种、气候、树龄、肥培管理条件以及所制茶类原料的要求而定。在生产实际中掌握好“五看”：

一看茶树品种，有的品种新梢生长多集中在春、夏两季，有的集中于夏、秋季，有些品种新梢生育速度快，有些生育速度慢。对于新梢生长速度快、较集中的，分批相隔天数要短些，批次可多些。

二看气候条件。气温高、雨水多，茶芽生长迅速，批次要增加；反之批次可适当减少。广东茶区，春茶往往是旱季，新梢生长较慢，分批间隔天数可长些，夏、秋季气候较适宜，生长较快，每批相隔天数就要短些。

三看树龄和树势。树龄幼小的，需要培养树冠，每批相隔天数就要长些；树势好，生长旺盛的，间隔天数可短些。

四看管理水平。肥培管理好，水肥充足，或者喷施生长素的，生长较快，分隔天数应缩短。

五看制茶原料的要求。如采制红碎茶或制珠茶，芽叶标准可稍粗大，间隔天数可适当放长，如果是制名优茶，间隔天数应缩短。

对于具体的一个茶场、一块茶园应分几批采摘合理，可参考上述各种情况，随时观察新梢生长的动态变化，准确掌握批次，及时按标准采。

### 3．依树势、树龄留叶采

茶树不同的年龄阶段，在正常的管理条件下，有其自身的生长发育规律。

合理的茶叶采摘就是要根据茶树不同阶段的生育特点，采取不同的采留制度，使之既有较高的产量，又保持生育旺盛的树势。

（1）幼年茶树的采摘。幼年茶树生长较为旺盛，树冠和根系正处于大量增长时期，顶端优势明显，多为单轴分枝，这一时期的采摘是茶树定型修剪的重要辅助手段，必须贯彻“以养为主，以采为辅”的原则。也就是在定型修剪的基础上，配合良好的肥培管理，通过合理的打顶采（当新梢长至一芽五六叶时，摘除顶端的一芽一二叶，注意采高养低，采顶留侧），进一步培养骨干枝，使各轮生长枝能够均匀分布，促进理想树冠结构的形成。

幼年茶树何时打顶采，怎样掌握打顶的强度，要视新茶园的基础、幼年茶园的管理水平和幼年茶树的生长势而定。一般茶园基础好，肥培管理水平高，幼年茶树生长势良好的，可在 2 足龄（第一次定型修剪后）时养好春、夏茶，到秋季当树冠高度超过 60 cm 时分批打头（或称打顶）至茶季结束；3 足龄茶树春茶末时打头采，夏茶留 2 ～ 3 叶采，秋茶留鱼叶采；4 足龄茶树春留 1 ～ 2 叶采，夏留 1 叶采，秋留鱼叶采。多条密植茶园，1 足龄修剪的茶树春茶当树冠高度达 40 cm 以上打头采，夏留 2 叶采，秋留鱼叶采；1 足龄未修剪的茶树，当树冠高度达 40 cm 以上，打头采至全年茶季结束。2 足龄第二次修剪的茶树，春留 2 ～ 3 叶采，夏留 1 ～ 2 叶采，秋留鱼叶采；2 足龄一次定型修剪的茶树，春茶当树高达 45 cm 以上打头采，夏留 2 叶采，秋留鱼叶采；以后可按一年中有一季新梢留一大叶采。

（2）成年茶树的采摘。成年茶树生长健壮，树冠大而茂密，茶树根系发达布满整个行间，吸收和同化面积大，枝叶生长旺盛，新梢的生长点多，茶叶产量可达高峰。因此，成年茶树实施以采为主、以养为辅的采养结合原则，达到高产稳产。一般全年一季留一真叶采，由于留大叶采具有隔季增产效应，为了增加翌年春茶产量，通常采用夏留一叶采。

（3）更新茶树的采摘。茶树更新后要重新塑造理想树冠，对于改造后茶树的采摘，在树冠尚未达到一定覆盖度之前，要特别强调“以养为主，采养结合”的原则，采摘只能作为配合修剪、养好茶树的一种手段。

更新茶树的采摘应根据修剪的时期和程度不同而异。深修剪茶树在修剪当年春茶留鱼叶采，并提早结束，于 5 月上旬进行深修剪，剪后必须留养一季新梢，在新梢生长末期打头采，秋留鱼叶采；第二年轻剪后，即可按成年茶树的要求进行正常采摘。重修剪茶树，当年夏茶留养不采，秋茶末期打头采；第二年春茶前定型修剪，春茶末期打头采，夏茶留 2 叶采，秋茶留鱼叶采；第三年春茶前轻剪，春留 1 ～ 2 叶采，夏留 1 叶采，秋留鱼叶采，以后即正常留叶采。台刈茶树，当年夏茶留养不采，秋茶末期打头采；第二年春茶前第一次定型修剪，春、夏茶末期分别打头采，秋茶留鱼叶采；第三年春茶前第二次定型修剪，春留 2 ～ 3 叶采，夏留 1 ～ 2 叶采，秋留鱼叶采；第四年春茶前轻修剪，进入正常留叶采。

### （二）手采方法与方式

手采是茶叶传统的采摘方法，也是目前生产上应用最广泛、最普遍的采摘方法。它的特点是采摘精细，掌握灵活，采摘批次较多，采期较长，能采得质量特优的芽叶，树体损伤小，特别适合名优茶的采摘。手采主要缺点是费工费时，工效低，成本高。

**1．手采方法**

依茶树采摘程度，手工采茶的基本方法可分为打顶采摘法、留真叶采摘法和留鱼叶采摘法 3 种。

（1）打顶采摘法。打顶采摘法也被称为打头或养蓬采摘法，是一种以培育为主的采摘方式。它特别适用于茶树树冠的扩展培养阶段，通常应用于 2 ～ 3 年生的茶树或经过更新复壮后的一二年内的茶树。当新梢生长至一芽五六叶以上，或者在新梢即将停止生长时，可采取采高养低、采顶留侧的策略。具体来说，就是摘除顶端的一芽一二叶，同时保留新梢基部的三四片或更多的真叶，这样做的目的是进一步促进茶树的分枝，从而有效地扩展树冠。

（2）留真叶采摘法。这是一种采养结合的采摘方法，既注重采，也重视留，具体采法视树龄、树势而定。一般待新梢长至一芽三四叶时，采摘一芽二叶为主，兼采一芽三叶，留下一二片真叶在树冠上不采。但遇二三叶幼嫩驻芽梢，则只留下鱼叶采摘，强调采尽对夹叶。

（3）留鱼叶采摘法。这是一种以采为主的采摘方法，也是成年茶园的基本采法，适合名优茶和大宗红、绿茶的采摘。具体采法是待新梢长至一芽一二叶或一芽二三叶时，留下鱼叶，采下嫩梢。

**2．手采方式**

采摘手法，因手指的动作、手掌的朝向和手指对新梢着力的不同，形成各种不同的方式，主要有折采、提手采。不能用一些不当的采摘手法如捋采、扭采、抓采等进行手采，以免影响采摘鲜叶的质量。

（1）折采。又称掐采，这是对细嫩标准采摘所应用的手法。左手接住枝条，用右手的食指和拇指夹住细嫩新梢的芽尖和一二片细嫩叶，轻轻地用力将芽叶折断采下。凡是打顶采、撩头采都采用这种方法，此法采摘量少，效率低。

（2）提手采。手采中最普遍的方式，现大部分茶区的红、绿茶，适中标准采大都采用此法。掌心向下或向上，用拇指、食指配合中指，夹住新梢所要采的部位向上着力采下投入茶篮中。

运用提手采的手法，两手相互配合，交替进行采摘的方式是双手采。双手采效率高，每天每工多者可采 35 ～ 40 kg，少者可采 15 ～ 20 kg。熟练双手采在于学习和锻炼，练好了自然会熟能生巧，应付自如。在没有机采的茶园，采用双手采是一种很好的方法。总结双手采的经验，有如下几点：思想要集中，两手不能相隔过远，一般在 10 ～ 15 cm，做到手掌动、手臂不动。采下的芽叶不能握在手中过紧，应及时投入篮中，避免发热，伤害芽叶品质。

**3．工具采**

除了之前提到的手工采摘方式，我们也可以使用工具来辅助采摘。为了解决茶叶采摘过程中劳动力短缺的问题，改变“捋采”等不良现象，1987 年，浙江省推广了一种名为 4ZCJ—A 型的采茶铗。这种采茶铗是一种人力切割刀具，形状类似于篱笆剪，由六个主要部分组成：刀剪、手柄、集叶架、挡叶板、集叶袋和垫板。刀剪与手柄的总长度为 60cm，刀剪部分采用优质 65mm 钢板冲压而成，厚度为 3.3mm，整体重量不超过 1.5kg。

使用采茶铗进行采摘具有多种优点，如投资成本低、携带方便、使用灵活、工作效率高以及采摘后茶树蓬面平整等。在使用采茶铗时，需要双手协调配合：左手握住下刀片的木柄，右手则抓住集叶袋的出叶口并握住上刀片的木柄。沿着一行茶树的两边进行采摘，确保刀具在茶篷面上平稳地铗采，避免因倾斜而漏采和重采。在铗采过程中，右手应稍微比左手用力，使剪下的芽叶能够顺利地靠近集叶袋口，通过轻轻抖动使其顺利进入袋内，从而提高采摘速度和工作效率。

在使用采茶铗之前，需要检查刀口是否锋利、各部件螺丝是否紧固以及铗子是否灵活，并在刀剪的活动支点处滴上几滴润滑油以确保顺畅使用。一般来说，使用采茶铗的最佳时机是春茶和秋茶的中后期，当标准新梢（一芽二三叶及同等嫩度的对夹叶）达到 80% 时开始采摘。对于夏茶和早秋茶，由于温度较高导致茶叶持嫩性较差，因此可以适当提前采摘时机，建议在标准新梢达到 60% ～ 70% 时开始采摘。使用采茶铗采摘的鲜叶应保证完整率达到 80% 左右，老梗和老叶的比例不超过 4%。在一年中，通常可以使用采茶铗进行 4 ～ 5 次采摘，其中春茶和夏茶各采 1 次，秋茶则可采 2 ～ 3 次。

然而，需要注意的是，采茶铗的使用必须与手工采摘相结合。根据市场需求的变化，在春茶前期可以采用手工采摘一芽一二叶初展的名优茶原料；而在旺采期则可以使用采茶铗来提高效率，主要抓住中档大宗茶的生产。不过随着采茶机的不断发展和推广使用，这种采茶铗的使用方法已经逐渐被取代。

### （三）名茶采摘与边茶采割

名茶采摘和边茶采割是两种采摘结果相差很大的采收方式，相同之处均以手工掌握采摘要领来完成。

#### 1．名茶采摘

我国名茶琳琅满目，各具特色，品质优异。大多数名茶采摘甚为精细严格，要求鲜叶细嫩、均匀，采得早、摘得嫩、拣得净是其主要特点。但由于各种名茶品质风格独特，加工工艺精湛各异，对鲜叶原料又各有特定的要求，因此，各种名茶的采摘在嫩度上、时间上仍有很大差别。

（1）以采芽头为对象的名茶，有湖南的君山银针、浙江的千岛银针、四川的蒙顶石花等。君山银针采摘要求很严，用特制的小竹篓盛茶，鲜叶全系粗壮芽头，芽头一般长 25 ～ 30 mm，宽 3 ～ 4 mm，芽柄长 2 ～ 3 mm。采时用手指轻轻将芽头折断，忌用掐茶，断面整齐。采摘上做到“九不采”，即雨天不采，细瘦芽不采，紫色茶不采，风伤芽不采，虫伤芽不采，开口芽不采，空心芽不采，有病弯曲芽不采，过长过短芽不采。采后即行拣剔，除去杂劣。

（2）以采摘细嫩茶叶为对象的名茶，有浙江的龙井茶、江苏的碧螺春、安徽的黄山毛峰、南京的雨花茶、河南的信阳毛尖、湖南的安化松针和高桥银峰等。采摘均以一芽一叶或一芽二叶初展的细嫩芽叶为主要对象，要求芽叶细嫩，大小均匀一致。

以采摘嫩叶为对象的名茶，有安徽的六安瓜片等。瓜片选用新梢上单片叶制成。其采摘分采片和攀片两个过程。

（1）采片。一般在谷雨到立夏之间采摘，在茶树上选取即将成熟的新梢，按序采下新叶片，梗留在树上。但生产中常将嫩梢连茎带叶一并采下，通过攀片工序，将芽、茎、叶分离。

（2）攀片。鲜芽叶采回后摊放在阴凉处，待叶面湿水晾干，将新梢上的第一叶至第三四叶和茶芽，用手一一攀下。第一片叶制提片，品质最优；第二片叶制瓜片，品质次于提片；第三四片叶制梅片，品质较差；芽制成银针。攀片实质上是对鲜叶进行精心的分级，将老、嫩分开，便于加工，并使品质整齐一致。

**2．边茶采割**

我国边茶的生产、采割方法独特，大都是利用生长期较长的原料制成。最主要的有黑茶和老青茶。边茶采摘目前主要采用机采，如果采用手工采摘，系采用特别的采茶工具进行。湖北采割老青茶用的是一种专门的小镰刀——铁摘子割采，也有的采用大剪刀（篱剪）进行剪采。

边茶的采割标准依茶类而异，黑茶传统的采摘是在立夏（5 月上旬）、立秋（8 月上旬）前后采摘二次。每次新梢 70% 以上呈驻芽时留鱼叶进行采摘。老青茶是压制青砖的原料，分洒面、二面和里茶三级。对鲜叶的要求，按新梢的皮色分，洒面茶以白梗为主，稍带红梗，即嫩梗基部呈红色，俗称“白梗红脚”；二面茶以红梗为主，稍带白梗；里茶为当年新生红梗。不论面茶、里茶，都要求不带枯老麻梗和鸡爪枝，过嫩过老均不适宜。

边茶的采割分粗茶采割和粗细兼采两种形式。一年内采割次数各地有所不同。有的每年只采割一次粗茶，有的每年采割两次粗茶，有的则每年采一次细茶（春茶）、割一次粗茶。据四川省农业科学院茶叶研究所试验，一年割一次粗茶的茶树，采割后有较长的树势恢复期，产量较稳定；一年割两次粗茶的茶树，在一些茶园管理条件较差的情况下，产量不稳定，而一粗一细的采割方式有显著的增产增殖效果。

边茶采割的时间随地区、气候、茶类及新梢轮次而异。湖南的经验为“春采细茶不过夏，夏采粗茶不过秋，秋采不过处暑”。四川省也大致相同，在高温季节（5 ～ 8 月）采割粗茶，并在白露（9 月上旬）前封园停采。湖北省采割老青茶的时间为一年割两道边茶的，第一次在小满至芒种，第二次在立秋至处暑；一年采割一道隔冬青（上年秋稍）和一道面茶（春夏梢），前者在惊蛰前后（3 月上旬），后者在夏至前后（6 月中下旬）；一年只割一道面茶或里茶，即在夏至前后采割面茶，或在小暑至大暑之间采割一次里茶。

用刀采割的主要经验是留新桩，采割留新桩的高低视采割时间及树龄不同而异。采割期早的可略低些；壮年茶树提刀割采宜高，每次提高 5 ～ 7 cm；树高达 50 cm 以上的成年茶树每次可在上次采割的刀路上提高 2 ～ 4 cm，以免带入枯老麻梗。在采割操作中，要求刀刃锋利，避免茶桩上的刀口破裂，影响下轮新梢的萌发，下刀时要平，并使留下的刀口呈马耳形，采割应选晴天，以免雨水积累，使桩头霉烂。

### （四）采收技术与生产洪峰的调节

茶叶采摘不仅是收获茶叶的环节，更是茶叶生产管理的关键环节。合理的采摘措施对茶树的生长、茶叶的产量和品质，以及茶季生产的高峰期、劳动力分配、修剪效果，乃至营养与生殖生长的平衡都有着深远的影响。因此，我们必须深刻理解采摘在茶叶生产中的重要地位，将其与其他农业管理措施紧密结合，从而优化生产流程，实现茶叶生产的最大效益。

茶树营养芽萌发有一定的持续性和集中性，从而形成了茶季和旺采期。旺采导致鲜叶生产出现洪峰。由于鲜叶生产的不均衡，会影响劳动力安排和茶厂设备的经济利用，同时也会因鲜叶不能及时付制而影响茶叶品质。所以，合理调节鲜叶生产的洪峰，在生产中十分重要。

调节鲜叶进厂加工高峰的措施，归纳为两类：

（1）扩大厂房规模，增加茶厂设备，增加茶厂的生产能力，使洪峰期进厂的鲜叶能及时付制，但必然会带来洪峰期过后的机器闲置，造成人力、物力、财力的浪费。

（2）合理运用采摘措施和其他栽培措施，从而调节鲜叶生产的洪峰值和出现的时期，经济有效地协调厂房、机器、劳力等不足的矛盾。此方法是各生产单位易于实施和经济有效的方法。

根据生产单位的实践，茶叶生产的洪峰出现，在不同的季节、不同的年份都有所不同，一般春季有 5 ～ 10 天的洪峰期，夏、秋季各为 3 ～ 4 天，年最高洪峰日，日进厂的鲜叶量占全年产量的 2% ～ 3%，最多的达 7% ～ 8%。可通过下列措施来解决这一问题。

#### 1. 合理搭配品种

茶树品种不同，新梢的物候学特性显著不同，因而品种间新梢的萌发期、生育强度、萌发轮次表现各异，在采摘上也就有所不同。不同品种对有效积温的要求不同，如春季品种间萌芽期和开采期（一芽三叶开展）迟早相差可达 20 ～ 30 天。据在杭州的观察，早生的黄叶早一芽三叶的有效积温为 283.1 ℃，广东水仙为 303.5 ℃，开采期在 4 月上旬；中生的毛蟹种开采有效积温为 548.6 ℃，开采期为 4 月 20 日前后；晚生的政和大白茶的有效积温为 749.1 ℃，开采期则要延到 5 月上旬。因此，将早生、中生、晚生的不同品种进行合理搭配，能有效地调节鲜叶洪峰。至于早生、中生、晚生品种搭配的比例，没有固定的标准，具体依当地气候条件、茶厂生产加工能力、劳动力状况、生产消费习惯来确定。

2. 改变剪采方式

研究表明，春茶前浅剪比不剪的茶树要推迟发芽5～15天，剪的程度深，则萌芽更迟。因此，同一品种可采用不同修剪时间和修剪强度来调节萌发期，降低鲜叶进厂的峰值。同时大面积茶园为了保持常年稳产高产，老茶树采取轮回更新，既可保持生产的稳定性，又可因修剪的茶树萌芽推迟，达到调节开采期的目的。

此外，可运用不同剪法和采法来调节。轻剪或不剪的结合重采，重剪的结合轻采；依据茶树个体生长情况，分别留1叶、留2叶、留鱼叶采，或在不同季节留养，均可达到调节高峰的目的。

名优茶的采制能有效地抑制鲜叶洪峰的出现，错开洪峰期，降低峰值，同时也能获得较高的生产效益。这主要是提前采下的幼嫩芽叶产值比成熟叶高，同时按一芽一叶标准采的芽叶形成的时间比养大采缩短15～20天，采期延长，芽数增加，生产质量提高。

3. 其他措施的应用

施肥的种类与时机、耕作的时间以及发芽促进剂的使用等因素，都能对茶树的育芽时期产生影响，进而改变采摘的日期，这在一定程度上起到了平衡鲜叶高峰的作用。目前，为促使茶芽早熟，一些生产单位在早春时节采取了多种措施，如使用催芽素、叶面营养液，或搭建温室、地面覆盖草料等，这些措施都有效地改变了茶叶的采摘期。

## 第三节　鲜叶的储运与保鲜

茶鲜叶原料的品质对最终成茶的质量具有决定性的影响。因此，对鲜叶采摘后的验收、分级，以及在运输和进厂后的保鲜工作都显得至关重要。这不仅是确保茶叶品质的必要环节，也是实施按标准采茶、依据质量定价、明确生产责任等具体措施的重要手段。通过这些措施，我们可以有效地提高茶叶生产的整体质量和效益。

### 一、鲜叶的验收与分级

在生产环节中，芽叶的大小和嫩度会受到品种、气候、地势以及采摘方法和工人的技术熟练度等多种因素的影响，产生一定的差异。如果不进行适当的分级和验收，这种差异就会对茶叶的最终品质产生不良影响。因此，在将采摘的芽叶送入工厂进行加工之前，进行分级验收是极其重要的环节。这样做主要有两个目的：首先，可以根据不同的等级来定价（也称为评青），即按照质量来决定价格，这样可以激励采摘工人更积极地采摘优质茶叶；其次，按照不同的等级进行加工，可以确保成茶的品质，从而实现经济效益的最大化。

鲜叶采下后，收青人员要及时验收。验收时从茶篮中取一把具有代表性的芽叶观察，根据芽叶的嫩度、匀度、净度和鲜度4个因素，对照鲜叶分级标准，评定等级，并称重、登记。对不符合采摘要求的，要及时向采工提出指导性意见，以提高采摘质量。

嫩度是鲜叶分级验收的主要依据。根据茶类对鲜叶原料的要求，依芽叶的多少、大小、嫩梢上的叶片数和开展程度以及叶质的软硬、叶色的深浅等评定等级。一般红、绿茶对鲜叶的要求以一芽二叶为主，兼采一芽三叶和细嫩对夹叶。

匀度是指同批鲜叶的物理性状的一致程度。凡品种混杂、老嫩大小不一、雨露水叶与无表面水叶混杂的均影响制茶品质，评定时应根据鲜叶的均匀程度适当考虑升降等级。

净度是指鲜叶中夹杂物含量的多少。凡鲜叶中混杂有茶花、茶果、老叶、老梗、鳞片、鱼叶以及非茶类的虫体、虫卵、杂草、沙石、竹片等物的，均属不净，轻者应适当降级，重者应予剔除后才予以验收，以免影响品质。

鲜度是指鲜叶的光润程度。叶色光润是新鲜的象征，凡鲜叶发热发红，有异味，不卫生以及有其他劣变的应拒收，或视情况降级评收。

在鲜叶验收中还应做到不同品种鲜叶分开，晴天叶与雨水叶分开，隔天叶与当天叶分开，上午叶与下午叶分开，正常叶与劣变叶分开。并按级归堆，以利初制加工，提高茶叶品质。

我国茶类繁多，鲜叶分级没有完全统一的标准，分级标准各异。

## 二、鲜叶的储运与保鲜

从采收角度而言，鲜叶储运是保证茶叶品质的最后的一关。采下芽叶的放置工具、放置时间，以及装运方法等均会影响鲜叶质量。所以鲜叶采下后，要及时采取保鲜措施，并按不同级别、不同类型快速运送至茶厂付制，防止鲜叶发热红变，避免产生异味和劣变。

鲜叶从茶树上采下后失水加快，呼吸作用增强，使鲜叶体内糖分分解，并放出大量热量。如果呼吸作用产生的热量在鲜叶挤压或通透性不好的情况下不能及时散发，将进一步促进呼吸作用的加强、有机物质分解和多酚类物质氧化等一系列过程，以致鲜叶逐渐红变。根据我国长期的生产经验，装盛器具以竹编网眼篓筐最为理想，既通气、透风，又轻便，一般每篓装鲜叶 25 ～ 30 kg，盛装时切忌挤压过紧，要严禁利用不透气的布袋或塑料袋装运鲜叶。因为鲜叶在无氧条件下，无氧呼吸加强，会产生酒精导致变质。尤其是对于雨露水叶，更应严禁挤压过紧，否则散热更加困难，鲜叶变质加快，影响茶叶品质。对于装运鲜叶的器具，每次用完后需保持清洁，不能留有叶子，否则容易引起细菌繁殖。

为了确保鲜叶的保鲜效果，应将其储存在低温、高湿度且通风良好的环境中。理想的储存温度为 15 ℃或以下，同时相对湿度应维持在 90% ～ 95% 的范围内。对于春茶，摊放的鲜叶温度通常不应超过 25 ℃，而夏茶和秋茶则不应超过 30 ℃。实验数据表明，当鲜叶的温度升高至 32 ℃时，叶片开始出现红变；若温度进一步上升至 41 ℃，则有约 1/4 的鲜叶会发生红变；而当温度达到 48 ℃时，几乎所有的鲜叶都会发生红变。因此，在鲜叶的储存过程中，需要经常检查叶片的温度。一旦发现温度升高或有发热现象，应立即轻轻翻拌以散热，避免鲜叶因受热而受伤并发生红变。这些措施都是为了确保鲜叶的质量，从而制作出高品质的茶叶。

鲜叶的储放厚度是需要根据季节和具体条件来调整的。对于春茶，推荐的储放厚度为 15 ～ 20 cm；而对于夏茶和秋茶，则建议将厚度控制在 10 ～ 15 cm。然而，这只是一个大致的参考范围，实际的厚度还需要根据气温、鲜叶的嫩度和干湿程度来确定。如果气温较高，就应该将鲜叶摊得更薄一些；反之，在气温较低的情况下，可以适当增加储放的厚度；同样地，嫩叶应该摊得较薄，而老叶则可以稍微厚一些；如果遇到雨天采摘的鲜叶，也应该摊得薄一些，以便更好地通风和散热；而在晴天采摘的鲜叶，则可以稍微增加储放的厚度。

总的来说，鲜叶的验收分级、储运和保鲜工作是鲜叶管理中的关键环节。这些技术措施的执行是否得当，将直接影响茶叶的品质和经济效益。因此，在生产过程中，必须对这些环节给予足够的重视，确保鲜叶的质量得到最大程度的保障。

# 参 考 文 献


［1］郭见早，崔敏，孙霞．茶园冻害的防护技术［J］．中国茶叶，2010．

［2］卢健，朱全武，骆耀平．茶园旱热害及其防治与补救措施［J］．茶叶，2013．

［3］熊昌云，崔文锐．茶树栽培与茶叶加工［M］．昆明：云南大学出版社，2018．

［4］姚美芹．茶树栽培技术［M］．昆明：云南大学出版社，2015．

［5］胡绍德．生态茶园建设与管理［M］．合肥：安徽科学技术出版社，2022．

［6］徐亚和．中国普洱茶文化大观［M］．昆明：云南美术出版社，2009．

［7］蔡新．茶树种植与茶叶加工［M］．昆明：云南科技出版社，2014．

［8］王立．标准茶园栽培技术［M］．北京：中国农业科学技术出版社，2023．

［9］骆耀平．茶树栽培学［M］．北京：中国农业出版社，2008．

［10］孙勇，代泽刚．茶树栽培及茶园管理技术的研究动态与发展趋势探讨［J］．中国农业文摘·农业工程，2016（4）：49．

［11］田景涛，陈玲．茶树栽培与良种繁育技术［M］．北京：中国轻工业出版社，2020．

［12］王镇恒，詹罗九．种茶制茶一本通［M］．北京：中国农业出版社，2018．

［13］陈菲．茶树栽培及茶园管理技术的研究动态与发展趋势［J］．农业与技术，2012，32（2）：96．